冶金专业教材和工具书经典传承国际传播工程

Project of the Inheritance and International Dissemination
of Classical Metallurgical Textbooks & Reference Books

高职高专"十四五"规划教材

冶金工业出版社

# 烧结球团生产操作与控制
## （第2版）

主　编　侯向东

副主编　薛　方

扫码输入刮刮卡密码

查看数字资源

北　京

冶金工业出版社

2024

# 内 容 提 要

本书以项目形式系统地阐述了烧结矿和球团矿生产的理论知识、工艺技术、设备操作，以及烧结球团生产的先进技术和节能减排应用等。全书共分为7个项目，主要内容包括烧结原料的准备处理、配料与混料操作、烧结作业操作、烧结矿成品处理、球团原料的准备处理、球团造球操作、球团的焙烧等。

本书为高职高专冶金技术专业教学用书，也可作为钢铁企业技师、高级技师的培训教材，并可供钢铁冶金生产的工程技术人员参考。

**图书在版编目（CIP）数据**

烧结球团生产操作与控制/侯向东主编．—2 版．—北京：冶金工业出版社,2024.3（2024.9 重印）

冶金专业教材和工具书经典传承国际传播工程　高职高专"十四五"规划教材

ISBN 978-7-5024-9805-4

Ⅰ.①烧…　Ⅱ.①侯…　Ⅲ.①烧结—球团—生产工艺—高等职业教育—教材　Ⅳ.①TF046.6

中国国家版本馆 CIP 数据核字（2024）第 061154 号

**烧结球团生产操作与控制（第 2 版）**

| | | | |
|---|---|---|---|
| **出版发行** | 冶金工业出版社 | **电　话** | (010)64027926 |
| **地　址** | 北京市东城区嵩祝院北巷 39 号 | **邮　编** | 100009 |
| **网　址** | www.mip1953.com | **电子信箱** | service@ mip1953.com |

责任编辑　杜婷婷　马媛馨　美术编辑　吕欣童　版式设计　郑小利
责任校对　郑　娟　责任印制　禹　蕊
三河市双峰印刷装订有限公司印刷
2016 年 7 月第 1 版，2024 年 3 月第 2 版，2024 年 9 月第 2 次印刷
787mm×1092mm　1/16；18.25 印张；403 千字；273 页
定价 56.00 元

投稿电话　（010）64027932　投稿信箱　tougao@cnmip.com.cn
营销中心电话　（010）64044283
冶金工业出版社天猫旗舰店　yjgycbs.tmall.com
（本书如有印装质量问题，本社营销中心负责退换）

# 冶金专业教材和工具书
# 经典传承国际传播工程
## 总　　序

　　钢铁工业是国民经济的重要基础产业，为我国经济的持续快速增长和国防现代化建设提供了重要支撑，做出了卓越贡献。当前，新一轮科技革命和产业变革深入发展，中国经济已进入高质量发展新时代，中国钢铁工业也进入了高质量发展的新时代。

　　高质量发展关键在科技创新，科技创新离不开高素质人才。党的二十大报告指出："教育、科技、人才是全面建设社会主义现代化国家的基础性、战略性支撑。必须坚持科技是第一生产力、人才是第一资源、创新是第一动力，深入实施科教兴国战略、人才强国战略、创新驱动发展战略，开辟发展新领域新赛道，不断塑造发展新动能新优势。"加强人才队伍建设，培养和造就一大批高素质、高水平人才是钢铁行业未来发展的一项重要任务。

　　随着社会的发展和时代的进步，钢铁技术创新和产业变革的步伐也一直在加速，不断推出的新产品、新技术、新流程、新业态已经彻底改变了钢铁业的面貌。钢铁行业必须加强对科技进步、教育发展及人才成长的趋势研判、规律认识和需求把握，深化人才培养体制机制改革，进一步完善相应的条件支撑，持续增强"第一资源"的保障能力。中国钢铁工业协会《"十四五"钢铁行业人力资源规划指导意见》提出，要重视创新型、复合型人才培养，重视企业家培养，重视钢铁上下游复合型人才培养。同时要科学管理，丰富绩效体系，进一步优化人才成长环境，造就一支能够支撑未来钢铁行业高质量发展的人才队伍。

高素质人才来源于高水平的教育和培训，并在丰富多彩的创新实践中历练成长。以科技创新为第一动力的发展模式，需要科技人才保持知识的更新频率，站在钢铁发展新前沿去思考未来，系统性地将基础理论学习和应用实践学习体系相结合。要深入推进职普融通、产教融合、科教融汇，建立高等教育+职业教育+继续教育和培训一体化行业人才培养体制机制，及时把钢铁科技创新成果转化为钢铁从业人员的知识和技能。

一流的专业教材是高水平教育培训的基础，做好专业知识的传承传播是当代中国钢铁人的使命。20世纪80年代，冶金工业出版社在原冶金工业部的领导支持下，组织出版了一批优秀的专业教材和工具书，代表了当时冶金科技的水平，形成了比较完备的知识体系，成为一个时代的经典。但是由于多方面的原因，这些专业教材和工具书没能及时修订，导致内容陈旧，跟不上新时代的要求。反映钢铁科技最新进展和教育教学最新要求的新经典教材的缺失，已经成为当前钢铁专业人才培养最明显的短板和痛点。

为总结、提炼、传播最新冶金科技成果，完成行业知识传承传播的历史任务，推动钢铁强国、教育强国、人才强国建设，中国钢铁工业协会、中国金属学会、冶金工业出版社于2022年7月发起了"冶金专业教材和工具书经典传承国际传播工程"（简称"经典工程"），组织相关高校、钢铁企业、科研单位参加，计划用5年左右时间，分批次完成约300种教材和工具书的修订再版和新编，以及部分教材和工具书的对外翻译出版工作。2022年11月15日在东北大学召开了工程启动会，率先启动了高等教育和职业教育教材部分工作。

"经典工程"得到了东北大学、北京科技大学、河北工业职业技术大学、山东工业职业学院等高校，中国宝武钢铁集团有限公司、鞍钢集团有限公司、首钢集团有限公司、河钢集团有限公司、江苏沙钢集团有限公司、中信泰富特钢集团股份有限公司、湖南钢铁集团有限公司、包头钢铁（集团）有限责任公司、安阳钢铁集团有限责任公司、中国五矿集团公司、北京建龙重工集团有限公司、福建省三钢（集团）有限责任公司、陕西钢铁集团有限公司、酒泉钢铁（集团）有限责任公司、中冶赛迪集团有限公司、连平县昕隆实业有限公司等单位的大力支持和资助。在各冶金院校和相关钢铁企业积极参与支持下，工程相关工作正在稳步推进。

征程万里，重任千钧。做好专业科技图书的传承传播，正是钢铁行业落实习近平总书记给北京科技大学老教授回信的重要指示精神，培养更多钢筋铁骨高素质人才，铸就科技强国、制造强国钢铁脊梁的一项重要举措，既是我国钢铁产业国际化发展的内在要求，也有助于我国国际传播能力建设、打造文化软实力。

让我们以党的二十大精神为指引，以党的二十大精神为强大动力，善始善终，慎终如始，做好工程相关工作，完成行业知识传承传播的使命任务，支撑中国钢铁工业高质量发展，为世界钢铁工业发展做出应有的贡献。

中国钢铁工业协会党委书记、执行会长

2023 年 11 月

# 第2版前言

《烧结球团生产操作与控制》第1版于2016年出版，以其专业性和实用性，得到了高职高专院校冶金类专业师生及相关企业人士的一致好评。近年来，在国家"双碳"政策、冶金产业转型升级、融媒体技术发展的背景下，编者在第1版的基础上进行了修订工作。

本书坚持以习近平新时代中国特色社会主义思想为指导，深入贯彻落实推进党的二十大精神进教材，落实立德树人根本任务，以培养新时代的工匠为育人目标，在第1版的基础上，进行了以下修订：

（1）思政课堂——每个学习项目中都增加思政课堂内容，并提出问题探究，引发学生对人生观、价值观的思考，激发学生的爱国情怀，使学生具有成为新时代工匠的使命感和责任感；

（2）实训项目——通过实训项目及仿真软件操作，做中学、学中做，教学做一体，提高学生理论联系实际、解决问题的能力；

（3）知识技能拓展——增加了对应学习项目内容的新技术、新工艺以及节能减排方面的内容，扩大知识学习范围，拓宽学生的视野；

（4）安全小贴士——结合生产现场的实际情况，提供安全方面的建议，方便学生更深刻地了解生产一线的情况，从学校开始就树立"安全第一"的意识；

（5）数字资源——配套国家级钢铁智能冶金技术专业教学资源库的数字资源，包括视频、动画、课件、音频等，使教学场景化，理论形象化，解决学生"不好学、学不好"的难题。

本书入选中国钢铁工业协会、中国金属学会和冶金工业出版社组织的"冶金专业教材和工具书经典传承国际传播工程"第一批立项教材。

本书由山西工程职业学院侯向东任主编，薛方任副主编，山西工程职业学院栗聖凯、魏哲、任中盛、胡锐、王晓鸽，建龙钢铁控股有限公司裴元东，中天钢铁集团（南通）有限公司顾建苛，中国宝武太原钢铁集团炼铁厂李彦军参编。具体编写分工为：项目1由栗聖凯编写，项目2由魏哲编写，项目3由薛方编写，项目4由任中盛编写，项目5由胡锐编写，项目6由王晓鸽编写，项目7由侯向东编写。其中项目2、项目3、项目7中的部分生产数据及操作规程、节能减排内容由裴元东提供编写指导；项目1、项目2、项目3中的部分岗位安全操作规程由顾建苛提供技术支持；项目4中的烧结矿冷却和烧结余热回收内容由李彦军提供编写指导。

本书在编写过程中，参考了太原钢铁集团有限公司、建龙钢铁控股有限公司、中天钢铁集团（南通）有限公司等企业的技术操作规程，邢台职业技术学院校本教材以及《烧结球团》杂志等资料，在此谨表谢意！

由于编者水平所限，书中不妥之处，敬请广大读者批评指正。

编　者

2023 年 7 月

# 第1版前言

本书是根据国家高职高专课程改革的要求，参考烧结与球团车间岗位操作规程，并在总结编者多年教改和教学经验的基础上，结合现代烧结、球团生产工艺特点编写而成。

全书以烧结与球团生产工艺流程为主线，围绕烧结与球团生产核心岗位，将学习内容分为7个学习情境、若干个任务。每项任务均由"教学目标""相关知识"和"问题探究"三部分组成。"教学目标"指导学习者明确学习内容和学习要求；"相关知识"介绍与任务密切相关的基础知识；"问题探究"针对所讲内容，提出问题，供学习者思考与巩固提高。全书理论与实践并重，融职业资格要求于学习任务之中，既阐明必要的理论知识，也结合生产实际，介绍主体设备的结构、操作要点与故障处理，突出高职高专强化实际操作的教学特点，体现以能力为本的职教特色。

本书由山西工程职业学院侯向东担任主编，天津冶金职业学院张秀芳、昆明工业职业技术学院黄静、包头钢铁职业技术学院王晓丽担任副主编，参编人员有山西工程职业学院于强、任中盛、薛方、栗聖凯、魏哲、邹胜伟和日照职业技术学院孙红英。

本书在编写过程中，参考了太原钢铁集团有限公司等企业的技术操作规程、邢台职业技术学院校本教材以及《烧结球团》杂志等资料，谨表谢意！

由于编者水平有限，书中不妥之处，恳请广大读者批评指正。

编　者

2016 年 4 月

# 目　　录

课件下载　　实训项目工作任务单下载

# 项目 1　烧结原料的准备处理

项目1 课件

 思政课堂

## 永葆"冶金强国"初心，挺起时代"钢铁脊梁"

钢铁是工业的粮食，是国民经济的基础。自新中国成立以来，数十万冶金人怀揣"忠党报国"的初心，无畏艰辛踏上"冶金强国梦"的征程。

新中国成立 70 多年来，我国钢产量从 1949 年的 15.8 万吨发展到 2022 年的 10.13 亿吨，占世界钢产量的比例从 1949 年的不足千分之一到 2022 年的半壁江山，我国已由钢铁弱国变成世界钢铁生产第一大国。我国钢铁行业有力地支撑了国民经济的发展，在国家富强、民族振兴、造福人民中做出了不可替代的贡献。回望新中国钢铁工业恢宏壮丽的 70 多年历史征程，从建立独立完整的冶金工业体系，到实现钢铁冶金工业现代化，再到迈入世界一流钢铁工业强国行列，是一代又一代冶金人担负起了从建设冶金大国到发展冶金强国的历史使命。

从零散基础基本依赖进口的钢铁生产设备到现在拥有世界上最先进的成套独立自主设计钢铁生产设备；从生产低端钢材到笔尖钢、手撕钢的问世；无论是沙钢的 5800 m³ 高炉、宝钢的 350 t 转炉，还是太钢 660 m³ 的烧结机，一个又一个"钢铁重器"彰显了我国作为钢铁强国的实力。

烧结矿作为当前高炉炼铁的主要原料之一，生产的历史已有一个多世纪的时间。新中国成立后，我国烧结工业有了很大的发展，目前我国自行设计和制造的太钢 660 m³ 的烧结机（台车底宽 5.0 m，上口宽 5.5 m，机长 120 m），年产烧结矿可达 699 万吨。

烧结工艺的发展，以及烧结技术的进步只是我国整体钢铁工业水平达到世界先进水平的一个缩影，是我国一代又一代冶金人孜孜追求的具体体现，在这过程中发生的无数个精彩的故事再现了冶金建设者的筑梦情怀，重现了那段波澜壮阔的历史，谱写出一部中国冶金发展的壮丽史诗。

当今，冶金生产环保智慧化、制造智能化、产品绿色化、产业生态化已成为必然发展趋势。钢铁工业既面临严峻挑战，也有广阔的发展前景，建设更高水平的钢铁强国，任重而道远。我们作为新时期接棒的冶金年轻人，要传承好前辈们艰苦朴素、勤俭节约、不忘初心的品格，把初心和使命融入国家冶金事业的建设中去，为实现冶金强国梦接续奋斗。

 思政探究

从我国烧结生产在工艺、设备、技术等方面的发展历程，结合自身情况，谈一谈你从中学习和感受到了什么？

## 📖 项目背景

铁是自然界里分布最广的金属元素之一，在地壳中的质量约占 5.1%，它一般和其他元素结合成化合物或混合物，而且铁的含量（质量分数）在 70% 以上的矿石很少，大部分铁矿石中铁的含量（质量分数）为 25%~50%。通常把含铁量达到矿石理论含铁量 70% 以上的天然铁矿石称为富（铁）矿，反之则为贫（铁）矿。在我国，贫矿占铁矿总储量的 97.5%，铁矿中伴（共）生有其他组分的综合矿占总储量的 1/3，这些贫矿直接用于高炉冶炼很不经济。钢铁工业的迅速发展，要求日益扩大对贫矿和多种金属共生复合矿的利用。为此，需要对这些矿石进行选矿处理，但选矿后得到的铁精矿粉以及富矿在破碎过程中产生的富矿粉，都不能直接入炉冶炼。为解决这一矛盾，需要通过人工方法，将这些矿粉制成块状的人造富矿（烧结矿和球团矿）。

## 🎯 学习目标

**知识目标：**

(1) 理解烧结的概念；
(2) 掌握烧结机生产能力、烧结机利用系数、烧结矿成本的概念；
(3) 掌握烧结原料的组成、烧结生产对精矿粉的要求；
(4) 掌握天然铁矿的特点与烧结特性；
(5) 知道烧结过程中加入熔剂与燃料的作用；
(6) 掌握熔剂破碎、筛分常用的设备名称。

**技能目标：**

(1) 能够描述烧结生产工艺流程；
(2) 能够准确计算烧结生产技术经济指标；
(3) 能够辨别主要天然铁矿的主要特征；
(4) 能够识别与选用含铁原料、熔剂与燃料；
(5) 制定烧结原料接收、储存与中和的简单方案；
(6) 根据不同情况，选择合适的熔剂破碎筛分设备和工艺流程。

**德育目标：**

(1) 培养学生的家国情怀；
(2) 培养学生良好的职业道德和敬业精神；
(3) 培养学生良好的环保和节能意识；
(4) 培养学生良好的安全生产意识。

## 任务 1.1　走进烧结

烧结矿生产
工艺介绍

### 任务描述

通过相关资讯的自主学习和对于经济指标的计算训练，了解国内外烧结工艺的发展历程、烧结的概念、不同的烧结方法、烧结生产工艺流程，掌握烧结机的台时产量等技术经济指标的计算方法。

### 相关知识

#### 1.1.1　烧结的目的与意义

将各种粉状含铁原料，配入一定数量的燃料和熔剂，均匀混合制粒，然后放到烧结设备上，点火，在燃料燃烧产生高温和一系列物理化学反应的作用下，混合料中部分易熔物质发生软化、熔化，产生一定数量的液相，并润湿其他未熔化的矿石颗粒，当冷却后，液相将矿粉颗粒黏结成块，这个过程称为烧结，所得的块矿称为烧结矿。

烧结方法按其送风方式和烧结特性不同，分为抽风烧结、鼓风烧结和在烟气内烧结；按所用设备不同，分为连续式（如带式烧结机烧结、环式烧结机烧结）、移动式（如步进式烧结机烧结）、固定式（如盘式烧结机烧结）以及回转窑烧结等，如图 1-1 所示。因为带式抽风烧结机具有生产率高、原料适应性强、机械化程度高、劳动条件好和便于大型化、自动化的优点，所以世界上有 90% 以上的烧结矿是用这种方法生产的。间歇式抽风烧结机虽然具有投资少、见效快、易掌握和就地取材等优点，但由于生产率低、劳动条件差，因此仅有一些中小型企业采用这种方法。

现代烧结生产已成为钢铁联合企业必不可少的重要环节，其作用有如下几个方面：

（1）通过烧结，为进一步发展钢铁工业开创新的优质原料途径；

（2）可以改进冶炼原料的物理化学性能，如孔隙率、粒度组成、机械强度、化学成分、还原性、膨胀性、低温还原粉化性、高温还原软化性等，从而强化高炉冶炼过程，提高冶炼效果；

（3）可以去除并回收利用原料中的部分有害元素，如硫、氟、钾、钠、铅、锌等；

（4）可以利用工业生产中的副产品，如高炉炉尘、转炉炉尘、轧钢皮、硫酸渣等，变废为宝，扩大原料来源，降低生产成本，净化环境。

生产实践证明，使用烧结矿、球团矿之后，高炉冶炼能达到高产、优质、低耗、长寿的目的。

#### 1.1.2　烧结生产的历史

烧结生产起源于英国和德国。大约在 1870 年，这些国家就开始使用烧结锅来处理矿

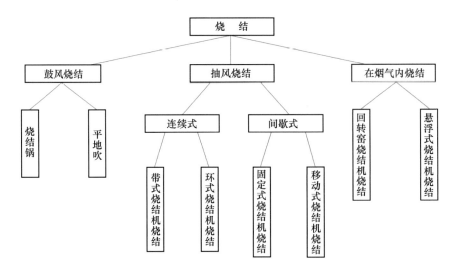

图 1-1　烧结方法分类

山开采、冶金工厂、化工厂等的废弃物。1892 年，美国也出现了烧结锅。世界钢铁工业第一台带式烧结机于 1910 年在美国投入生产。这台烧结机的面积为 8.325 m²（1.07 m×7.78 m），当时用于处理高炉炉尘，每天生产烧结矿 140 t。它的出现引起了烧结生产的重大变革，从此带式烧结机得到了广泛的应用。

我国铁矿资源十分丰富。但新中国成立前钢铁工业十分落后，烧结生产更为落后。1926 年 3 月在鞍山建成四台 21.63 m²（1.067 m×20.269 m）带式烧结机，日产量 1200 t。1935 年和 1937 年又相继建成四台 50 m²烧结机，每年烧结矿产量达 19 万吨。

新中国成立后，我国烧结工业有了很大的发展。1952 年，鞍钢从苏联引进 75 m²烧结设备和技术，这套在当时具有国际先进水平的设备，对新中国的烧结工业起到了示范作用。随着我国钢铁工业的不断发展，一些钢铁公司的烧结厂相继建成投产。烧结设备向大型化发展，出现了 13 m²、18 m²、24 m²、36 m²、50 m²、75 m²、90 m²、130 m²、182 m²、265 m²、450 m²、500 m²、660 m²等规格的带式烧结机。烧结机大型化的技术经济效果明显，据统计，当烧结机面积由 18.8 m²增加到 130 m² 和 500 m²时，劳动生产率由 17.2 t/（人·h）提高到 43 t/（人·h）和 162 t/（人·h），烧结矿成本价格也随之降低。

### 1.1.3　烧结生产的工艺流程

烧结生产工艺流程通常由下列几部分组成：含铁原料、燃料和熔剂的接受与储存；燃料和熔剂的破碎筛分；烧结料的配料、混合制粒；布料、点火和烧结；烧结矿的破碎、筛分、冷却、整粒和烧结除尘等。现代烧结生产流程一般如图 1-2 所示。

### 1.1.4　烧结矿生产技术经济指标

（1）烧结机的台时产量。烧结机台时产量（t/台）指单台烧结机在单位时间内的产

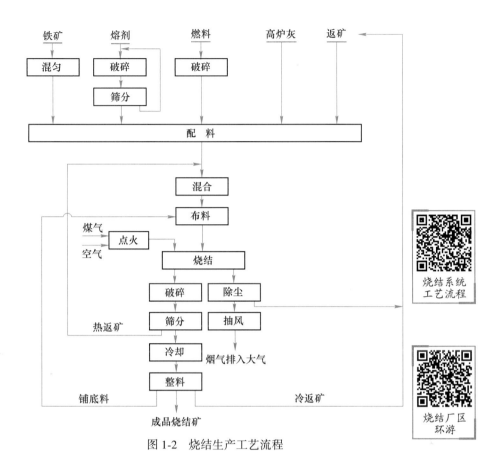

图 1-2 烧结生产工艺流程

量。其计算公式为：

$$烧结机的台时产量 = \frac{单台烧结机的成品烧结矿产量}{烧结机运转时间}$$

或

$$烧结机平均台时产量 = \frac{烧结矿成品总量}{\sum 烧结机运转时间}$$

（2）烧结机利用系数。烧结机利用系数 $[t/(m^2 \cdot h)]$ 是指每平方米烧结机在单位时间内生产成品烧结矿的质量。其计算公式为：

$$烧结机利用系数 = \frac{烧结机台时产量}{烧结机有效面积}$$

或

$$烧结机平均利用系数 = \frac{烧结矿总产量}{\sum 烧结机运行时间 \times 烧结机有效面积}$$

烧结机的台时产量及利用系数与原料、熔剂、燃料的物理化学性质、烧结特性、烧结过程的强化措施、烧结设备性能、设备的完好程度以及工人的操作水平有关。

（3）成本指标。烧结矿生产成本（元/t）是指生产 1t 烧结矿所需要各类费用的总和，包括原料成本、辅材消耗成本、加工费等。

（4）烧结设备作业率。设备作业率（%）是衡量设备运行状况的指标，通常以运转时间占日历时间的百分数表示。其计算公式为：

$$作业率 = \frac{设备运转时间}{日历时间} \times 100\%$$

## 问题探究

（1）为什么进行烧结生产？

（2）什么是烧结？

（3）什么是烧结机台时产量、利用系数？

（4）某厂烧结机有效面积为 550 m²，年产 500 万吨烧结矿，成品率 94%，计算该烧结机的利用系数（年工作日按 350 天计算）。

（5）烧结厂有两台 180 m² 烧结机，8 月份生产烧结矿 33.7 万吨，全月因检修共停机 35 h，其中 1 号机 25 h，2 号机 10 h，计算烧结机平均台时产量和平均利用系数、1 号机与 2 号机的作业率。

## 任务1.2　烧结原料的识别与选用

## 任务描述

通过相关资讯的自主学习、实物展示、烧结工艺讲解等，了解烧结原料的种类及成分特点，掌握烧结生产对原燃料的要求及其原因。

## 相关知识

烧结原料由含铁原料、熔剂、燃料组成。含铁原料包括铁精矿粉、富矿粉、冶金循环料及返矿。铁精矿粉是组成烧结矿的主体，用量很大，往往品种繁多、品位相差悬殊。各种烧结原料都要在烧结原料场或原料仓库分门别类地堆放储存，以保证其化学成分和物理性能的稳定。

### 1.2.1　含铁原料的识别与选用

#### 1.2.1.1　相关概念

矿物是地壳中天然的物理化学作用和生物作用所产生的天然元素或天然化合物，它们具有均一的化学成分和内部结构，具有一定的物理性质和化学性质。地壳中天然元素极少（如自然金 Au、自然铜 Cu 等），绝大多数是天然化合物（如黄铁矿 $FeS_2$、黄铜矿 $CuFeS_2$ 等）。矿物在自然界中多数呈固体，少数呈胶体（如蛋白石 $SiO_2 \cdot nH_2O$）、液体（如水银 Hg）及气体（如硫化氢 $H_2S$）。

矿石和岩石都是矿物的集合体，它可由单一矿物或多种矿物组成。

矿石是在现有的技术经济条件下能从中提取金属、金属化合物或有用矿物的物质总称。常见含铁矿物储量较大的有磁铁矿（$Fe_3O_4$）、赤铁矿（$Fe_2O_3$）、褐铁矿（$2Fe_2O_3 \cdot 3H_2O$）、菱铁矿（$FeCO_3$）及黄铁矿（$FeS_2$）。

在矿石中用来提取金属或金属化合物的矿物称为有用矿物；而那些在工业上没有经济

价值的、不能利用的矿物称为脉石矿物，通常在矿石处理过程中被废弃掉。

A  矿物的形态

自然界矿物的形态是多种多样的，这是由矿物的化学成分、内部结晶构造以及生产环境不同所造成的。矿物的形态可分为单体形态和集合体形态。矿物呈单体形态出现较少，通常以集合体形态出现。常见的集合体形态有以下几种。

（1）葡萄状集合体：由许多圆球状矿物集聚而成，形似葡萄，如硬锰矿。

（2）鱼状集合体：由许多像鱼子一样的颗粒集聚而成，如鱼状赤铁矿。

（3）肾状集合体：由放射状晶群密集而成的外表光滑如肾脏的块体，如肾脏赤铁矿。

（4）豆状集合体：由大小像豆状的球形颗粒聚集而成，如铬铁矿粒状集合体。

（5）致密块状集合体：由极细小的矿物颗粒组成的致密块体。

（6）土状、粉末状集合体：由均匀而细小的物质组成的疏松块体，外形与土壤相似。

（7）针状及柱形集合体：由细长状的矿物组成。

（8）叶片状集合体：由许多片状晶体所组成的集合体。

（9）结核状集合体：是球形或瘤形的矿物聚集体。

（10）树枝状集合体：是形如树枝的矿物聚集体。

由于不同的矿物具有不同的化学成分和内部构造，因此不同的矿物必然有不同的物理性质。根据这些不同的物理性质可以鉴定矿物。

B  矿物的光学性质

矿物的光学性质是矿物对光线的吸收、折射和反射所表现出的各种性质。

（1）颜色。矿物有各种各样的颜色，这是由于矿物的组成部分含有某种色素离子（即有颜色的化学元素）所致，如色素离子 $Fe^{2+}$ 为绿色，$Fe^{3+}$ 为褐色或红色。当矿物中含有杂质时，由于杂质的影响，矿物的颜色也会改变。

（2）条痕。矿物的条痕就是矿物粉末的颜色。矿物的颜色常有变化，但矿物的条痕则较为固定。如磁铁矿的条痕色是铁黑色，赤铁矿的条痕色是砖红色。矿物的条痕是鉴定矿物的可靠方法之一。

（3）光泽。光线投到矿物表面时，一部分光被折射和吸收，而另一部分则在其表面反射，这种反射光就构成了矿物的光泽。光泽根据强弱可分为以下几种。

1）金属光泽。光泽极强，像新的金属制品那样光亮，如自然金、方铅矿。

2）半金属光泽。较金属光泽弱，像用久了的金属制品那样，如磁铁矿、赤铁矿。

3）非金属光泽。反光的能力最弱，具有此种光泽的矿物多为透明和半透明矿物，如云母、金刚石。

（4）透明度。矿物透光的能力称为透明度。矿物根据透光的能力不同可分为以下几种。

1）透明矿物。能允许绝大部分光线通过，隔之可以清晰地透视另一物体，如水晶、萤石。

2）半透明矿物。光可以部分通过，但隔之不能透视另一物体，如闪锌矿、砷矿。

3) 不透明矿物。光不能透过,如磁铁矿。

C 矿物的力学性质

矿物在外力作用下所呈现的性质称为矿物的力学性质。

(1) 解理与断口。一些矿物被敲打后,沿着一定方向有规则地裂开成光滑平面的性质称为解理。另外也有一些矿物敲打后呈无规则地裂开,称断口。

(2) 硬度。矿物的软硬程度称硬度。

(3) 密度。矿物的质量与其体积的比值称为密度。

(4) 韧性。矿物受压轧、切割、锤击、弯曲或拉引等外力作用时所呈现的抵抗性能,称为矿物的韧性。

D 矿物的磁学性质

矿物的磁性是指矿物可被磁铁吸引或排斥的性质。绝大多数磁性物质与其中的铁、钴、锰、铬等元素有关。按磁性来说,一般矿物可分为两类:一类为顺磁性矿物,即能为磁石所吸引;另一类为抗磁性矿物,即能为磁石所排斥,如自然银。

矿物磁性的强弱以磁化系数的大小来表示。按磁化系数大小,矿物可分为以下四类。

(1) 强磁性矿物。磁化系数大于 $3000 \times 10^{-6}$,此类矿物在较弱的磁场 ($71.6 \sim 95.5$ kA/m) 中容易与其他矿物分离,如磁铁矿、磁黄铁矿。

(2) 中磁性矿物。磁化系数为 $300 \times 10^{-6} \sim 3000 \times 10^{-6}$,要选此类矿物磁场需要 $127.3 \sim 318.3$ kA/m,如假象赤铁矿。

(3) 弱磁性矿物。磁化系数为 $25 \times 10^{-6} \sim 300 \times 10^{-6}$,选此类矿物磁场需高至 1273 kA/m,如赤铁矿、褐铁矿、菱铁矿。

(4) 非磁性矿物。磁化系数低于 $25 \times 10^{-6}$,如石英、方解石、萤石。

利用矿物的磁性不仅可以鉴定矿物,还可以进行磁力选矿和磁力探矿。

E 矿物的膨胀性和润湿性

膨胀性是指矿物受热后体积长大的性质,如石英。

润湿性是指矿物能被液滴所润湿的性质。易被水润湿的称亲水性矿物,如方解石、石英;不易被水润湿的称疏水性矿物,如自然硫。

1.2.1.2 常用天然铁矿石的类型

自然界中含铁矿物很多,但能利用的只有20余种,其中主要是磁铁矿、赤铁矿、褐铁矿、菱铁矿和钒钛磁铁矿。

A 磁铁矿

磁铁矿俗称黑矿,主要含铁矿物为 $Fe_3O_4$,也可看作是 $FeO \cdot Fe_2O_3$,其中 $Fe_2O_3$ 占69%,FeO 占31%,理论含铁量为72.4%。磁铁矿石具有强磁性,晶体呈八面体,组织结构致密坚硬,它的外表颜色和条痕色均为黑色,半金属光泽,密度 $4.9 \sim 5.2$ t/m$^3$,硬度 $5.5 \sim 6.5$,无解理,脉石主要为石英、硅酸盐、碳酸盐,还原性差,含有害杂质磷、硫较高。这种矿石有时含有 $TiO_2$ 或 $TiO_2$ 与 $V_2O_5$,分别称为钛磁铁矿和钒钛磁铁矿。在自然界中纯磁铁矿很少，常常由于地表氧化作用，部分磁铁矿转变为半假象赤铁矿和假象磁铁矿。所谓假象赤铁矿就是磁铁矿（$Fe_3O_4$）氧化成赤铁矿（$Fe_2O_3$），但它仍保留原来磁铁矿外形。

为衡量铁矿的氧化程度，通常用磁性率来表示，即用 $w(TFe)/w(FeO)$（磁性率）来分类：

$$\frac{w(TFe)}{w(FeO)} = \frac{72.4\%}{31\%} = 2.33 \qquad 为纯铁矿矿石$$

$$\frac{w(TFe)}{w(FeO)} < 3.50 \qquad 为磁铁矿矿石$$

$$\frac{w(TFe)}{w(FeO)} = 3.5 \sim 7.0 \qquad 为半假象赤铁矿矿石$$

$$\frac{w(TFe)}{w(FeO)} > 7.0 \qquad 为假象赤铁矿矿石$$

式中　$w(TFe)$——矿石中全铁含量（质量分数），%；

　　　$w(FeO)$——矿石中 FeO 含量（质量分数），%。

一般开采出来的磁铁矿石含铁量（质量分数）为 30%~60%。当含铁量（质量分数）大于 45%，粒度大于 10 mm 时，供炼铁厂直接使用；粒度小于 10 mm 的成为烧结厂的富铁矿粉。当含铁量（质量分数）低于 45%，或有害杂质含量超过规定时，必须经过选矿处理（一般为磁选），得到高品位磁铁精矿后作为烧结的主要原料。

磁铁矿由于其结构致密，形状较规则，堆密度大，颗粒间有较大的接触面积，烧结时在液相发展较少的情况下烧结矿即可成型，因此，即使在温度较低、燃料量较少的情况下，也可以得到熔化度适当、FeO 质量分数较低、还原性和强度较好的烧结矿。

### B　赤铁矿

赤铁矿俗称红矿，其化学式为 $Fe_2O_3$，理论含铁量（质量分数）70%。这种矿石在自然界中常形成巨大矿床，从埋藏量和开采量来说，是工业生产的主要矿石。

赤铁矿的组织结构是多种多样的，由非常致密的结晶组织到很松散的粉状。赤铁矿根据其外表形态及物理性质的不同可分以下几种：

（1）晶形多为片状和板状，片状表现有金属光泽，明亮如镜的称为镜矿石；

（2）外表呈细小片状的称为云母赤铁矿；

（3）红色粉末状，没有光泽的称为红土状赤铁矿；

（4）外表形状像鱼子、一粒一粒黏在一起的集合体，称为鱼子状、鲕状、肾状赤铁矿。

结晶的赤铁矿外表颜色为钢灰色和铁黑色，其他为暗红色，但条痕均为暗红色。

赤铁矿有原生的，也有再生的。再生的赤铁矿是磁铁矿经过氧化后失去磁性，但仍保存着磁铁矿结晶形状的假象赤铁矿。在假象赤铁矿中经常含有一些残余的磁铁矿，有时赤铁矿中也含有一些赤铁矿的风化产物，如褐铁矿（$2Fe_2O_3 \cdot 3H_2O$）。

赤铁矿具有半金属光泽，密度为 $4.8 \sim 5.3 \ t/m^3$，硬度则不一样，结晶赤铁矿硬度 $5.5 \sim 6.0$，土状和粉末状赤铁矿硬度很低，无解理，仅有弱磁性，较磁铁矿易还原和破碎。赤铁矿中有害杂质硫、磷、砷较磁铁矿、褐铁矿的少。赤铁矿主要脉石分为 $SiO_2$、$Al_2O_3$ 等。

赤铁矿在自然界中大量存在，但纯净的较少，常与磁铁矿、褐铁矿共生。实际开采出来的赤铁矿石含铁量（质量分数）在 $40\% \sim 60\%$。含铁量（质量分数）大于 $40\%$，粒度小于 $10 \ mm$ 的粉矿直接作为烧结原料。一般来说，当含铁量（质量分数）小于 $40\%$ 或含有杂质过多时，需经选矿处理。一般采用重选法、磁化焙烧-磁选法、浮选法或采用联合流程来处理，处理后获得的高品位赤铁精矿粉作烧结原料。赤铁矿一般成球性较好，当加入大量熔剂时，熔点也较低，易于烧结；但浮选赤铁精矿因为难脱水，呈泥团状，使烧结产生困难。

C 褐铁矿

地壳中存在一些含水氧化铁矿石，它们是由其他矿石风化后生成的，在自然界中分布很广，但埋藏量大的并不多见。其化学式为 $nFe_2O_3 \cdot mH_2O$（$n = 1 \sim 3$，$m = 1 \sim 4$），从化学式中可以看出，氧化铁成化合状态存在的结晶水的数量是不同的。按结晶水含量及生成情况的不同，含水氧化铁矿石可分为如下各类。

（1）水赤铁矿 $Fe_2O_3 \cdot H_2O$：含结晶水 $5.32\%$。

（2）针赤铁矿 $Fe_2O_3 \cdot H_2O$：含结晶水 $10.11\%$。

（3）水针铁矿 $3Fe_2O_3 \cdot 4H_2O$：含结晶水 $13.04\%$。

（4）褐铁矿 $2Fe_2O_3 \cdot 3H_2O$：含结晶水 $14.39\%$。

（5）黄针铁矿 $Fe_2O_3 \cdot H_2O$：含结晶水 $5.32\%$。

（6）黄石 $Fe_2O_3 \cdot H_2O$：含结晶水 $23.7\%$。

含水氧化铁矿石在自然界中绝大部分是以褐铁矿（$2Fe_2O_3 \cdot 3H_2O$）的形式存在。褐铁矿的富矿很少，一般含铁量（质量分数）在 $37\% \sim 54\%$，含有害杂质硫、磷、砷较高。褐铁矿结构松软、密度较小，吸水强，焙烧后可去掉游离水和结晶水。

褐铁矿石的矿物常成葡萄状、肾状和钟乳状集合体，其外表颜色为黄褐色和黑色，密度为 $3.1 \sim 4.2 \ t/m^3$，硬度 $1 \sim 4$，无磁性，脉石主要为黏土和石英等。

当褐铁矿含铁量（质量分数）低于 $35\%$ 时，需进行选矿。目前主要采用重力选矿和磁化焙烧-磁选法。

褐铁矿在烧结时由于结晶水的分解，不但要多耗燃料，而且影响烧结矿的强度。

D 菱铁矿

菱铁矿为碳酸盐铁矿石，化学式为 $FeCO_3$，理论含铁量（质量分数）为 $48.2\%$。其矿物形态有结晶及集合体两种：结晶者为菱面体；集合体常随其形成条件不同而异，由内生成作用形成的多为结晶粒状，外生成作用形成的为隐晶状、放射状的球形结核或鳞状集合体。菱铁矿外表颜色为灰色和褐色，风化后变为深褐色，条痕为灰色或带绿色，具有玻璃光泽，密度 3.8 t/m³，硬度 3.5~4.0，无磁性，含硫低，但含磷高，脉石含碱性氧化物。

自然界中有工业开采价值的菱铁矿比上述三种矿石都少，其含铁量（质量分数）在 30%~40%，但经焙烧后，因分解放出 $CO_2$，其含铁量提高。矿石也变得多孔易破碎，还原性好。

菱铁矿的烧结性能基本与磁铁矿相同。由于菱铁矿在烧结时分解出大量的 $CO_2$ 气体，因此对粒度的要求比较严格，用作烧结原料的菱铁矿粒度应小于 6 mm。粒度过大，在分解时会消耗大量的热量和过多的时间，出现未烧好的块矿，烧结过程中形成大量的微观裂缝，致使烧结矿极易破碎，强度变差。

### E　钒钛磁铁矿

钛磁铁矿化学式为 $FeTiO_3$，$w(Fe)=36.8\%$、$w(Ti)=36.6\%$、$w(O)=31.6\%$，三方晶系，菱面体晶类，常呈不规则粒状、鳞片状或厚板状。在 950 ℃ 以上钛磁铁矿与赤铁矿形成完全类质同象。当温度降低时，即发生熔离，故钛磁铁矿中常含有细小鳞片状赤铁矿包体。钛磁铁矿颜色为铁黑色或钢灰色，条痕为钢灰色或黑色，含赤铁矿包体时呈褐色或带褐的红色条痕，金属–半金属光泽，不透明，无解理，硬度 5~6.5，密度为 4~5 t/m³，弱磁性。我国攀枝花钒钛磁铁矿床中，钛磁铁矿呈粒状或片状分布于钒钛磁铁矿等矿物颗粒之间，或沿钒钛磁铁矿裂开面成定向片晶。

#### 1.2.1.3　我国铁矿石的分布及特点

##### A　主要分布地区

（1）东北鞍山地区：储量 100 亿吨以上，包括东、西鞍山，齐达山等贫矿和本溪地区的部分富矿。

（2）四川攀西地区：储量 80 亿吨以上，以钒钛磁铁矿为主。

（3）冀东地区（以河北迁安地区为主）：储量数十亿吨，以贫磁铁矿为主。

（4）西北地区（包头、甘肃镜铁山）：多为复合矿，伴生有多种有利用价值的元素的铁矿石。

（5）华东及中南地区：主要是梅山、大冶、广东大宝山等。梅山铁矿已探明的工业矿量为 2.6 亿吨，矿石的自然类型为磁铁矿、假象赤铁矿、菱铁矿。大冶矿区矿石主要是铁铜共生矿，铁矿物主要是赤铁矿，其次是赤铁矿，其他还有黄铜矿和黄铁矿等。

我国一些矿区矿石的化学成分见表 1-1。

**表 1-1　我国一些矿区矿石的化学成分**　　　　　　　　（%）

| 矿石产地 | 矿石类型 | 矿石成分（质量分数） | | | | | | | | | 烧损 |
|---|---|---|---|---|---|---|---|---|---|---|---|
| | | TFe | FeO | SiO₂ | Al₂O₃ | CaO | MgO | MnO | S | P | |
| 樱桃园 | 磁铁矿 | 48.30 | 21.40 | 25.80 | 0.79 | 1.07 | 0.43 | 0.23 | 0.075 | 0.014 | |
| 弓长岭 | 赤铁矿 | 44.00 | 6.90 | 34.38 | 1.31 | 0.28 | 1.16 | 0.15 | 0.007 | 0.02 | |
| 东鞍山 | 赤铁矿 | 32.73 | 0.70 | 49.78 | 0.19 | 0.34 | 0.80 | | 0.031 | 0.035 | |
| 本溪 | 磁铁矿 | 60.90 | 16.20 | 6.44 | 0.53 | 2.13 | 0.75 | 0.21 | 1.11 | 0.018 | |

续表 1-1

| 矿石产地 | 矿石类型 | 矿石成分（质量分数） | | | | | | | | | 烧损 |
| --- | --- | --- | --- | --- | --- | --- | --- | --- | --- | --- | --- |
| | | TFe | FeO | SiO₂ | Al₂O₃ | CaO | MgO | MnO | S | P | |
| 武安 | 赤铁矿 | 55.20 | 8.25 | 12.96 | 1.06 | 2.02 | 1.48 | 0.24 | 0.047 | 0.035 | |
| 庞家堡 | 赤铁矿 | 50.12 | 2.00 | 19.52 | 2.10 | 1.50 | 0.36 | 0.32 | 0.067 | 0.156 | |
| 迁安 | 磁铁矿 | 29.90 | 11.18 | 47.25 | 0.75 | 1.24 | 2.19 | 0.087 | 0.02 | 0.064 | |
| 山东黑旺 | 褐铁矿 | 40.08 | | 11.17 | 3.953 | 10.53 | 1.069 | 0.985 | 0.033 | | |
| 芥川 | 菱铁矿 | 46.45 | 0.10 | 17.06 | 3.14 | 1.46 | 0.62 | 1.41 | 0.016 | 0.121 | 9.98 |
| 江苏利国 | 赤铁矿 | 53.10 | 4.50 | 11.98 | 2.47 | 3.44 | 0.95 | 0.11 | 0.0284 | 0.024 | |
| 江苏利国 | 磁铁矿 | 50.40 | 15.10 | 7.71 | 3.92 | 6.30 | 5.75 | 0.35 | 0.028 | 0.009 | |
| 宝武铁山 | 磁铁矿 | 54.38 | 13.90 | 10.30 | 2.40 | 3.66 | 1.51 | 0.178 | 0.325 | 0.096 | |
| 宝武灵乡 | 磁铁矿 | 49.50 | 8.30 | 12.90 | 3.40 | 4.02 | 1.56 | Mn0.165 | 0.420 | 0.068 | |
| 海南岛 | 赤铁矿 | 55.90 | 1.32 | 16.20 | 0.96 | 0.26 | 0.08 | Mn0.14 | 0.098 | 0.020 | |
| 梅山 | 菱铁矿 | 59.35 | 19.88 | 2.50 | 0.71 | 1.99 | 0.93 | 0.323 | 4.452 | 0.399 | 6.31 |

B  我国铁矿石特点

（1）以贫矿为主，采矿、选矿成本较高。

（2）多共生矿，选矿难度大。

（3）复合矿储量较大，尤其是包头白云地区和攀西地区，复合矿中其他金属的价值远高于铁的价值。

### 1.2.1.4  烧结生产对铁矿粉的质量要求

烧结生产不直接使用块状铁矿石，而是使用富矿粉和精矿粉。化学成分符合高炉冶炼要求的天然富矿，在入炉前要经过多段破碎和筛分，使其粒度下限达到 8~10 mm，由此产生了粒度小于 8~10 mm 的粉矿。这些矿粉，在烧结生产时参加配料，既可提高烧结料层透气性又可合理利用。通常含铁量在 45% 以上的矿粉称为富矿粉，含铁量低于 45% 的矿粉称为贫矿粉。

精矿粉是贫铁矿经过破碎、磨碎、选矿处理后得到的含铁品位高、粒度细的产物，是烧结生产的主要含铁原料。

A  品位

铁矿粉的品位（即含铁量）是衡量铁矿粉品质的主要指标。铁矿粉含铁量越高，生产出的烧结矿含铁量也越高，有利于降低高炉焦比、提高产量。铁精矿粉含铁量（质量分数）一般为 60%~68%，富矿粉的含铁量（质量分数）一般为 45% 以上，越高越好。

B  脉石成分及含量

脉石中的 SiO₂ 称为酸性脉石，CaO、MgO 称为碱性脉石。绝大多数矿石的脉石是酸性脉石。当矿石中的 $\dfrac{w(\text{CaO}+\text{MgO})}{w(\text{SiO}_2+\text{Al}_2\text{O}_3)}$ $\left[或\, w\!\left(\dfrac{\text{CaO}}{\text{SiO}_2}\right)\right]$ 的比值（称为矿石碱度）接近高炉炉渣

碱度时，称为自熔性矿石。可见，矿石中 CaO 含量高，冶金价值高；相反，$SiO_2$ 含量高，矿石的冶金价值下降。从现有的铁矿资源来看，矿石中的脉石主要是酸性脉石。酸性脉石含量越高，生产高碱度烧结矿时需要的碱性熔剂就越多，最终导致烧结燃料消耗增加，烧结矿品位降低，强度变差。实践表明，用含 $SiO_2$ 超过15%的铁精矿粉生产自熔性烧结矿时，其产物强度差；但是如果把铁精矿粉 $SiO_2$ 含量（质量分数）降低到4%~5%以下，又会出现烧结时液相量太少的问题，必须相应采取其他措施才能使烧结矿的强度得到保证。矿石含 $Al_2O_3$ 过多时，熔点高，难以烧结。铁矿粉脉石矿物中的 $w(Al_2O_3)/w(SiO_2)$ 应控制在0.1~0.3。

### C　有害杂质含量

铁矿石中常见有害杂质有硫、磷、砷以及铅、锌、钾、钠、铜、氟等。

硫在钢铁中以 FeS 形态存在于晶粒接触面上，熔点低（1193 ℃），当钢被加热到1150~1200 ℃时被熔化，使钢材沿晶粒界面形成裂纹，即所谓的"热脆性"。烧结过程中可去除部分硫。

磷和铁结合成化合物 $Fe_3P$，此化合物与 Fe 形成二元共晶 $Fe_3P\text{-}Fe$，聚集于晶界周围减弱晶粒的结合力，使钢材在冷却时发生"冷脆性"。烧结过程不能去磷。

砷在铁矿石常以硫化合物毒砂（FeAsS）等形态存在，它能降低钢的力学性能和焊接性能。烧结过程只能去除小部分砷，在高炉还原后砷溶于铁中。

铜在铁砂中主要以黄铜矿（$FeCuS_2$）等形态存在。烧结过程中不能去铜，高炉冶炼铜全部还原进入到生铁中。钢中含少量的铜可以改善钢的抗腐蚀性能，但含量（质量分数）超过0.3%时，会降低焊接性能并产生"热脆"现象。

铅在铁矿中常以方铅矿（PbS）形态存在。普通烧结过程不能去铅，高炉冶炼中铅易还原并不溶于生铁中，沉在铁水下面，渗入炉底砖缝起破坏作用。冶炼含铅矿石高炉易结瘤。

锌在铁矿石中常以闪锌矿（ZnS）形态存在。普通烧结过程不能去锌，高炉冶炼中锌易还原并不溶于生铁中，易挥发，破坏炉衬，导致结瘤甚至堵塞烟道。

钾和钠在铁矿石中常以铝硅酸盐等形态存在。钾和钠在高炉冶炼中易还原、易挥发，破坏炉衬导致结瘤，烧结过程中可以除去少部分钾、钠。

可见，烧结用铁矿粉中有害杂质硫、磷、砷、铅、锌、铜、钾、钠和氟等越少越好。

### D　粒度

烧结用富矿粉粒度要控制在8 mm 以下，精矿粉粒度不宜太细，0.074 mm（-200 目）的量要低于80%。网目与孔径有对应的关系，如100 目为0.147 mm，150 目为0.104 mm，200 目为0.074 mm 等。精矿粒度的粗细与矿石的晶粒大小、磨矿工艺有关。

一般来说，粒度粗的磁铁矿粉较致密，成球性差，软化和熔化温度区域较窄，属难烧结的精矿；而细磨磁铁矿粉则容易烧结。

### E　水分

褐铁矿、菱铁矿的精矿（包括粉矿）要考虑结晶水、$CO_2$ 的烧损。国内褐铁矿烧损为

9%～15%，菱铁矿烧损为17%～36%。烧损大，烧结时体积收缩，褐铁矿收缩8%左右，菱铁矿收缩10%左右。精矿水分大于12%时，影响配料准确性，混合不易均匀。

F 软化性

铁矿石的软化性包括矿石软化温度和软化温度区间两个方面。软化温度是指矿石在一定的荷重下加热开始变形的温度，一般以开始收缩时的温度或收缩率为4%时的温度为软化开始温度。软化温度区间是指矿石开始软化到软化终了的温度范围。铁精矿的软化温度越低，软化温度区间越宽，越容易生成液相，烧结性能越好。但软化温度过低，容易恶化烧结料层的透气性，产生的烧结矿由于软化温度低将在高炉生产过程中过早成渣，影响高炉顺行。

通常情况下，赤铁矿的开始软化温度比磁铁矿高，烧结过程中要在料层各部位均匀达到高的软化温度，需要多消耗燃料。如果单纯地靠增加燃料用量来满足较高的温度要求，虽然能够得到足够的液相，但也不可避免地会产生过熔，形成还原性差、大孔薄壁、性脆的烧结矿，导致烧结矿强度差、成品率低。可见，赤铁矿比磁铁矿烧结性能差。

我国部分钢铁企业铁精矿粉的化学成分见表1-2，部分进口富矿粉软熔特性见表1-3。

表1-2 我国部分钢铁企业铁精矿粉化学成分（质量分数） （%）

| 铁精矿名称 | TFe | FeO | SiO$_2$ | CaO | S | P | TiO$_2$ | V$_2$O$_5$ | 水分 | 其他及烧损 |
|---|---|---|---|---|---|---|---|---|---|---|
| 鞍钢东鞍精矿 | 62.10 | 0.40 | 9.55 | 0.30 | | 0.036 | | | 10.4 | 烧损：0.88 |
| 攀钢攀枝花精矿 | 51.72 | 30.79 | 5.20 | 2.10 | 0.46 | 0.02 | 12.27 | 0.55 | 9.2 | |
| 武钢大冶精矿 | 63.11 | 23.60 | 4.42 | 1.10 | 0.332 | 0.036 | | | | 烧损：2.23 Cu：0.087 |
| 马钢凹山精矿 | 62.36 | 22.18 | 5.56 | 0.78 | 0.13 | 0.189 | 1.35 | 0.66 | 9.9 | |
| 包钢白云鄂博精矿 | 58.40 | 18.90 | 4.20 | 4.0 | 0.32 | 0.245 | | | | 烧损：2.49 F：2.0 |
| 本钢南芬精矿 | 69.70 | 28.02 | 4.90 | 0.19 | 0.066 | 0.007 | | | 9 | |
| 首钢迁安精矿 | 61.93 | 22.98 | 10.42 | 0.97 | 0.033 | 0.018 | | | | |
| 太钢尖山精矿 | 65.00 | 28.00 | 9.0 | 0.28 | 0.132 | 0.018 | | | >8.5 | 烧损：2.82 |

表1-3 部分进口富矿粉的软熔特性 （℃）

| 产 地 | 开始软化温度 | | 软 化 区 间 |
|---|---|---|---|
| | 收缩率为4% | 收缩率为10% | |
| 印 度 | 1190 | 1260 | 70 |
| 巴 西 | 1152 | 1329 | 177 |
| 南 非 | 1190 | 1350 | 160 |
| 澳大利亚 | 1055 | 1285 | 230 |

G 高温特性

铁矿粉的高温特性是指铁矿石在烧结过程中呈现出的高温物理化学性能，它反映了铁矿石的烧结行为和作用，主要包括同化性、液相流动性、黏结相自身强度、铁酸钙生成特性、连晶固结强度等。

北京科技大学和中国科学院过程工程研究所等对铁矿粉的高温特性作了如下阐述。实验用的烧结常用铁矿粉成分见表 1-4。

表 1-4　典型的烧结用铁矿粉的化学成分

| 代号 | 产地 | $w(TFe)/\%$ | $w(SiO_2)/\%$ | $w(CaO)/\%$ | $w(MgO)/\%$ | $w(Al_2O_3)/\%$ | 烧损/% | 平均粒径/mm |
| --- | --- | --- | --- | --- | --- | --- | --- | --- |
| A | 巴西 | 65.06 | 3.56 | 0.06 | 0.11 | 1.56 | 1.49 | 2.870 |
| B | 澳大利亚 | 58.21 | 5.01 | 0.06 | 0.14 | 1.47 | 9.56 | 3.850 |
| C | 澳大利亚 | 62.52 | 3.44 | 0.09 | 0.11 | 2.17 | 4.78 | 1.850 |
| D | 中国 | 64.78 | 7.03 | 0.30 | 0.61 | 0.42 | 0.67 | 0.032 |

（1）同化性。同化性是指铁矿石在烧结过程中与熔剂反应生成液相的能力，可以采用测定其最低同化温度的方法予以评价。铁矿石的最低同化温度越高，则其同化性越低。一般而言，同化性高的铁矿粉，在烧结过程中容易生成液相，但过高的同化性会影响烧结料层的热态透气性，故要求铁矿粉的同化性适宜。

通过实验得出，巴西铁矿粉 A 和中国铁矿粉 D 具有很高的最低同化温度，在 1350 ℃以上，说明其同化性很低；相反，澳大利亚铁矿粉 B 和 C 的最低同化温度仅为 1200~1250 ℃，同化性很高。

（2）液相流动性。液相流动性是指铁矿粉在烧结过程中生成的液相的流动能力，可以采用测定其流动性指数的方法予以评价。一般而言，液相流动性大的铁矿粉，其黏结周围物料的范围也大，但液相流动性不能过大，否则对周围物料的黏结层厚度变薄，烧结矿易形成薄壁大孔结构，使烧结矿整体变脆，强度降低。由此可见，适宜的液相流动性才是确保烧结有效固结的基础。

通过实验得出，中国铁矿粉 D 的液相流动性指数较大，在 1.5 以上；澳大利亚铁矿粉 C 的液相流动性指数较小，在 0.5 以下；巴西铁矿粉 A 和澳大利亚铁矿粉 B 的液相流动性指数居中，为 1~1.5。

（3）黏结相自身强度。黏结相自身强度是指铁矿粉生产的固结未熔烧结料的液相冷凝后（形成黏相）的自身强度。确保烧结固结强度需要足够的黏结相，而黏结相自身强度是非常重要的影响因素，可以通过测定试样的抗压强度予以评价。一般而言，使用黏结相自身强度高的铁矿粉，有助于提高烧结矿的固结强度。

通过实验得出，二元碱度为 2.0 时，各种铁矿粉黏结相自身强度差别较大：中国铁矿粉 D 黏结相自身强度最高，达 630 N；而澳大利亚铁矿粉 B 的黏结相自身强度很低，为 171 N，巴西铁矿粉 A 和澳大利亚铁矿粉 C 的黏结相自身强度为 250~300 N。

（4）铁酸钙生成特性。铁酸钙生成特性是指铁矿石在烧结过程中生成复合铁酸钙矿物的能力，可以采用岩矿相分析予以评价。一般而言，使用铁酸钙生成特性优良的铁矿石可以增加烧结矿中复合铁酸钙矿物的含量，从而有助于改善烧结矿的强度和还原性。

通过实验得出，各种铁矿粉的铁酸钙生成数量各不相同，且存在明显的差别：澳大利亚铁矿粉 B 和 C 的烧结矿物中的铁酸钙的质量分数普遍较高；而巴西矿粉 A 和中国铁矿粉 D 则明显较低。

（5）连晶固结强度。连晶固结强度是指铁矿石在造块过程中靠铁矿物晶体再结晶长大而形成固相固结的能力，可以通过测定纯铁矿粉试样高温焙烧后的抗压强度予以评价。虽然连晶固结不是烧结成矿的主要机理，但铁矿粉自身产生连晶的能力也是影响烧结矿强度的一个因素。

通过实验得出，各种铁矿粉的连晶固结强度的差别也很明显：澳大利亚铁矿粉 B 的连晶固结强度较高，达 602 N；澳大利亚铁矿粉 C 的连晶固结强度较低，仅为 144 N；巴西铁矿粉 A 和国内铁矿粉 D 的连晶固结强度则为 250～350 N。

**H　各项指标稳定性**

烧结生产要求有一个相对稳定的原料条件。不但要有足够数量，而且还要原料的理化性相对稳定。特别是矿石的含铁量、脉石的成分和数量、有害杂质等指标的波动，都会影响生产过程的正常进行和产品品质的波动。我国铁精矿粉的入厂条件与国外一些烧结厂混匀矿的入厂条件见表 1-5 和表 1-6。

**表 1-5　我国铁精矿粉的入厂条件**　　　　　　　　　　　　　（%）

| 化学成分 | | 磁铁矿为主的精矿 | | | | 赤铁矿为主的精矿 | | | | 攀西式钒钛磁铁矿 | 包头式多金属矿 |
|---|---|---|---|---|---|---|---|---|---|---|---|
| $w(TFe)$（波动范围±0.5） | | ≥67 | ≥65 | ≥63 | ≥60 | ≥65 | ≥62 | ≥59 | ≥55 | 51.5 | ≥57 |
| $w(SiO_2)$ | Ⅰ类 | ≤3 | ≤4 | ≤5 | ≤7 | ≤12 | ≤12 | ≤12 | ≤12 | | |
| | Ⅱ类 | ≤6 | ≤8 | ≤10 | ≤13 | ≤8 | ≤10 | ≤13 | ≤15 | | |
| $w(S)$ | | Ⅰ类：≤0.10～0.19；Ⅱ类：≤0.20～0.40 | | | | Ⅰ类：≤0.10～0.19；Ⅱ类：≤0.20～0.40 | | | | <0.60 | <0.50 |
| $w(P)$ | | Ⅰ类：≤0.05～0.09；Ⅱ类：≤0.10～0.20 | | | | Ⅰ类：≤0.08～0.19；Ⅱ类：≤0.20～0.40 | | | | | <0.30 |
| $w(Cu)$ | | ≤0.10～0.20 | | | | ≤0.10～0.20 | | | | | |
| $w(Pb)$（Ⅰ级） | | ≤0.10 | | | | ≤0.10 | | | | | |
| $w(Zn)$ | | ≤0.10～0.20 | | | | ≤0.10～0.20 | | | | | |
| $w(Sn)$ | | ≤0.08 | | | | ≤0.08 | | | | | |
| $w(As)$ | | ≤0.04～0.07 | | | | ≤0.04～0.07 | | | | | |
| $w(TiO_2)$ | | | | | | | | | | <13 | |
| $w(F)$ | | | | | | | | | | | <2.50 |
| $w(K_2O+Na_2O)$ | | ≤0.25 | | | | ≤0.25 | | | | | ≤0.25 |
| 水分 | | Ⅰ类：≤10；Ⅱ类：≤11 | | | | Ⅰ类：≤11；Ⅱ类：≤12 | | | | ≤10 | ≤11 |

表 1-6  国外一些烧结厂混匀矿的入厂条件

| 化学成分 | 允许波动范围 | | | |
|---|---|---|---|---|
| | 日本大分厂 | 西德曼内斯曼厂 | 俄罗斯 | 英国 |
| $w(\mathrm{TFe})/\%$ | ±0.2~0.5 | ±0.3 | ±0.2 | ±0.3~0.5 |
| $w(\mathrm{SiO_2})/\%$ | ±0.12 | ±0.2 | ±0.2 | |
| 碱度 | ±0.03 | ±0.05 | ±0.03 | ±0.03~0.05 |

铁精矿的种类、化学成分、粒度、水分、亲水性、成球性以及软化-熔融特性等因素对烧结生产的影响往往互相交错。

### 1.2.1.5  铁矿粉质量的现场判断

（1）目测判断精矿粉品位。可以从精矿粉的粒度和颜色来判断其品位的高低。

1）从精矿粉的粒度来判断。精矿粉的粒度越细，品位越高。判断精矿粉粒度的粗细，可以用拇指和食指捏住一小撮精矿粉反复搓捏，靠手感来判断粒度的粗细。

2）从精矿粉的颜色来判断。一般来说，颜色越深，品位越高。

（2）现场判断铁矿粉的水分。若矿粉经手握成团有指痕，但不黏手，料球均匀，表面反光，这时水分在7%~8%；若料握成团抖动不散，黏手，这时矿粉的水分大于10%；若料握不成团经轻微抖动即散，表面不反光，这时的水分小于6%。

（3）目测判断矿粉的种类。根据磁铁矿、赤铁矿、菱铁矿和褐铁矿的基本性质（如颜色、光泽、条痕等）判断铁矿粉的种类。

### 1.2.1.6  冶金循环料

在冶金及其他的一些工业生产中有不少副产品的铁的质量分数都比较高，如果当做废物抛弃，不仅造成资源浪费，而且污染环境。烧结配用这些工业副产品可以降低烧结成本，实现资源综合利用，还减少环境污染。

（1）高炉炉尘。高炉炉尘是从高炉煤气系统中回收的高炉瓦斯灰。它主要由矿粉、焦粉及少量石灰石组成，含 Fe（质量分数）30%~55%，含 C（质量分数）8%~20%。目前高炉每炼 1 t 生铁，炉尘量为 30~50 kg。

高炉炉尘亲水性较差，但对黏性大、水分高的烧结料，添加部分高炉炉尘能降低烧结料水分，并提高其透气性。

（2）氧气转炉炉尘。氧气转炉炉尘是氧气转炉的炉气中经除尘器回收的含铁原料。其含铁量（质量分数）高达 60%~70%，并含有钢渣和石灰粉末，粒度小于 0.1 mm。每炼 1 t 钢炉尘量为 20~50 kg。

（3）轧钢皮。轧钢皮是轧钢过程中剥落下来的氧化铁皮。轧钢皮一般占钢材总量的 2%~3%，含铁（质量分数）60%~75%，并且有害杂质少、密度大，是很好的烧结原料。

（4）硫酸渣。硫酸渣是化工厂黄铁矿制硫酸的副产品。硫酸渣有两种：一种是红色的，粒度粗（1~30 mm），含铁低（质量分数小于35%），主要是赤铁矿；另一种是黑色的，粒度细（<0.1 mm），含铁高（质量分数在50%左右），主要是磁铁矿。

高炉炉尘、氧气转炉炉尘、轧钢皮及硫酸渣的化学成分见表1-7。

**表1-7　国内部分钢铁企业冶金循环料的化学成分（质量分数）　　（%）**

| 冶金循环料 | | Fe | FeO | CaO | MgO | SiO$_2$ | Al$_2$O$_3$ | MnO | S | P | 烧损 |
|---|---|---|---|---|---|---|---|---|---|---|---|
| 高炉炉尘 | 鞍钢 | 41.5 | 10.10 | 11.27 | 1.70 | 12.62 | 1.25 | 0.19 | 0.23 | 0.013 | 12.60 |
| | 太钢 | 41.25 | 8.6 | 8.34 | 2.17 | 13.90 | 7.81 | | 0.222 | 0.03 | 15.05 |
| 氧气转炉炉尘 | | 68.8 | 67.5 | 7.17 | 0.72 | 2.08 | | 0.187 | 0.07 | 0.04 | |
| 轧钢皮 | 鞍钢 | 71.31 | 63.80 | 0.08 | 0.031 | 2.18 | | | 0.031 | 0.04 | 12.30 |
| | 武钢 | 63.00 | | | | 7.25 | | | 0.25 | | |
| 硫酸渣 | 本钢 | 56.56 | 7.24 | 2.11 | 0.52 | 9.15 | 1.35 | | 2.11 | | |

#### 1.2.1.7　返矿

返矿是烧结矿在运输、破碎、筛分、整粒过程中形成的粒度小于5 mm的粉末。它的化学成分基本上与烧结矿相同，在烧结过程中可起到下列作用：热返矿可以预热混合料，提高料温；返矿粒度较粗，具有多孔松散结构，可以改善烧结料层透气性；返矿中含有大量低熔点化合物，在烧结过程中容易生成液相，从而提高烧结矿的机械强度。但返矿用量太多，反而会使烧结指标变差。这是因为返矿用量过多时，会使得烧结料的混匀与成球效果变差、料层透气过好而达不到所需的烧结温度，烧结成型条件变坏，成品率降低。

一般来说，烧结过程中应保持返矿平衡，即新生的返矿量（$R_A$）与配入混合料所消耗的返矿量（$R_E$）基本相等，即$B = R_A/R_E = 1$。这种平衡是烧结生产得以正常进行的必要条件。烧结投产后，需经过一段时间才能达到平衡（$B=1$）。如果返矿槽的料位提高，即$B>1$，则应增加烧结料中燃料量以提高烧结矿的强度，使其达到平衡；若得到的返矿量减少，即返矿槽料位下降，$B<1$，则应降低混合料配碳量，即返矿量增加一些。

目前，烧结工作者对返矿平衡十分重视，若科研中不考虑返矿平衡，则研究结果将失去实际意义；若生产中不考虑返矿平衡，会使料层透气性、烧结矿中FeO含量及成品烧结矿小于5 mm数量急剧变化，进而使烧结过程难以控制，难以实现高产、优质、低耗。因此，必须稳定返矿量。

#### 1.2.2　熔剂的识别与选用

烧结生产过程中配加熔剂的目的是：

（1）将高炉冶炼时高炉所配加的部分（或全部）熔剂及其化学反应转移到烧结过程中进行，从而有利于提高高炉冶炼强度和降低焦比；

（2）碱性熔剂中的CaO、MgO与烧结料中酸性脉石SiO$_2$、Al$_2$O$_3$等在高温作用下，生成低熔点的化合物，可以改善烧结矿的强度、冶金性和还原性；

（3）加入碱性熔剂，可提高烧结料的成球性和改善料层透气性，提高烧结矿的质量和产量。

熔剂按其性质可分为碱性、酸性和中性三类。由于我国铁矿石的脉石多数是酸性氧化物，因此普遍使用碱性熔剂。烧结常用的碱性熔剂有石灰石、白云石、消石灰及生石灰等。烧结生产对碱性熔剂的质量要求包括以下三个方面。

（1）有效熔剂性要高，酸性氧化物（$SiO_2 + Al_2O_3$）含量要低。有效熔剂性是指根据烧结矿碱度要求，扣除本身酸性氧化物所消耗的碱性氧化物后剩余的碱性氧化物含量，即：

$$有效熔剂性 = w(CaO + MgO)_{熔剂} - w(SiO_2 + Al_2O_3)_{熔剂} \cdot w\left(\frac{CaO + MgO}{SiO_2 + Al_2O_3}\right)_{烧结矿}$$

当熔剂中 $Al_2O_3$、$MgO$ 很少时，上式可简化为：

$$有效熔剂性 = w(CaO)_{熔剂} - w(SiO_2)_{熔剂} \cdot w\left(\frac{CaO}{SiO_2}\right)_{烧结矿}$$

熔剂中酸性氧化物 $SiO_2$ 的含量偏高会大大降低熔剂的效能。质量良好的碱性熔剂中，$SiO_2 + Al_2O_3$ 总的含量（质量分数）一般不超过 3%~3.5%。

（2）有害杂质 P、S 含量要低。熔剂中的有害杂质含量（质量分数）要低，S 质量分数一般为 0.01%~0.08%，P 质量分数一般为 0.01%~0.03%。

（3）粒度和水分。从有利于烧结过程中各种成分之间的化学反应迅速、完全这一点来看，熔剂粒度越细越好。熔剂粒度粗，反应速度慢，生成的化合物不均匀程度大，甚至残留未反应的 CaO"白点"，对烧结矿强度有很坏的影响。但是，熔剂破碎过细，不仅提高生产成本，而且烧结料透气性变坏。熔剂粒度控制在 3 mm 以下即可。

生石灰进厂不含水，石灰石、白云石含水分别不超过 3%。

国内某些地区的熔剂和一些钢铁企业所用熔剂的物理化学性质见表 1-8。

**表 1-8　熔剂物理化学性质**

| 种类 | 企业或产地 | $w(TFe)$ /% | $w(CaO)$ /% | $w(MgO)$ /% | $w(SiO_2)$ /% | $w(Al_2O_3)$ /% | $w(MnO)$ /% | $w(S)$ /% | $w(P)$ /% | 烧损 /% | 水分 /% | 体积密度 /t·m⁻³ | 粒度组成 (<3mm)/% |
|---|---|---|---|---|---|---|---|---|---|---|---|---|---|
| 石灰石 | 武钢 | 2.74 | 48.4 | 3.71 | 1.69 | 0.738 | 0.035 | | 0.069 | 41.14 | | | |
| | 密云 | 0.37 | 51.30 | 2.11 | 1.15 | 0.41 | | 0.01 | | 42.77 | | | 88.03 |
| | 攀枝花 | 2.8 | 49.79 | 0.27 | 2.84 | 1.07 | | 0.034 | | 40.40 | 3.8 | 1.4 | 91.48 |
| | 本钢 | 3.48 | 49.00 | 1.77 | 4.92 | 0.94 | | | | 39.55 | | | 86.00 |
| | 鞍钢甘井子 | 0.56 | 51.4 | 2.52 | 1.70 | 1.02 | 0.032 | 0.003 | 0.009 | 42.65 | 3.8 | 1.4 | |
| 生石灰 | 鞍钢 | | 72.7 | 3.98 | 3.00 | 0.84 | 0.023 | 0.087 | 0.018 | 16.18 | | 1.41 | <5mm;77 |
| 消石灰 | 鞍钢 | | 60.04 | 4.89 | 5.02 | 1.06 | 0.03 | 0.20 | 0.025 | 24.83 | | | |
| | 武钢 | 1.63 | 64.39 | 1.625 | 2.23 | 0.939 | 0.063 | 0.02 | 0.02 | 29.23 | | | |
| 菱镁石 | 鞍钢大石桥 | | 5.50 | 42.3 | 0.80 | | 0.044 | 0.08 | 0.042 | 49.34 | | | |
| | 鞍钢海北 | | 8.51 | 37.55 | 1.22 | 0.24 | 0.06 | 0.03 | 0.026 | 48.54 | | | |
| 白云石 | 马钢 | | 29.96 | 22.15 | 2.19 | | | | | 41.40 | 3.5 | | |
| | 太钢 | | 28.70 | 18.30 | 3.47 | | | 0.01 | | 42.87 | 3.0 | | |

### 1.2.2.1　石灰石

石灰石的主要化学成分 $CaCO_3$。纯石灰石含 CaO 56%、$CO_2$ 44%（质量分数）。自然界中石灰石都含有镁、铁等杂质，颜色有灰白色和青灰色两种。

烧结料中加入石灰石对烧结矿质量的影响如下。

（1）CaO 成分增加，软化区间缩小，燃烧层厚度减薄，改善料层透气性。

（2）石灰石的细粉比精矿黏结性好，有利于混合料成球，而较粗的部分本身就具有良好的透气性，可以改善烧结料透气性。

（3）烧结过程中石灰石分解，放出 $CO_2$，起疏松料层作用，大大改善料层透气性。通过石灰石的加入，垂直燃烧速度增加，产量提高。

（4）石灰石的加入量也不宜过多，如果石灰石量过多，则成矿条件变差，由于透气性变好，机速加快，矿物结晶不完全。另外，CaO 过多易形成正硅酸钙体系液相，导致冷却时风化碎裂，使烧结矿强度降低。

烧结厂对石灰石的要求是：CaO 质量分数大于 50%，波动范围要小；$SiO_2$ 的质量分数小于 3%；S 质量分数一般为 0.01%~0.08%；P 质量分数一般为 0.01%~0.03%；入厂的粒度范围 0~80 mm，烧结时，不超过 3 mm 粒级的含量（质量分数）大于 90%。

### 1.2.2.2　白云石和菱镁石

白云石的主要成分是碳酸钙和碳酸镁，化学式为 $CaMg(CO_3)_2$，理论上含 CaO 30.4%、MgO 21.7%、$CO_2$ 47.9%（质量分数），通常呈粒状结晶，灰白色，有时呈浅黄色，较硬、难破碎，有玻璃光泽。菱镁石分子式 $MgCO_3$，纯菱镁石理论含 MgO 47.6%、CaO 65%（质量分数），外表呈白黄色。烧结生产中加入白云石，主要是增加烧结过程的液相，提高烧结矿强度。

区别石灰石与白云石的方法是抓把熔剂放在手掌上，用另一个手掌将其压平，如被压平的表面暴露的青色颗粒多，则说明 CaO 含量高，若很快干燥，形成一个"白圈"，说明 MgO 含量高。此外，白云石有玻璃光泽，其破碎面呈鱼子状小粒，而石灰石较平整。用手握这两种块矿时，石灰石的手感较好，白云石有棱角扎手的感觉。

烧结厂对白云石的要求是：CaO+MgO 质量分数大于 50%，波动范围要小；$SiO_2$ 的质量分数小于 3%；有害杂质 S、P 少；烧结时，不超过 3 mm 粒级的含量（质量分数）大于 90%。

### 1.2.2.3　生石灰

生石灰是石灰石经高温煅烧后的产品，主要成分是 CaO。利用生石灰代替部分石灰石作为烧结熔剂，可强化烧结过程。这是因为：

（1）生石灰在烧结料中起黏结剂的作用，增加了混合料的成球性，并提高了混合料成球后的强度，改善了烧结料的粒度组成，提高了料层的透气性；

（2）由于生石灰粒度细，容易与混合料中其他成分更好地接触，可减少与防止游离 CaO 存在，有利于提高烧结矿强度；

（3）生石灰遇水消化放出的热量，可以提高混合料料温，减少烧结过程的过湿现象。

但生石灰用量也不宜过多，生石灰用量过多，烧结料会过分疏松，混合料堆密度下降，生球强度反而会变坏。由于烧结速度过快，因此返矿率增加，产量降低。另外，生石灰量过多，烧结料水分不易控制。

烧结前必须使生石灰全部消化。使用生石灰时要相应增加混合前打水量，保证其必要的消化时间。生石灰粒度要小于 3 mm。

生石灰在配料前的运输和储运中不能受潮，如果受潮，会消除其作用。

烧结使用的生石灰含有杂质，CaO 质量分数一般要求为 85% 左右，粒度要小于 10 mm，其中 0~5 mm 的粒级含量（质量分数）占 85%。生石灰易吸水、易扬尘，所以在运输、储存和破碎时应有专门设施，以改善劳动条件。

#### 1.2.2.4 消石灰

消石灰是生石灰消化后的热石灰，其化学式为 $Ca(OH)_2$，含 CaO 65%（质量分数）左右，含水 15%~20%。消石灰表面呈胶体状态，堆密度小于 $1 \text{ t/m}^3$，吸水性强，黏结力大，可以改善烧结混合料的成球性。用消石灰来代替石灰石的好处有：

（1）消石灰粒度很细，亲水性强，而且有黏性，可大大改善烧结料透气性，提高小球强度。

（2）消石灰比表面积大，可增加混合料最大湿容量，使烧结料过湿层有较好的透气性。

（3）粒度细微的消石灰颗粒比粒度较粗的石灰石颗粒更易产生低熔点化合物，液相流动好，凝结成块，从而降低燃料用量和燃烧带阻力。但消石灰用量也不宜过多，过多的消石灰使烧结料过于松散，烧结矿脆性大，强度下降，成品率下降。

烧结使用的消石灰要求 CaO 质量分数为 70% 左右，水分的质量分数小于 15%，粒度小于 3 mm。

消石灰与生石灰的区别在于生石灰呈粒状，用水喷洒时，生石灰放热而消石灰不放热。

烧结过程中有时也使用一些酸性熔剂，主要有橄榄石、蛇纹石及石英石。橄榄石的化学式为 $(Mg \cdot Fe)_2 \cdot SiO_2$，蛇纹石的化学式为 $3MgO \cdot 2SiO_2 \cdot 2H_2O$。对于酸性熔剂，要求其含 $SiO_2$ 质量分数在 90% 以上，$Al_2O_3$ 质量分数在 2% 以上。

### 1.2.3 固体燃料的识别与选用

常见的烧结用固体燃料有无烟煤和碎焦粉。烧结生产对固体燃料化学性质的要求是：固定碳含量高，挥发分、灰分和硫含量要低。

#### 1.2.3.1 无烟煤

煤是复杂的混合物，主要由固定碳、灰分、挥发分、硫分组成。无烟煤是所有煤中固定碳含量最高、挥发分最少的煤。它呈灰黑色，光泽很强，密度为 $1.4~1.7 \text{ t/m}^3$，是很好的烧结燃料。

烧结生产上，要求无烟煤的发热量大于 25116 kJ/kg（即 6000 kcal/kg），挥发分含量（质量分数）小于 8%，灰分含量（质量分数）小于 15%，硫分含量（质量分数）小于 1.5%，进厂粒度小于 40 mm，使用前应破碎到 3 mm 以下。挥发分高的煤不宜做烧结燃料，因为它能使抽风系统挂泥、结垢。一些烧结厂常用的无烟煤的理化性质见表 1-9。

表 1-9　一些烧结厂所用无烟煤的理化性质

| 厂　别 | 固定碳含量 /% | 灰分含量 /% | 挥发分含量 /% | 硫含量 /% | 水分含量 /% | 发热值 /kJ·kg⁻¹ |
|---|---|---|---|---|---|---|
| 太　钢 | 73.51 | 18.33 | 8.15 | 0.44 | 6 | 28733 |
| 马　钢 | 69.74 | 20.62 | 8.74 | 0.32 | | 3195 |
| 新余钢厂 | 86.71 | 7.68 | 3.61 | | | |
| 水　钢 | 71.25 | 18.85 | 7.45 | | | |
| 鞍　钢 | 71.17 | 19.98 | 8.22 | 0.98 | 0.63（内水） | 29022 |

### 1.2.3.2　碎焦粉

焦炭是炼焦配煤在隔绝空气的条件下高温干馏的产品。碎焦粉是焦化厂或高炉筛分出的粒度小于 25 mm 的焦炭粉末。它具有固定碳高、挥发分少、灰分低、含硫低等优点，发热值约为 33488 kJ/kg。焦炭颜色为褐黑色，疏松多孔，硬度比无烟煤大，破碎较困难。

一般烧结厂对焦粉的入厂要求是固定碳质量分数大于 80%，挥发分质量分数小于 5%，灰分质量分数小于 15%，进厂时粒度小于 40 mm，烧结前必须破碎到 3 mm 以下。

### 问题探究

（1）烧结矿生产常用的含铁原料有哪些？

（2）天然铁矿有何特点，如何识别？

（3）烧结生产对铁精矿粉有什么要求？

（4）烧结生产用的熔剂有哪几种，它们在烧结过程中的作用分别是什么？

（5）如何鉴别石灰石和白云石？

（6）烧结生产对焦粉及无烟煤的要求有哪些？

（7）如何鉴别焦粉与无烟煤？

（8）与无烟煤相比，焦粉有何特点？

## 任务 1.3　烧结原料的接收、验收、储存与中和

### 任务描述

通过相关资讯的自主学习、三维动画展示、相关设备工作原理讲解等，了解烧结原料的接收、验收、储存与中和工序以及其所使用的设备构造和工作原理。

## 相关知识

### 1.3.1　原料的接收

#### 1.3.1.1　原料的接收方式

根据烧结厂所用原料来源及生产规模的不同，原料接收方式大致分为四种。

（1）处在沿海地区并主要使用进口原料的大型烧结厂，其所需原料用大型专用货舱运输。因此，应有专门的卸料码头和大型、高效的卸料机，卸下的原料由皮带机运至原料场。卸料机一般为门式，有卷扬滑车、绳索滑车、抓斗滑车和水平牵引式卸料车等。

（2）距选矿厂较远的内陆大型烧结厂可采用翻车机接收精、富矿粉和块状石灰石等原料。来自冶金厂的高炉炉尘、轧钢皮、碎焦及无烟煤、消石灰等辅助原料以及少量的外来原料则用受料槽接收，受料槽的容积能满足 10 h 烧结用量即可。受料槽常用螺旋卸料机卸料。生石灰可采用密封罐或风动运输。

（3）中型烧结厂年产 $1 \times 10^6 \sim 2 \times 10^6$ t 烧结矿，可采用接收与储存合用的原料仓库。这种原料仓库的一侧采用门形刮板、桥式抓斗机或链斗式卸料机，接收全部原料。如果原料数量、品种较多时，可根据实际情况采用受料槽接收数量少和易起灰的原料。

（4）小型烧结厂年产烧结矿 $2 \times 10^5$ t 以下，对原料的接收可因地制宜用简便形式。如用电动手扶拉铲和地沟胶带机联合卸车，电耙造堆，原料棚储存；或设适当形式的容积配料槽，以解决原料接收与储存问题；也可以在铁路的一侧挖一条深约 2 m 的地沟，安装皮带机，用电动手扶拉铲直接将原料卸在皮带机上，再转运到配料矿槽或小仓库内。

#### 1.3.1.2　原料的卸料设备

常用的卸料设备包括翻车机、桥式抓斗、螺旋卸车机等。

翻车机是一种大型卸车设备，机械化程度高，有利于实现卸车作业自动化或半自动化，具有卸车效率高、生产能力大的优点，适用于翻卸各种散状物料，在大中型钢铁企业得到广泛应用。翻车机有转子式翻车机（KFJ-2 型、KFJ-2A 型、KFJ-3A 型）和侧倾式翻车机两种。转子式翻车机的构造如图 1-3 所示。它由转子、托轮装置、压车装置、滚轮装置、传动装置、缓冲装置及站台等部分组成。

以 KFJ-2 型翻车机为例，转子式翻车机的工作原理是：当装满料的重车皮对到零位的翻车机台上时，启动电机带动齿轮，转子机构将车皮沿铁轨中心线旋转，摇臂机构随之动作。当翻车机转到 8°~10°时，车皮靠向靠帮托架；翻车机转到50°~70°时，站台车弹起，车皮的车厢上沿被固定压车梁压紧；转到175°时停 3 s，将原料从车中倒入轨道正下方的受料仓内，然后回转到零位，车皮被推出，完成一个卸车循环作业。

螺旋卸料机也是烧结厂受料槽机械化的卸料设备之一。它适用于敞车装载的各种粉状物料的卸车，也适用于不太坚硬的中等块状物料的卸车，如无烟煤、碎焦、石灰石、消石灰、高炉炉尘、硫酸渣、富矿粉、铁精矿、轧钢皮等。螺旋卸料机的结构如图 1-4 所示，它由大车走行机构、小车走行机构、螺旋升降机构和螺旋旋转装置构成。其工作原理是螺旋卸料机在把对好货位的重车车门开好后，将螺旋降至车厢内的一端，旋转螺旋，移动大车，从一端开至另一端，来回往复，不断下降料堆，直到把车上的物料全部卸完为止。但螺旋卸料机不能把车上的料卸干净，必须用手扶铲或其他设备再行清底。

### 1.3.2 原料的验收

原料的验收工作是造块厂提高产品质量、降低成本的关键环节。它主要包括原燃料的质量检查、数量验收工作。

原料入厂前应接受预报，按品种、车号、数量和物理化学性能记录在预报登记台上，并根据生产的需要量合理地调入厂内。入厂的车辆要严格检查是否与预报的品种、车号、数量、质量相符合：若相符，车辆对准货位进行卸料；如有不符，必须检查核实（取样化验、目测、过筛），合乎验收标准方可卸车。情况不明者不予卸车。烧结原料的检验分析项目主要包括化学成分、粒度组成和水分分析。各种原料做好进厂记录。品种、产地、数量、成分、卸车、存放、倒运、使用都要记录清楚，并进行必要的统计分类。

### 1.3.3 原料的储存与中和

#### 1.3.3.1 原料的储存

原料储存的目的不仅是为了储备原料以保证生产的正常进行，更重要的是为了满足生产工艺的要求进行多种原料

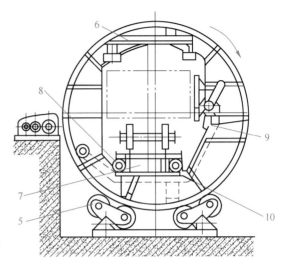

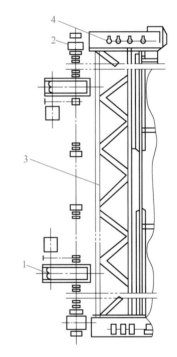

图 1-3　KFJ-3A 型翻车机的构造

1—传动装置；2—齿圈；3—转子；4—滚圈；
5—托轮装置；6—压车装置；7—平台；
8—滚轮装置；9—摇臂机构；10—弹簧装置

的搭配、中和，减少其化学成分的波动，为配料自动化和提高配料的精确度做准备。

接收进厂的烧结原料通常是在原料场（储料厂）或原料仓库储存。当原料种类多、数量大，仓库容纳不下，或来料零散、成分复杂，需储存到一定数量集中使用，或原料基地远，受运输条件的限制，不能按时运来，需要有连续生产的备用料时，应设置原料场。不

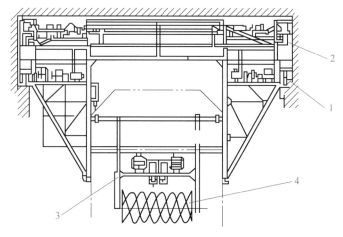

图 1-4　螺旋卸料机

1—大车走行机构；2—小车走行机构；3—螺旋升降机构；4—螺旋旋转装置

过，为提高投资效益，应考虑烧结厂原料场与整个钢铁厂原料场合用。原料场大小与多种因素有关，一般应保证 1~3 个月的原料储备。

在不设原料场的情况下，应设原料仓库，原料仓库的储料时间按以下情况考虑：

（1）用专用铁路线运输原料时，为 3~5 天；

（2）非专用铁路线运输时，为 5~7 天；

（3）有原料场时，为 2~3 天。

### 1.3.3.2　原料的中和

为了使原料成分稳定、配料准确，要在原料储存时进行中和工作。目前用得较多的中和方法是分堆存放、平铺直取。

在料场混匀铺料方法主要有两种，即"人"字形条堆堆料法和混合（又称菱形）堆料法，如图 1-5 所示。前者是按来料顺序在混匀料场上堆"屋脊"形的条堆，即将先后运来的原料按顺序铺成很多平行的条堆（第一层），然后在原来的（第一层）条堆之上铺第二层、第三层、第四层……一层一层铺上去，直到铺好一大堆为止，料堆可高到 10 ~ 15 m。用时，从料堆上沿垂直方向切取。但这种堆料法容易产生粒度偏析。为了提高混匀效果，有的厂采用混合堆料法，即第一层堆成小"人"字形断面的料堆，第二层开始，将料填入第一层条堆构成的沟中，形成菱形断面条堆，逐层上堆，直至堆顶。

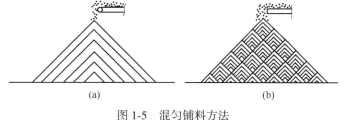

混匀料厂取料机巡游

图 1-5　混匀铺料方法

（a）"人"字形条堆堆料法；（b）混合堆料法

大中型烧结料场原料的平铺切取工作通常用摇臂式堆料机、斗轮式取料机、抓斗起重机或电铲等来完成。堆取作业不频繁的料场，可用堆取合一的斗轮式堆取料机，如图 1-6 所示。

斗轮式堆取料机能够完成堆料、取料两种作业方式。堆料作业时，物料由料场胶带经尾车卸到悬臂皮带机上，物料运至斗轮头部一端卸至料场。取料作业时，斗轮转动臂架绕回转中心做往复回转运动，斗子将物料取送到悬臂皮带机上，然后通过安装在回转平台上和门座上的料斗卸到尾车带式输送机上。

显然，至少应有两个工作场面才能保证连续生产，一个平铺堆矿，一个供使用。

在仓库中进行中和通常是将来料通过移动皮带漏矿车或抓斗吊车，往复逐层铺放，然后沿料堆断面垂直切取使用。

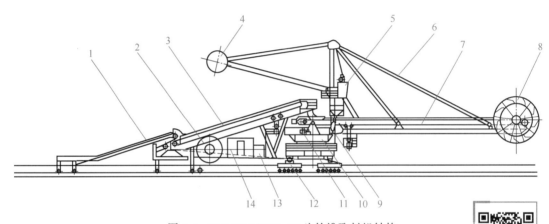

图 1-6　DQL1800/2500.35 斗轮堆取料机结构

1—副尾车机构；2—卷缆机构；3—主尾车机构；4—配重块；5—司机室；6—拉杆机构；
7—悬臂皮带机；8—斗轮机构；9—液压俯仰机构；10—回转大轴承；
11—回转传动机构；12—走行机构；13—水箱；14—配电室

原料中和较先进的办法是从矿山开始就为混匀创造条件，并充分利用原料从矿山运到造块厂过程中的每一次机会，不断地提高原料成分的均匀程度，使原料的成分波动限制在较小的范围之内，从而获得良好的混匀效果。图 1-7 为上海宝钢原料场的堆放、中和、混匀作业，它主要包括如下作业。

（1）设有一次堆料场。各种物料从原料码头卸下后，直接用皮带运往一次料场，按品种、成分不同分别堆放并初步混匀。

（2）设有中和料槽。由取料机并通过皮带运输机将一次料场中的各种原料送入中和料槽

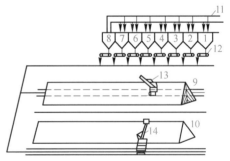

图 1-7　宝钢原料场堆放、中和、混匀示意图

1~8—配料槽；9，10—中和混匀矿堆场；
11—胶带机系统；12—定量给料装置；
13，14—堆料机

中，起储存、配料、控制送料量提高混匀作业的效果。

（3）设有混匀料场。通过配料槽进行中和作业的混合料，送往混匀料场，先由堆料机沿料场的长度方向进行平铺堆积，然后沿料堆垂直面，用取样机切取。料堆成对配制，一个在铺堆时，另一堆取样送烧结厂配矿槽。

设置原料场，可以简化烧结厂的储矿设施及给料系统，也取消了单品种料仓，使场地和设备的利用率得到了改善。

原料储存量一般以账面数据为准，也可以根据料堆状态进行丈量后，大致归结成圆锥形、长条形、梯形等，计算出料堆的体积，再乘以物料的堆密度，即得出物料的重量。

原料在混匀时应注意以下几点：

（1）平铺料时，必须均匀地从一端到另一端整齐地条铺；

（2）抓取料时，必须按指定的料堆从一端到另一端切取使用，不得平抓或乱抓。

### 问题探究

（1）混匀料场的主要作用有哪些？

（2）原料中和的目的是什么，其方法有哪些，常用哪些设备？

## 任务 1.4　熔剂的加工

### 任务描述

通过相关资讯的自主学习、三维动画展示、相关设备工作原理讲解等，了解烧结生产对溶剂的要求，掌握溶剂破碎、筛分常用的设备构造和工作原理。

### 相关知识

#### 1.4.1　熔剂加工的技术操作标准

熔剂加工的技术操作指标是：0~3 mm 粒级的含量（质量分数）大于88%，不混料，MgO 含量（质量分数）不小于17%。适宜的熔剂粒度是保证烧结优质、高产、低耗的重要因素。通常进入烧结厂的石灰石、白云石的粒度为 0~40 mm，有的达到 100 mm。因此，在配料前必须将熔剂破碎至所要求的粒度，而后转运到烧结配料矿槽，生产时配料槽位要求为 1/3~2/3。

#### 1.4.2　熔剂的破碎、筛分流程

为了保证熔剂破碎产品的质量和提高破碎机的生产能力，往往由破碎机和筛分机共同组成破碎筛分流程。破碎筛分流程的种类很多，但均可归纳为破碎的段数、筛分机械与破碎机械间的配置关系、筛上物是否返回三个要素。

在选择破碎、筛分流程时主要应考虑破碎物料的总破碎比（即给料粒度和最终产品粒度的比例）和原料的物理性质、水分大小等因素。破碎比大时应经过两次或两次以上的多段破碎。破碎后不经筛分的流程称为开路破碎，此流程简单，但产品粒度不稳定。破碎后需要筛分的流程称为闭路破碎。闭路破碎流程按筛分在破碎前或后，分为预先筛分和检查筛分两种。图 1-8（a）所示流程为一段破碎与筛分组成的检查筛分闭路流程。原料先破碎、后筛分，筛下物为合格产品，筛上物返回与原矿一起破碎。检查筛分目的是保证破碎产品的粒度和充分发挥破碎机的能力。预先筛分是原料在破碎前先经筛分，筛去细粒，防止过分破碎并提高破碎机的生产能力，减少能耗。当矿石水分大而含泥多时，预先筛分还可以防止和减轻破碎机被堵塞的程度。图 1-8（b）所示流程为预先筛分与破碎组成的闭路流程。原矿先经过筛分，分出合格的细粒级，筛上物进入破碎机破碎后返回与原矿一起进行筛分。这种流程只有当给料中粒度 0~3 mm 的含量较多（大于 40%）时才能使用。但因筛孔小，此流程对含泥质的物料筛分效率低。如果给料中大块多，筛网磨损加快，在这种情况下进行预先筛分，对减轻破碎机负荷的作用不大。烧结厂大多采用图 1-8（a）所示流程破碎熔剂。

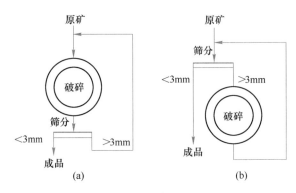

图 1-8　破碎筛分流程

（a）一段破碎与筛分组成的检查筛分闭路流程；（b）预先筛分与破碎组成的闭路流程

### 1.4.3　熔剂的破碎、筛分设备

#### 1.4.3.1　熔剂的破碎设备

目前烧结厂破碎熔剂广泛使用锤式破碎机，其最大给料粒度可达 80 mm，破碎比为 10~15，小于 80 mm 的石灰石、白云石可以直接破碎至 3 mm 以下。

锤式破碎机由镶有衬板的机罩、迎料板、箅条和转子等部分组成。转子又由轴和固定在轴上的圆盘以及铰链在圆盘上的锤头三者构成。锤头的材质，可采用锰钢或淬火的 45 号钢。迎料板和箅条位置是可调的。锤式破碎机按转子旋转方向，分为可逆式（见图 1-9）与不可逆式两种形式。可逆式转子的旋转方向可以改变，其优点是提高了锤子寿命和破碎机的作业率。

锤式破碎机主要靠锤子的锤击来破碎矿石。矿石给入破碎机中首先遭受高速回转的锤头冲击而破碎，破碎后的物料从锤头处获得动能，以高速向机壳内壁破碎板和箅条冲击，发生二次破碎。小于箅条缝隙的矿石即从缝隙中排出，而较大的矿块在破碎板和箅条上还

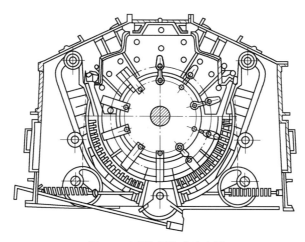

图 1-9　可逆式锤式破碎机

将受到锤子的冲击或研磨而破碎。破碎过程中也有矿石之间的冲击破碎。

锤式破碎机优点是破碎比大，生产效率高，单位产品耗电量小，结构简单紧凑和操作维护容易。其缺点是工作部分易磨损，篦条易堵塞（特别是水分含量较高时），破碎过程粉尘大和噪声大等。锤式破碎机主要技术参数见表 1-10，常见故障原因、排除方法及预防措施见表 1-11。

表 1-10　锤式破碎机的主要技术参数

| 规格/mm×mm | 给料粒度/mm | 排料粒度/mm | 产量/t·h⁻¹ | 电机型号与功率 |
|---|---|---|---|---|
| φ600×400，不可逆 | <100 | <35 | 12～15 | JQ2-62-4，17 kW |
| φ800×600，不可逆 | <200 | <13 | 18～24 | JQ-93-6，55 kW |
| φ1000×800，不可逆 | <200 | <13 | 13～25 | JR117-6，115 kW /380 V |
| φ1300×1600，不可逆 | <300 | <10 | 150～200 | JSQ147-10，200 kW /6000 V |
| φ1000×1000，可逆 | <80 | 0～3 | 100 | JSQ147-8，200 kW |
| φ1430×1300，可逆 | <80 | 0～3 | 200 | JSQ158-8，380 kW /6000 V |
| φ1430×1300，可逆 | <100 | 0～3 | 400 | JSQ158-6，550 kW /6000 V |

表 1-11　锤式破碎机常见故障原因、排除方法及预防措施

| 常见故障 | 原　因 | 排　除　方　法 | 预　防　措　施 |
|---|---|---|---|
| 轴承温度高 | 油量不足或过多 | 检查油量 | 注意每次加油量 |
| | 轴承间隙不合要求 | 打开压盖检查 | 检修时严格控制间隙、按图施工 |
| | 轴承内有杂物 | 清洗检查滚珠粒是否损坏 | 检修，安装时保持滚珠轴承和油质清洁 |
| 转子振动大 | 电机轴与转子轴不同心 | 重新找正 | 安装时，电机轴与转子轴一定要找正、同心 |
| | 转子轴弯 | 转子轴换新 | 安装前应检查转子轴 |
| | 转子偏重、掉锤头 | 对齐锤头，更换锤头 | 生产前检查锤头是否齐全，新换锤头重量应一致 |
| | 物料堵塞 | 畅通堵料 | 随时注意给料水分 |
| | 地基螺栓不牢 | 检查、紧固 | 经常检查，及时紧固、更换 |

| 常见故障 | 原　因 | 排　除　方　法 | 预　防　措　施 |
|---|---|---|---|
| 破碎效率差 | 锤头磨损严重 | 换锤头 | 生产前检查锤头磨损情况 |
| | 算筛损坏或磨损严重 | 换算筛 | 生产前检查算筛是否完好，生产中注意产品情况 |
| | 衬板磨损严重，间隙大 | 换衬板 | 生产前应详细检查衬板、调整间隙 |

#### 1.4.3.2　熔剂的筛分设备

通过单层或多层筛面，将颗粒大小不同的混合料分成若干个不同粒度级别的过程，称为筛分。对合格块度的物料分出粒度级别即为分级。冶金企业使用的筛分设备有固定筛、圆筒筛、振动筛。筛分设备的工作效率用筛分效率表示。

筛分效率是指实际筛出的产品（筛下物）质量占原筛分物料中所含筛下物总量的百分率。例如，在 100 t 熔剂中，10 mm 的占 40%，用筛孔为 10 mm 的机械筛筛分后，得到筛下物 30 t，则筛分效率为 $\dfrac{30}{100\times40\%}\times100\% = 75\%$。

筛子的生产能力常用筛分生产率来表示。筛分生产率是指每平方米筛面每小时所能处理的原料量 $[t/(m^2 \cdot h)]$。

筛子的大小常用筛网的长度和宽度表示，筛孔尺寸大小常用 mm 表示。

振动筛是使用最广泛的筛子，多用于筛分细碎物料。它利用筛网的振动来进行筛分。筛网振动的次数多为 800 ~ 1500 次/min，也有达到 3000 次/min。振幅的范围在 0.5 ~ 12 mm，振幅越小，振动次数越多。筛子的倾斜角为 0°~40°。

振动筛筛分效率高，一般是 80% ~ 95%；筛分原料粒度的范围大，从 0.1 mm 或 0.01 mm 到 250 mm；单位面积产量大；易于调整和筛孔较少堵塞。这种筛子需要专门的传动设备且消耗动力。

振动筛有偏心振动筛、惯性振动筛、自定中心振动筛、电磁振动筛等类型。

目前，烧结厂熔剂破碎后，与锤式破碎机组成闭路系统所用的筛子多为自定中心振动筛。自定中心振动筛由于具有较高的生产率和筛分效率，因而又被广泛地运用在原料场的铁矿石整粒系统、混匀料的大块筛除以及固体燃料破碎前的预筛分等处。

图 1-10 所示为自定中心振动筛的原理。图 1-11 所示为自定中心振动筛的结构。弹簧将框架倾斜地悬挂或支撑在固定的支架上；主横轴的偏心部分安装在筛框上的轴承中，轴的两端装有带不平衡配重的飞轮，不平衡配重的位置恰与偏心轴颈的位置相对应。皮带轮中心位于轴承中心与不平衡配重重心之间。筛框绕轴线做半径为 $r$ 的圆运动，而皮带轮中心在空间的位置不变，因此称为自定中心振动筛。其工作原理是依靠偏心传动轴的旋转使筛子产生上下振动，配重物随轴一起旋转而产生的惯性力平衡筛子上下振动所产生的惯性力，使该振动筛偏心传动轴中心线的空间位置自行保持不变。

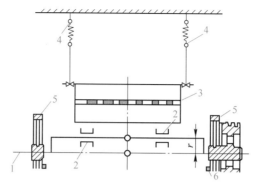

图 1-10　自定中心振动筛的原理

1—主横轴；2—轴承；3—筛框；4—弹簧；5—飞轮；6—飞轮配重

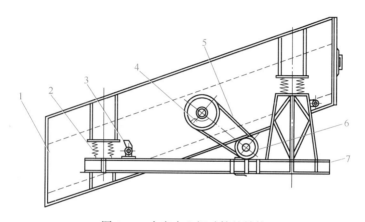

图 1-11　自定中心振动筛的结构

1—筛箱；2—螺旋弹簧；3—阻尼器；4—振动器；

5—三角皮带；6—电动机；7—筛箱支架

表 1-12 所列为 SZZ 自定中心振动筛技术规格。

**表 1-12　SZZ 自定中心振动筛技术规格**

| 型　号 | 筛面尺寸（长×宽）/mm×mm | 面积/m² | 筛网层数 | 最大给料粒度/mm | 筛孔尺寸/mm | 双振幅/mm | 产量/t·h⁻¹ | 频率/次·min⁻¹ | 倾角/(°) | 电动机功率/kW | 外形尺寸（长×宽×高）/mm×mm×mm |
|---|---|---|---|---|---|---|---|---|---|---|---|
| SZZ$_1$900×1800 | 900×1800 | | 1 | | 1~25 | 6 | | 1000 | 15~25 | 2.2 | 2105×1358×1680 |
| SZZ$_2$900×1800 | 900×1800 | 1.62 | 2 | 40 | 1~25 | 6 | 20~25 | 1000 | 15~25 | 2.2 | 2105×1358×575 |
| SZZ$_1$1250×2500 | 1250×2500 | 1.62 | 1 | 40 | 1~40 | 2~7 | 20~25 | 850 | 15~20 | 5.5 | 2600×2150×680 |
| SZZ$_2$1250×2500 | 1250×2500 | 3.1 | 2 | 100 | 1~40 | 2~7 | ≈100 | 850 | 15~20 | 5.5 | 2570×2064×1450 |
| SZZ$_1$1500×3000 | 1500×3000 | 3.1 | 1 | 100 | 1~40 | 8 | ≈100 | 800 | 20~25 | 10 或 7.5 | 3320×2320× 787 |
| SZZ$_2$1500×3000 | 1500×3000 | 4.5 | 2 | 100 | 1~40 | 8 | ≈200 | 800 | 20~25 | 10 或 7.5 | 3013×2607×1907 |
| SZZ$_1$1500×4000 | 1500×4000 | 4.5 | 1 | 100 | 1~40 | 5~10 | ≈200 | 840 | 15 | 11 | 4300×2532×1000 |

续表1-12

| 型 号 | 筛面尺寸（长×宽）/mm×mm | 面积/m² | 筛网层数 | 最大给料粒度/mm | 筛孔尺寸/mm | 双振幅/mm | 产量/t·h⁻¹ | 频率/次·min⁻¹ | 倾角/(°) | 电动机功率/kW | 外形尺寸（长×宽×高）/mm×mm×mm |
|---|---|---|---|---|---|---|---|---|---|---|---|
| SZZ₂1500×4000 | 1500×4000 | 6 | 2 | 100 | 1~40 | 8 | ≈250 | 840 | 20 | 15 | 4153×1266×2213 |
| SZZ₁1800×3600 | 1800×3600 | 6 | 1 | 100 | 0~25 | 8 | ≈250 | 750 | 25±2 | 17 | 2528×3750×3003 |
| SZZ₁400×800 | 400×800 | 6.5 | 1 | 150 | 1~25 | 6 | 300 | 1500 | 15~25 | 0.75 | 1275×780×1250 |
| SZZ₂400×800 | 400×800 | | 2 | | 1~16 | 6 | | 1500 | 15~25 | 0.75 | 1275×780×1250 |

自定中心振动筛的常见故障及排除措施见表 1-13。

表 1-13　自定中心振动筛常见故障及排除措施

| 故　障 | 故　障　原　因 | 排　除　措　施 |
|---|---|---|
| 筛分质量不佳 | 筛网的筛孔堵塞 | 减轻振动筛负荷，清理筛网 |
| | 入筛的碎块增多 | 改变筛框倾斜角度 |
| | 入筛物料水分增加 | 降低物料水分含量 |
| | 给料不均匀 | 调整给料 |
| | 料层过厚 | 减少给料 |
| | 筛网拉得不紧 | 拉紧筛网 |
| 正常工作的振动筛转运过慢 | 传动皮带松 | 拉紧传动皮带 |
| 轴承温度高 | 轴承缺乏润滑油 | 往轴承注入润滑油 |
| | 轴承堵塞 | 清洗轴承，检查更换密封圈 |
| | 轴承磨损 | 更换轴承 |
| 振动过剧 | 安装不良，或飞轮上的配重脱落 | 重新配重，平衡振动筛 |
| 筛框横向振动 | 偏心距的大小不同 | 调整飞轮 |
| 突然停止 | 多槽密封套被卡住 | 停车检查，调整及更换 |
| 在工作中发生不正常的声音 | 轴承磨损 | 更换轴承 |
| | 筛网拉得不紧 | 拉紧筛网 |
| | 轴承固定螺钉松 | 拧紧螺钉 |
| | 弹簧损坏 | 更换弹簧 |
| 运转时摆动大 | 悬挂架和钢绳受力不均 | 调整钢绳达到受力均匀 |

## [?] 问题探究

（1）烧结矿生产对熔剂的粒度有何要求？

（2）熔剂破碎有几种工艺流程，各有什么优缺点？

（3）锤式破碎机的构造和工作原理是什么？

（4）熔剂筛分常用的设备是什么？

## 任务 1.5 燃料的加工

### 任务描述

通过相关资讯的自主学习、三维动画展示、相关设备工作原理讲解等，了解烧结生产对燃料的要求，掌握燃料破碎的工艺流程以及常用的设备构造和工作原理。

### 相关知识

#### 1.5.1 燃料加工的技术操作标准

燃料入厂粒度一般小于 25 mm，在烧结厂进行破碎。破碎后粒度控制在小于 3 mm，且小于 3 mm 粒度的燃料比应大于 80%，生产时配料槽位要求为 1/3~2/3，燃料的粒度对于烧结的生产率及烧结矿的质量有重大的影响。

当粒度过大时将产生以下不利影响：

（1）燃烧带变宽，从而使烧结料层透气性变差。

（2）燃料在料层中分布不均，在大颗粒燃料附近，矿石熔化严重，而离燃料较远的地方，物料不能很好地烧结。

（3）在无燃料处，空气得不到充分利用，烧结速度降低。

（4）在向烧结机台车布料时，容易发生燃料粒度偏析现象，大颗粒燃料集中在料层下部；但下部通常要求燃料量要比上部少，这使烧结料层的温度差异变大，使烧结矿上下部的质量不一样，即上层烧结矿的强度差，下部烧结矿产生过熔，并使 FeO 含量升高。

同样，粒度过小也是不适宜的：

（1）燃料粒度过小，燃烧速度快，在烧结料传热性能差时，燃料所产生的热量难以使烧结料达到熔化温度，烧结料黏结不好，从而使烧结矿强度下降；

（2）小粒度燃料在料层中阻碍气流运动，降低烧结料层的透气性，并有可能被气流带走。

研究表明：燃料最合适的粒度为 0.5~3 mm。但在实际生产中，粒度的上限容易保证，而粒度的下限很难保证。因为在实际生产条件下，筛去 0.5 mm 粒度以下的焦粉会使工艺复杂化，且经济上不合算，所以烧结厂一般只控制燃料粒度上限，即燃料的合适粒度范围为 0~3 mm。

#### 1.5.2 燃料的加工流程

烧结厂所用固体燃料有碎焦和无烟煤，其破碎流程根据进厂燃料粒度和性质来确定。当粒度小于 25 mm 时可采用一段四辊破碎机开路破碎流程，如图 1-12（a）所示；如果粒度大于 25 mm，应考虑两段开路破碎流程，如图 1-12（b）所示。

四辊破碎机是燃料破碎的常用设备，当给料粒度小于 25 mm 时，能一次破碎到 3 mm 以下，无需进行检查筛分。当给料粒度大于 25 mm 时，常用对辊破碎机、反击式破碎机或锤式破碎机作为粗碎设备（锤式破碎机破碎无烟煤比较好，破碎焦炭时往往由于焦炭含水量较高，筛分困难，此外，破碎焦炭时，锤头的磨损也快，其寿命只有破碎石灰石时的59%），把固体燃料破碎到粒度小于 15 mm 后，再进入四辊破碎机破碎至小于 3 mm。在给料粒度过小时，有些厂在破碎前增加预筛分工艺，一是有效防止燃料粒度的过碎；二是降低设备作业率，较好地延长了设备使用寿命。

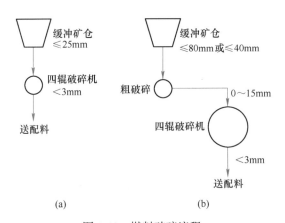

图 1-12　燃料破碎流程

（a）一段四辊破碎机开路破碎流程；（b）两段开路破碎流程

有的烧结厂固体燃料全为干熄焦，其水分的质量分数低，不堵筛孔，破碎采用设有预先筛分和检查筛分的两段破碎流程，如图 1-13 所示。第一段由反击式破碎机与筛子组成闭路，第二段采用棒磨机，可减少过粉碎，但劳动条件较差。

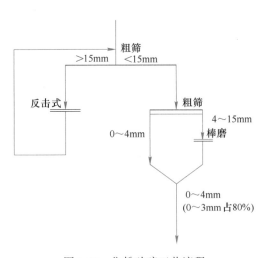

图 1-13　焦粉破碎工艺流程

### 1.5.3　燃料的破碎设备

目前国内烧结厂用于固体燃料破碎的设备主要有对辊破碎机、四辊破碎机、反击式破碎机等。

#### 1.5.3.1　对辊破碎机

对辊破碎机是两段破碎流程中常见的用于燃料粗破碎的设备。

对辊破碎机是由两个相对转动的圆辊组成，两圆辊之间保持一定的间隙，间隙的大小就是排矿口的大小，被破碎的焦炭或无烟煤依靠自重及辊皮产生的摩擦力，进入辊间缝隙而被破碎，最后由排矿口排出。对辊破碎机的工作原理及结构如图 1-14 所示。

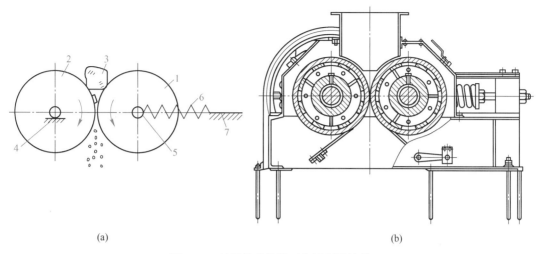

图 1-14　对辊破碎机的工作原理及结构

（a）工作原理；（b）结构

1—活动辊；2—固定辊；3—物料；4—固定轴承；5—可动轴承；6—弹簧；7—机架

国产对辊破碎机的技术性能参数见表 1-14。

表 1-14　国产对辊破碎机的技术参数

| 规格（直径×长）/mm×mm | 辊子间隙/mm | 最大给料粒度/mm | 辊子转速/r·min$^{-1}$ | 电动机 | | 生产能力/t·h$^{-1}$ |
|---|---|---|---|---|---|---|
| | | | | 功率/kW | 台数 | |
| 1200×1000 | 2~12 | 40 | 122.2 | 40 | 2 | 15~90 |
| 250×500 | 2~10 | 40 | 50 | 28 | 1 | 3.4~17 |
| 610×400 | 0~30 | 85 | 75 | 28 | 1 | 12.8~40 |

对辊破碎机启动前，应检查两辊之间是否有异物，同时检查其双辊间隙是否合适，不准带负荷启动。辊皮磨损到一定程度，应及时进行车辊。对辊破碎机的常见故障及排除方法见表 1-15。

表 1-15　对辊破碎机常见故障及排除方法

| 常见故障 | 故障原因 | 排除方法 |
|---|---|---|
| 辊子不能转动 | 工作中被杂物卡住 | 可开反车使卡物脱开 |
| 三角带与带轮打滑 | 三角胶带疲劳或磨损严重 | 可调整张紧装置或更换 |
| 轴承温度高 | 失油 | 加油 |
| | 轴承内油质含杂物 | 换油 |
| | 轴承磨损或损坏 | 更换 |
| 剧烈振动 | 轴承破损 | 检查再换 |
| | 辊皮螺杆松动 | 检查各部螺杆并调整紧固 |
| | 辊子表面凸凹不平 | 利用车削确保辊子表面光滑 |
| 电动机温度升高 | 电流电压过高或超负荷 | 立即通知电工处理 |

### 1.5.3.2 四辊破碎机

四辊破碎机广泛用于烧结厂破碎燃料，在燃料粒度小于25 mm时，能一次破碎到小于3 mm的粒度，不需筛分，破碎系统简单。四辊破碎机生产能力受给料粒度影响较大，粒度越大产量越低，燃料粒度大于25 mm不能进入四辊破碎机破碎。

四辊破碎机的结构如图1-15所示。它由两对反向转动的光面辊组成，上下两对辊中各有一个主动辊和一个被动辊，被动辊的轴座可以移动，借调节丝杆来调整两辊间隙尺寸。一般上面两辊间隙为8~12 mm，下面两辊间隙不大于3 mm。机架上装有走刀机构用来车削四辊辊皮。四辊破碎机的破碎原理是物料在两个相对反向转动的辊间受挤压、磨剥而破碎。

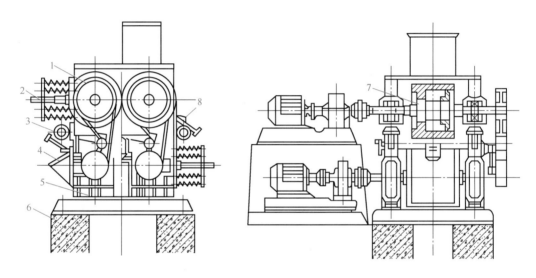

图 1-15 四辊破碎机的结构

1—传动轮；2—弹簧；3—车辊刀架；4—观察孔；

5—机架；6—基础；7—破碎辊；8—传动带

四辊破碎机的规格用辊子的直径和长度来表示，如φ900 mm×700 mm，是指辊子直径为900 mm，辊子的长度为700 mm。四辊破碎机技术规格见表1-16。

表 1-16 四辊破碎机技术参数

| 规格（直径×辊长）/mm×mm | 给料粒度/mm | 排料粒度/mm | 产量/t·h⁻¹ | 转速/r·min⁻¹ | 电动机 | |
|---|---|---|---|---|---|---|
| | | | | | 型号 | 功率/kW |
| φ900×700 | <40~100 | 2~10 | 16~18 | 上辊 104<br>下辊 189 | 上 JO83-12/6<br>下 JO82-6 | 125/20<br>28 |
| φ750×500 | <30 | 2~4 | 5.5~12 | 上辊 118<br>下辊 216 | 上 JO82-12/6<br>下 JO₂-71-6 | 14<br>7 |

操作时应沿辊子长度均匀给料，保证辊皮均匀磨损，辊皮磨损严重时要即时车削。严防金属及杂物进入破碎机。四辊破碎机具有设备简单，操作维护方便，同时可以进行开路

破碎，简化了破碎流程，而且产品无过粉化现象等优点，其缺点是破碎比较小、产量较低、生产能力受物料粒度影响大、辊皮磨损不均匀等。

四辊破碎机常见的故障及排除方法见表1-17。

表 1-17 四辊破碎机的常见故障及排除方法

| 现 象 | 原 因 | 排 除 方 法 |
|---|---|---|
| 四辊堵料 | 辊子间隙过小，来料粒度粗，辊皮咬不住物料 | 调整辊子间隙，对给料进行破碎 |
| 轴承温度高 | 油量或油品不适，或轴承损坏 | 适量加油或换油，如轴承损坏则更换 |
| 振动 | 辊子安装不符合要求 | 检查重新装配 |

### 1.5.3.3 反击式破碎机

反击式破碎机是一种高效破碎设备，由机壳、转子和反击板组成，如图1-16所示。其工作原理是物料受转子的板锤冲击，在转子和反击板之间反复碰撞（包括物料间的碰撞）而破碎。其结构简单，生产效率高，破碎比大，耗电量少，可进行选择性破碎，对中硬性、脆性、潮湿的物料均可破碎。

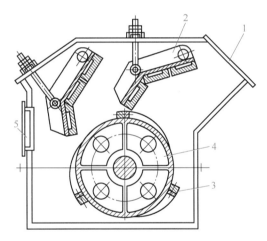

图 1-16 反击式破碎机

1—进料口；2—反击板；3—锤板；4—转子；5—检修孔

反击式破碎机的技术参数见表1-18。

表 1-18 反击式破碎机的技术参数

| 规格 /mm×mm | 破碎原料 | 给料粒度 /mm | 排料粒度 /mm | 产量 /t·h⁻¹ | 转速 /r·min⁻¹ | 电动机 型号 | 功率/kW | 总质量（包括电机）/t |
|---|---|---|---|---|---|---|---|---|
| φ500×400 | 石灰石、煤、焦炭 | <100 | 0~20 | 4~10 | 960 | JO252-6 | 7.5 | 1.46 |
| φ500×400 | 石灰石、煤、焦炭 | <250 | 0~30 | 15~30 | 680 | JO86-6 | 40 | 6.1 |
| φ1000×700 | 石灰石、煤、焦炭 | <250 | 0~50 | 40~80 | 475 | JR125-8 | 95 | 14.8 |

续表 1-18

| 规格<br>/mm×mm | 破碎原料 | 给料粒度<br>/mm | 排料粒度<br>/mm | 产量<br>/t·h⁻¹ | 转速<br>/r·min⁻¹ | 电动机 | | 总质量<br>（包括电机）/t |
|---|---|---|---|---|---|---|---|---|
| | | | | | | 型号 | 功率/kW | |
| φ1250×1000 | 石灰石、煤、焦炭 | <500 | 0~30 | 8~120 | 228~456 | JR128-8 | 155 | 27.38 |
| φ1500×1660 | 石灰石、煤、焦炭 | <400 | 0~30 | 20~120 | 450~710 | JSQ148-8 | 240 | 40 |
| φ1330×1150 | 电石或其他物料 | <50 | 0~30 | 25 | 710 | 防爆鼠笼型 | 110 | 30 |

反击式破碎机在操作中的常见故障及排除方法见表 1-19。

**表 1-19  反击式破碎机常见故障及排除方法**

| 现  象 | 原  因 | 排  除  方  法 |
|---|---|---|
| 振动 | 非破碎物进入机内 | 停止进料 |
| | 转子不平衡 | 检查更换板锤 |
| 轴承<br>温度高 | 油不够或太多 | 适当加油或减油 |
| | 油不清洁 | 换油 |
| | 轴承损坏 | 更换 |
| 打滑 | 三角带磨损或长度不适 | 调整或更换 |

## 问题探究

（1）烧结矿生产对燃料的粒度有何要求？

（2）燃料破碎的两种工艺流程区别在哪？

（3）燃料破碎一般采用哪些破碎设备，这些设备的工作原理是什么？

## 知识技能拓展

### 堆取料机的发展趋势

目前无论是国内还是国外对于堆取料机的发展，越来越注重其大型化、机械化和智能化的发展。堆取料在功能上的主要趋势有以下几方面。

（1）实现高度自动化和机械化操作。在堆取料机工作时，能够对原料进行一定的识别和摆放。主要通过在操作系统中植入相关的算法，实现对不同类型的原料进行分析和扫描，以及初步的识别工作，帮助操作人员了解原料的具体状况，实现堆取料机整个操作过程的自动化和安全化。

（2）堆取料机具备自动定点和自动定位功能。该功能使堆取料机在进行原料的移送和抓取过程中更为精准，通过在堆取料机的计算机系统中插入一定的 GPS 定位装置，能够有效地避免堆取料机失去方向和失去控制的情况出现。

（3）堆取料机具备自动检测功能。为堆取料机安装雷达、消防以及温度检测等装置，帮助操作人员更为精准地了解堆取料机的运行状态，在堆取料机出现运行故障时，及时预警并停止操作，避免人员伤亡和财产损失。

（4）堆取料机的智能化、系统化的操作主要体现在中央控制系统的操作方面。通过开发可靠的、具有完整操作能力和控制能力的中央控制系统，帮助操作人员对堆取料机的日常工作进行分析。

## 安全小贴士

（1）在混匀料堆取过程中，人员违规行走可能造成起重伤害。为避免受伤，应做到：1）严禁在堆取料机行走轨道上行走或停留；2）严禁在堆取料机悬臂下部通行或停留，必须先仔细观察堆料机的悬臂情况，确保安全方可通过。

（2）在火车卸料作业时，人员站位不符合要求可能造成车辆伤害。为避免受伤，应做到：1）卸料作业过程中，严禁人员进入卸车机范围；2）检修期间，相关铁道应设明显的标志和灯光信号，有关道路应设置阻挡；3）作业人员严禁在铁路上行走或停留，在通过马路前，必须做到"一站、二看、三确认"。

# 实训项目1 烧结原料的准备处理

## 工作任务单

| 任务名称 | 原燃料的选用、识别与处理 | | |
|---|---|---|---|
| 时　　间 | | 地　　点 | |
| 组　　员 | | | |
| 实训<br>意义 | 　烧结生产的第一步就是原料工鉴别、选用外购的各种原料、熔剂、燃料，进行处理之后按规定备到相应的原料仓中。 | | |
| 实训<br>目标 | 　（1）能根据原燃料的理化性能正确识别各种原燃料；<br>　（2）能根据生产技术要求正确选用各种原燃料；<br>　（3）能够掌握原燃料接收、验收、储存、中和与加工工艺及相关设备工作原理。 | | |
| 实训<br>注意事项 | 　（1）实训前准备：要提前预习本项目相关知识；<br>　（2）实训中操作：要完全按照操作规程进行仿真实训操作；<br>　（3）实训完成要及时记录工作，并进行总结；<br>　（4）实训操作过程中要有环保意识和团队合作意识。 | | |
| 实训<br>任务要求 | 　学生通过本实训项目可以了解我国烧结生产的发展历程，掌握烧结生产经济技术指标的计算方法，准确识别不同种类的原燃料，指导原燃料的生产要求，明白相关设备的构造和工作原理，能够使用虚拟仿真软件进行原燃料的处理操作。 | | |
| 实训<br>操作过程 | 　（1）通过展示不同类型的原燃料，让学生从物理特征上进行辨别和认知；<br>　（2）通过虚拟仿真软件完成原燃料的接收、储存、破碎和筛分等操作。 | | |

| | |
|---|---|
| 实训<br>结果 | 通过本项目实训，回答下列问题：<br><br>（1）烧结用含铁原料、燃料的种类有哪些？<br><br><br>（2）烧结生产对原燃料的技术指标要求有哪些？<br><br><br>（3）描述熔剂、燃料的处理工艺流程及使用设备工作原理。 |
| 考核<br>评价 | 专业实训任务评价<br><br>| 评分内容 | 标准分值 | 小组评价（40%） | 教师评价（60%） |<br>\|---\|---\|---\|---\|<br>| 出勤、纪律（10%） | 10 | | |<br>| 实习表现（20%） | 20 | | |<br>| 原燃料识别（20%） | 20 | | |<br>| 仿真实训操作（50%） | 50 | | |<br>| 任务综合得分 | | | | |

# 项目 2  配料与混料操作

## 思政课堂

### 立志——努力成为新时代的工匠

我国自古就有尊崇和弘扬工匠精神的传统。《诗经》中的"如切如磋，如琢如磨"，反映的就是古代工匠在雕琢器物时执着专注的工作态度。"庖丁解牛""巧夺天工""匠心独运""技近乎道"……经过千年岁月洗礼，这种精益求精的精神品质早已融入中华民族的文化血液。

当今时代，传统意义上的工匠虽然日益减少，但工匠精神在各行各业传承不息。小到一颗螺丝钉、一块智能芯片，大到卫星、火箭、高铁、航母，它们背后都离不开新时代劳动者身体力行的工匠精神。

党的十八大以来，习近平总书记高度重视新时代工匠的培养，他在党的十九大报告中明确指出，建设知识型、技能型、创新型劳动者大军，弘扬劳模精神和工匠精神，营造劳动光荣的社会风尚和精益求精的敬业风气。把劳模精神、工匠精神写入党的全国代表大会报告，充分体现了党和国家对弘扬劳模精神、劳动精神、工匠精神的高度重视。

习近平总书记致信祝贺首届大国工匠创新交流大会举办并强调，"技术工人队伍是支撑中国制造、中国创造的重要力量。我国工人阶级和广大劳动群众要大力弘扬劳模精神、劳动精神、工匠精神，适应当今世界科技革命和产业变革的需要，勤学苦练、深入钻研，勇于创新、敢为人先，不断提高技术技能水平，为推动高质量发展、实施制造强国战略、全面建设社会主义现代化国家贡献智慧和力量。"

某钢铁厂的烧结一混工序机头扬尘治理在行业内是出了名的老大难问题，如若买一套除尘设备，前期费用就要150万元，运行成本费用也非常高。面对这一难题，某钢铁厂员工下定决心自主改善，经过长期不间断的反复实验后，终于研发出在不增加成本的前提下，将二混的蒸汽改装到一混进行吹扫，在未上除尘系统的情况下，使困扰行业多年的扬尘得到了有效治理，岗位作业环境大大改善。

每一位普通员工都在用创新诠释着平凡岗位上的不平凡，在细碎的时光里挖掘自己的最大潜能，执着追求工作极致，彰显了新形势下钢铁工匠孜孜以求、精益求精的工匠精神。

## 思政探究

皮带电子秤是烧结配料的主要设备，但烧结生产过程中皮带事故频发，作为配料工应该如何增强安全意识？

## 项目背景

烧结生产所用的含铁原料品种日益繁杂，品质不断下降，且难处理铁矿配比增加，致使烧结矿质量下降，工序能耗升高，环保压力持续攀升。通过优化配料和混料操作可以减少固体燃料消耗，使烧结原料在低温下充分发展黏结相，从而获得高产、优质、低耗且具有优良冶金性能的烧结矿，满足高炉冶炼的要求，同时降低生产成本，减少污染物的排放，助推钢铁产业绿色低碳高质量发展。

## 学习目标

知识目标：

（1）掌握配料的概念、目的和要求；
（2）掌握常用的配料方法；
（3）掌握圆盘给料机、电子皮带秤、螺旋给料机的结构及特点；
（4）掌握现场配料计算和调整方法；
（5）了解影响配料准确性的因素；
（6）掌握混料的目的与方式；
（7）了解混合制粒的过程；
（8）掌握混料设备的结构、工作原理、操作工艺参数等内容；
（9）掌握影响混合制粒的因素及强化制粒的措施。

技能目标：

（1）能根据烧结矿质量要求进行配料计算；
（2）能进行配料和混料操作；
（3）能够处理配料和混料过程常见故障；
（4）能够判断和测定混合料的水分，并进行调整。

德育目标：

（1）具有生产环保意识和安全意识；
（2）具备严谨认真、精益求精的工匠精神；
（3）具备团队合作精神和创新精神。

## 任务 2.1　配料操作

## 任务描述

高碱度烧结矿一直是我国高炉炼铁的主要原料，为保证烧结矿的化学成分和物理性质稳定，以满足高炉冶炼要求，同时保证烧结料具有良好透气性以获得较高的烧结矿生产率，必须根据高炉对烧结矿的质量要求及原料的化学性质对各种含铁原料、熔剂、燃料以及高炉炉尘、返矿等按一定比例进行配料，还要兼顾烧结矿的成本。

某烧结厂混匀料结构不稳定，含铁原料品种多达二三十种，受原料价格和采购周期影响，需经常变换，导致烧结矿粒度不均匀、转鼓指数差，严重影响高炉生产，试从配料角度分析原因并提出解决方案。

## 📑 相关知识

### 2.1.1　配料的目的与方法

#### 2.1.1.1　配料的目的

配料的目的是根据烧结过程的要求，将各种不同的含铁原料、熔剂和燃料进行准确的配料，以获得较高的生产率和理化性能稳定的优质烧结矿，符合高炉冶炼的要求。

配料分一次配料和二次配料，增设一次配料的原因是含铁原料品种繁多，且波动大，为了提高配料精度和减小成分波动而对含铁原料进行预先配料，即一次配料，又称配矿。传统配矿只注重含铁原料的化学组成、粒度组成等常温基础性能，但是烧结原料变得越来越复杂，同时高炉容量不断增大对烧结矿性能提出了更高的要求，因此在优化配矿的过程中必须重视含铁原料的高温性能。而后配好的含铁原料再与熔剂、燃料等物料以一定的比例混合进行二次配料。

#### 2.1.1.2　配料方法

配料方法有容积配料法、重量配料法和化学成分配料法三种。

（1）容积配料法是利用物料的堆密度，通过给料设备对物料容积进行控制，达到配加料所要求的添加比例的一种方法。它是通过调节圆盘给料机闸门的开口度或圆盘的转速来控制料流的体积即物料的质量。此法的优点是设备简单，操作方便；缺点是物料的堆密度受物料水分、成分、粒度等因素影响。因此，尽管闸门开口大小不变，若上述性质改变时，其给料量往往不同，造成配料误差。这种配料方法，随着电子皮带秤的问世已被淘汰。

（2）重量配料法是借助电子皮带秤和定量给料自动调节系统实现自动配料的。电子皮带秤给出称量皮带的瞬时送料量信号，信号输入给料机自动调节系统的调节部分，调节部分根据给定值和电子皮带秤测量值的信号偏差自动调节圆盘转速以达到给定的给料量。重量配料法易实现自动配料，精度较高，是目前生产上常用的配料方法。

（3）化学成分配料法是目前最为理想的一种配料方法。它采用先进的在线检测技术，随时测出原料混合料成分并输入微机进行分析、判断、调整，使烧结矿质量稳固在高水平。

#### 2.1.1.3　配料的要求

烧结对配料作业的要求可归纳为以下几点。

（1）配料准确，达到烧结矿考核指标（如 TFe、碱度）要求。即按照计算所确定的配比，连续稳定地配料，把实际下料量的波动值控制在允许的范围内，不发生大的偏差。生产实践表明，配料产生偏差将会影响烧结过程的正常进行并引起烧结矿产、质量的波动。例如，当固体燃料配入量波动±0.2%时，就足以引起烧结矿强度和还原性的变化；含铁原料配入量的波动会引起烧结矿含铁量的波动；熔剂配入量的波动则会引起烧结矿碱度的波动。而烧结矿成分的波动就会导致高炉炉温、炉渣碱度的变化，对高炉炉况的稳定顺行带来不利影响。因此，各国都非常重视烧结矿化学成分的稳定性。我国的波动范围是：$w(\text{TFe}) \leqslant \pm(0.1\% \sim 0.3\%)$，$w(\text{CaO})/w(\text{SiO}_2) \leqslant \pm(0.03 \sim 0.05)$。日本的波动范围是 $w(\text{TFe}) \leqslant \pm(0.3\% \sim 0.4\%)$，$w(\text{CaO})/w(\text{SiO}_2) \leqslant \pm 0.03$，$w(\text{FeO}) \leqslant \pm 0.1\%$，$w(\text{SiO}_2) \leqslant \pm 0.2\%$。

（2）达到高炉对杂质和化合物的要求，如 S、P、MgO、$\text{Al}_2\text{O}_3$、$\text{SiO}_2$ 等。

（3）满足烧结料的烧结性能和燃料要求，如各种原料搭配合理，煤粉的用量适当。

（4）根据供料情况合理利用资源，如澳矿粉限量、杂料配用。

### 2.1.2　配料系统的给料形式

配料系统的给料形式很多，具体使用哪种主要取决于技术经济分析的结果，在大型烧结设备中常用的是圆盘给料机和电子皮带秤。

#### 2.1.2.1　调速圆盘+电子皮带秤

调速圆盘+电子皮带秤是一种比较简易的重量配料设备，它由一台带调速电动机的圆盘给料机和一台电子皮带秤组成。

#### 2.1.2.2　定量圆盘给料机+计量皮带秤

定量圆盘给料机+计量皮带秤是一种将普通圆盘给料机与计量皮带秤进行组合的能够满足精确配料要求的定量式配料设备。圆盘和计量皮带秤共用一套驱动装置，一般由可调速电动机拖动，通过电动机调速来调节给料机的给料量。在驱动装置中设有能力转换离合器，给料机可具有大、小两种给料能力。驱动装置还可用晶闸管调速的直流电动机或变频调速的交流电动机来拖动。这两种电动机调速范围大，可省去传动装置中的大小能力转换离合器。但这两种调速电动机电气部分投资大。

定量圆盘给料机配料准确，提高了产品质量，改善了劳动条件，而且便于配料自动化。给料机本体与计量胶带机共用一套驱动装置，结构紧凑，占空间小。给料机与计量胶带机同时运转，被称量的物料在两设备上同步运动，增加了计量的准确性。目前，我国新建的大型烧结厂均采用这种定量圆盘给料机。

#### 2.1.2.3　定量螺旋给料机

常用于配料量少的粉状细颗粒，如生石灰的给料。当物料的给料量变化幅度较大时，给料机也可设计成具有两种给料能力的结构形式，用能力转换离合器变换给料能力。驱动电动机常用调速电动机，给料量大时为避免单筒尺寸过大，常制成双筒并列螺旋。

#### 2.1.2.4 胶带给料机+电子皮带秤

胶带给料机+电子皮带秤是将电子皮带秤直接安装在原料矿槽出料口，利用皮带上胶面的摩擦作用，将原料拖出到混料皮带。该系统调节方便，工作可靠，适用于黏性不大的、中等粒度以下的、均匀粒度物料的给料，给料较均匀，给料距离较长，在配置上有较大的灵活性；但不能承受较大的料柱压力，由于胶带材质的限制，不宜用于多棱角或温度过高的物料。

### 2.1.3 配料设备与操作

#### 2.1.3.1 圆盘给料机

圆盘给料机具有给料粒度范围大（0~50 mm），给料均匀准确、运转平稳可靠、便于调节和维修方便等优点，适用于精矿、粉矿、熔剂等物料的供给，国内烧结厂普遍采用。

圆盘给料机由传动机构、圆盘、套筒和调节给料量的闸门及刮刀组成。电动机经联轴器通过减速机来带动圆盘。圆盘转动时，料仓内的物料随圆盘一起运动的同时向出料口的一面移动，经闸门或刮刀排出物料。排出量的大小可用闸门或刮刀装置来调节，当精矿或粉矿用量较大时，宜用带活动刮刀的套筒；而熔剂或燃料用量小，而且要求精确性高时，宜用闸门式套筒。

圆盘给料机按其传动机构封闭与否，分为封闭式（见图2-1）和敞开式（见图2-2）两种。封闭式圆盘给料机传动的齿轮及轴承等部件装在刚度较大的密封壳里，具有良好的润滑条件，适用于负荷大的场所，大型的烧结厂采用较多。但它有设备重、造价高、制造困难的缺点。敞开式圆盘给料机是由敞开式齿轮传动，各啮合处的摩擦部位和轴承容易落进灰尘和杂物，同时也不可能有良好的润滑，齿轮轴承及各转动摩擦部位会迅速磨损。但敞开式圆盘给料机具有设备轻、结构简单、便于制造的优点，因此一般多为小型烧结厂采用。

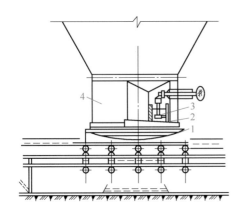

图2-1 封闭式圆盘给料机
1—底盘；2—刻度标尺；3—出料口闸板；4—圆筒

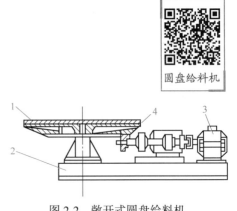

图2-2 敞开式圆盘给料机
1—圆盘；2—底座；3—电动机；4—齿轮

圆盘给料机技术规格见表 2-1。

表 2-1 圆盘给料机技术规格

| 形式 | 型号 | 圆盘直径 /mm | 圆盘转速 /r·min$^{-1}$ | 给料粒度 /mm | 给料能力 /m$^3$·h$^{-1}$ | 电动机 | | 质量 /kg |
|---|---|---|---|---|---|---|---|---|
| | | | | | | 型号 | 功率/kW | |
| 封闭吊式 | FDP 400 | 400 | 10.7 | ≤30 | 0~2.6 | JO41-6 | 1 | 160 |
| | FOP 500 | 500 | 7.83 | ≤30 | 0~3.3 | JO41-6 | 1 | 230 |
| | FDP 600 | 600 | 7.83 | ≤30 | 0~5 | JO$_2$-22-6 | 1.1 | 250 |
| | FDP 800 | 800 | 7.53 | ≤30 | 0~7.95 | JO$_2$-22-6 | 1.1 | 600 |
| | FDP 1000 | 1000 | 5.9 | ≤30 | 0~13 | JO$_2$-31-6 | 1.5 | 950 |
| 敞开吊式 | CDP 600 | 600 | 7.83 | ≤30 | 0~5 | JO$_2$-22-6 | 1.1 | 800 |
| | CDP 800 | 800 | 7.53 | ≤30 | 0~7.95 | JO$_2$-22-6 | 1.1 | 800 |
| 封闭座式 | FPG 1000 | 1000 | 6.5 | ≤50 | 13 | JO$_2$-41-6 | 3 | 1400 |
| | FPG 1500 | 1500 | 6.5 | ≤50 | 30 | JO$_2$-52-6 | 7.3 | 2800 |
| | FPG 2000 | 2000 | 4.79 | ≤50 | 80 | JO$_2$-61-6 | 10 | 5700 |
| | FPG 2500 | 2500 | 4.522 | ≤50 | 120 | JO$_2$-71-6 | 17 | 7310 |
| | FPG 3000 | 3000 | 1.3~3.9 | ≤50 | 75~225 | JO$_2$-72-6 | 22 | 13700 |
| 敞开座式 | CPG 1000 | 1000 | 7.5 | ≤50 | 14 | JO$_2$-32-6 | 2.2 | 1500 |
| | CPG 1500 | 1500 | 7.5 | ≤50 | 25 | JO$_2$-51-6 | 5.5 | 2000 |
| | CPG 2000 | 2000 | 7.5 | ≤50 | 100 | JO$_2$-61-6 | 10 | 2020 |
| 高温 | φ2000 | 2000 | 1.0~4.95 | ≤50 | 80 | JZT52-4 | 10 | 5940 |

圆盘给料机的常见故障及排除方法见表 2-2。

表 2-2 圆盘给料机常见故障及排除方法

| 常见故障 | 故障原因 | 排除方法 |
|---|---|---|
| 圆盘阻转 | 物料超负荷 | 减少进料量 |
| | 物料冲击 | 适当除料减振 |
| | 杂物 | 排除杂物 |
| 闸门损坏 | 大料及杂物 | 排除大料杂物 |
| 圆盘晃动 | 大小锥齿门隙太长 | 更换 |
| | 轴承损坏 | |
| 联轴器响 | 柱销严重磨损 | 更换 |

### 2.1.3.2 螺旋给料机

螺旋给料机是一种适用于干燥的、黏度小的、粉状料的给料设备，如生石灰、轻烧白云石、轻烧菱镁石等。其优点是结构简单、制造成本低、密封性能好、操作安全方便；缺点是零件磨损较大、给料能力小、消耗功率大，不适宜用于黏性大、易结块物料的给料。

螺旋给料机由槽体、螺旋、进料口、出料口和传动装置等组成，如图 2-3 所示。它是利用螺旋的旋转，将物料沿着固定的机壳槽内推移前进，通过排料口把物料排出槽外来达到给料的目的。

### 2.1.3.3 皮带运输机

皮带运输机的构造如图 2-4 所示，主要包括承载牵引力机构（无端的皮带）、支撑装置（上、下托辊组）、增面改向装置（包括张紧滚筒、张紧小车、张紧重锤或张紧丝杆）、受料及排料装置（装卸料斗等）、驱动装置（包括电动机、传动机构及传动滚筒）、安全装置（制动器等）、清扫装置及机架等，移动式的还有走行机构。

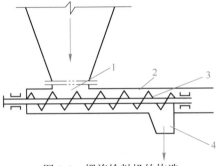

图 2-3　螺旋给料机的构造
1—进料口；2—槽体；3—螺旋；4—排料口

（1）驱动装置。皮带运输机的驱动装置由电动机、减速机、联轴节等组成。

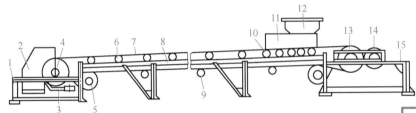

图 2-4　固定式皮带运输机
1—头轮架；2—头罩、漏斗；3—清扫器；4—头部传动辊筒；5—改向辊筒；6—上托辊；
7—运输皮带；8—中间架；9—下托辊；10—缓冲托辊；11—导料栏板；
12—给料漏斗；13—尾部改向辊筒；14—拉紧装置；15—尾轮架

皮带运输机

（2）传动辊筒。传动辊筒根据制造条件分为钢板辊筒和铸铁辊筒，其表面分为光面、包胶面和铸胶面三种。在环境比较干燥的地方可采用光面辊筒，环境潮湿消耗功率大、容易打滑的情况应采用胶面辊筒，其中铸胶辊筒质量较好，包胶辊筒也能基本满足生产要求。

（3）改向辊筒。改向辊筒也分为钢板和铸铁两种，主要用于 180°、90°及小于 45°的改向。用于 180°的改向辊筒一般为尾轮或垂直拉紧装置。用于 90°改向辊筒一般为垂直拉紧装置，用于小于 45°的改向辊筒一般为增面轮。

（4）托辊。皮带运输机的托辊多为无缝钢管制作，近年来开始用非金属材料进行试验，其中有增强尼龙托辊和橡胶托辊等。上托辊分为槽形和平形托辊两种。烧结厂的上托辊一般为槽形托辊，下托辊均为平形托辊。下托辊的间距一般为 3 m。为了减少物料对皮带的冲击作用，在受料端的下部选用缓冲托辊。运送特大块度物料时，应选用重型缓冲托辊。

（5）拉紧装置。拉紧装置是为了使皮带保持一定的张紧状态，以防因皮带太松引起打滑。

（6）清扫器。皮带运输机的工作面常常会黏附一些物料，特别是当物料的湿度和黏度很大时更为严重。为了清除这些物料，在传动辊筒式增面轮之前安装清扫器。清扫器有弹簧式、重锤式和轮式等多种。在皮带机尾轮辊筒之前的非工作面上也设有清扫器。

（7）制动装置。皮带运输机的倾角大于 4° 时，为了防止带负荷停车时发生逆转事故，应安装制动装置。

#### 2.1.3.4　电子皮带秤

在配料设备中，电子皮带秤已被广泛采用。它不但用于进行给料，同时还可以用于计量。配合物料累计量的计数器和物料瞬时量的指示仪，还可以进行自动或手动的调节。生产实践表明，电子皮带秤具有灵敏、准确、可靠的优点。

电子皮带秤系统主要由传感器（又称荷重转换器或压头）、秤架、测速传感器、变送器、控制器和一系列的电气仪表等部分组成，如图 2-5 所示。可见，皮带运输机上的物料通过秤架压在传感器（压头）上时产生单位长度物料质量的压差信号，该模拟信号被多功能控制器转换为数字信号，并按预定的数学模型及有关设定参数计算出物料流量，仪表将测得的瞬间流量与设定值进行比较，得出两者之差作为调节部分中调节器的输入信号，经调节器运算和放大，给出具有某种调节规律的信号再送到操作部分变成操作量，直接施加给被控对象。

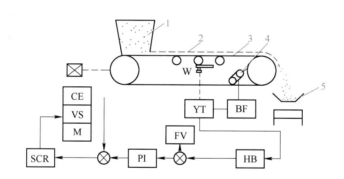

图 2-5　电子皮带秤的系统

1—配料槽；2—物料；3—定量皮带；4—测速传感器；5—集料皮带；

W—秤；YT—传感器；BF—频率交换器；HB—毫伏变送器；FV—给定器；

PI—调节器；SCR—控制器；CE—测速装置；VS—转差离合器；M—交流电机

#### 2.1.4　影响配料精度的因素

影响配料准确性的因素可归纳为原料条件、设备状况、操作因素三个方面。

（1）原料条件。原料的化学成分、粒度和水分等，对配料的准确性都有不同程度的影响。

1）原料的化学成分。原料化学成分的波动，直接影响烧结矿成分的波动。

2）原料的粒度。原料粒度越大，下料量越大；反之粒度越小，下料量则越小。操作观察中一定要勤观察，一旦发现物料粒度有变化，立即进行称量检查，以便及时调整圆盘转速或闸门开口度。

3）原料的水分。原料水分波动会导致圆盘给料量发生波动。在圆盘给料机的转速、闸门开口度不变的情况下，水分在一定范围内增大时，下料量则增大；而水分过大时，下料量又减少。

（2）设备状况。设备性能的好坏对保证均匀给料、准确称重是很重要的。安装给料机时，如果圆盘中心与料仓中心不吻合，或盘面不水平，就会使圆盘各个方向下料不均匀，时多时少。特别是物料含水分高时，其摩擦系数更大，配料的误差更大。此外，电子皮带秤的精度、配料皮带的速度等都会影响配料的质量。

（3）操作因素。操作不当和失职同样会影响配料作业。例如，生产过程中，矿槽料位的不断下降将引起物料静压力的下降，物料给出量减少，因此，矿槽内存料量的变化会破坏圆盘给料的均匀性；而当原料中有大块物料或杂物时，会使料流不畅，以致堵塞圆盘的出料闸门。因此，在料槽中应装设料位计，料线低时就发出信号，指挥进料系统自动进料，以保持料位的稳定。对于热返矿来说，热返矿在配料计算中视为常数，当烧结操作失常，产生返矿恶性循环时，对配料的准确性将会带来极大的影响。此外，配料操作人员的技术水平对配料准确性的影响就更大了。

为克服上述因素的影响，必须加强对原料和设备的管理，做到勤观察、勤分析、勤称量、勤调整。

## 2.1.5　现场配料计算

烧结过程是一个复杂的氧化还原过程，氧的得失很难确定，所以理论配料计算很烦琐，需占用大量的时间，现场一般采用简易计算。常用的计算方法有以下几种。

（1）反推计算法。此法是要根据实际生产经验假定配料比，并根据各种物料的水分、烧损、化学成分等多项原始数据，计算烧结矿的化学成分，看其是否满足规定指标要求，如不适应，再进一步进行调整计算，直到满足要求为止。

（2）分析计算法。这种方法是通过已知数据列出数个方程联立求解，虽然能满足配料要求，但运算仍较麻烦。

（3）单烧计算法。单烧计算法是首先将各种矿粉进行单烧法计算列成表，然后进行综合计算。此法计算较为简便，但原料化学成分波动较大时不宜采用。

（4）快速调整计算法。快速调整计算法又分为有效 CaO（$SiO_2$）计算法和影响系数计算法。目前这两种方法在快速调整计算方法中是较好的方法，尤其是影响系数计算法更好。

### 2.1.5.1　反推计算法

反推计算法（即验算法）进行烧结配料计算的步骤如下。

（1）给定配料比。根据烧结矿技术条件的要求及原料供应计划、化学成分、生产经验确定各种原料的配比。

（2）计算干料配比和总干料量。

$$干料配比 = 湿料配比 \times (1 - 水分)，\%$$

$$总干料量=各种干料量之和$$

（3）计算残存量和总残存量。物料残存量即为物料经过烧结、排除水分和烧损后的百分数。

$$残存量=干料配比×(1-烧损)\,,\%$$

$$总残存量=各种物料残存量之和$$

（4）计算焦粉残存量。

$$焦粉残存量=焦粉干料配比×(1-烧损)=焦粉干料配比×灰分\,,\%$$

（5）计算烧结残存量。

$$烧结残存量=\frac{总残存}{总干料}×100\%$$

（6）计算进入配合料中的各种组分。

$$进入配合料中的\,TFe=该原料含铁量×该原料干料配比\,,\%$$

$$进入配合料中的\,SiO_2=该原料\,SiO_2\,含量×该原料干料配比\,,\%$$

$$进入配合料中的\,CaO=该原料\,CaO\,含量×该原料干料配比\,,\%$$

（7）烧结矿碱度 $R$ 的工业计算。

$$R=\frac{w(CaO)_{矿}×矿石量+w(CaO)_{灰}×灰石量+\cdots}{w(SiO_2)_{矿}×矿石量+w(SiO_2)_{灰}×灰石量+\cdots}$$

式中　矿石量，灰石量——该物料的干料量，kg 或%；

$w(CaO)_{矿}$，$w(SiO_2)_{灰}$——该物料化学成分的质量分数，%。

（8）配合料及烧结矿的化学成分。

$$w(TFe)_{料}=\frac{各种料带入的\,TFe\,之和}{各种干原料之和}$$

$$w(TFe)_{矿}=\frac{各种料带入的\,TFe\,之和}{总残存量}$$

$$w(SiO_2)_{料}=\frac{各种料带入的\,SiO_2\,之和}{各种干原料之和}$$

$$w(SiO_2)_{矿}=\frac{各种料带入的\,SiO_2\,之和}{总残存量}$$

$$w(CaO)_{料}=\frac{各种料带入的\,CaO\,之和}{各种干原料之和}$$

$$w(CaO)_{矿}=\frac{各种料带入的\,CaO\,之和}{总残存量}$$

例 2-1　当前烧结厂内的含铁矿粉主要有尖山矿、澳矿和综合矿。烧结矿生产使用石灰、石灰石、白云石作为熔剂，固体燃料为焦粉，尖山矿的配比为 36.5%，澳矿为 24%，石灰为 5%，白云石为 6%，焦粉为 5%，原料成分见表 2-3，烧结矿碱度为 1.7。确定综合矿和石灰石的配比，并预测烧结矿的化学成分。

表 2-3　原料成分（质量分数）　　　　　　　　（%）

| 原料名称 | 尖山矿 | 澳矿 | 综合矿 | 石灰 | 石灰石 | 白云石 | 焦粉 |
|---|---|---|---|---|---|---|---|
| TFe | 64.0 | 62 | 50 | | | | |
| SiO$_2$ | 10.0 | 5 | 10 | 5 | 2.5 | 3 | 12 |
| CaO | 0.3 | 0.6 | 9 | 79 | 49 | 35 | |
| 烧损 | 2 | 4 | 5 | 5 | 44 | 44 | 73 |
| 水分 | 8 | 5 | 5 | | 4 | 4 | 6 |

**解：**（1）计算原料配比。以 100kg 烧结配合料为计算基础。

1）原料配比的确定及计算。设配合料中综合矿粉配比为 $x$%，石灰石配比为 $y$%，其他原料配比为：尖山矿 36.5%，澳矿 24%，石灰 5%，白云石 6%，焦粉 5%。

　　尖山矿干料配比 = 湿料配比×（1−水分） = 36.5%×（1−8%） = 33.58%

　　尖山矿残存量 = 干料配比×（1−烧损） = 33.58%×（1−2%） = 32.9%

　　尖山矿进入配合料中的 TFe = 尖山矿含铁量×干料配比 = 64.0%×33.58% = 21.5%

　　尖山矿进入配合料中的 SiO$_2$ = 10%×33.58% = 3.36%

　　尖山矿进入配合料中的 CaO = 0.3%×33.58% = 0.1%

各种原料的计算结果列于表 2-4。

表 2-4　原料的计算结果（质量分数）　　　　　　　　（%）

| 原　料 | 湿料配比 | 干料配比 | 残存量 | 配合料（干） | | |
|---|---|---|---|---|---|---|
| | | | | TFe | SiO$_2$ | CaO |
| 尖山矿 | 36.5 | 33.58 | 32.9 | 21.5 | 3.36 | 0.1 |
| 澳　矿 | 24.0 | 22.8 | 21.9 | 14.14 | 1.14 | 0.137 |
| 综合矿 | $x$ | 0.95$x$ | 0.9$x$ | 0.475$x$ | 0.095$x$ | 0.086$x$ |
| 石　灰 | 5 | 5 | 4.75 | — | 0.25 | 3.95 |
| 石灰石 | $y$ | 0.96$y$ | 0.54$y$ | — | 0.024$y$ | 0.47$y$ |
| 白云石 | 6 | 5.76 | 3.23 | — | 0.173 | 2.02 |
| 焦　粉 | 5 | 4.7 | 1.27 | — | 0.564 | — |

2）计算未知数 $x$、$y$ 的值。由于烧结矿碱度 $R = w(CaO)/w(SiO_2) = 1.7$，湿料总配比为 100%。根据表 2-4，列出联立方程式，求 $x$、$y$ 值。

$$\frac{0.1 + 0.137 + 0.086x + 3.95 + 0.47y + 2.02}{3.36 + 1.14 + 0.095x + 0.25 + 0.024y + 0.173 + 0.564} = 1.7 \qquad (2\text{-}1)$$

$$36.5 + 24.0 + x + 5 + y + 6 + 5 = 100 \qquad (2\text{-}2)$$

解式（2-1）得：$y = 7.156 + 0.175x$

将 $y$ 值代入式（2-2）有：$x = 13.91$，即综合矿配比为 13.91%。

再将 $x$ 值代入式（2-2）有：$y = 9.59$，即石灰石配比为 9.59%。

3）验算 $R$。将 $x$、$y$ 值代入式（2-1）有：

$$\frac{6.207 + 0.086 \times 13.91 + 0.47 \times 9.59}{5.487 + 0.095 \times 13.91 + 0.024 \times 9.59} = \frac{11.91}{7.038} = 1.7$$

验算合格。

（2）烧结矿成分计算。

1）残存量计算。因为总残存量为各原料残存量之和，所以有：

总残存量 = （32.9+21.9+0.9×13.91+4.75+0.54×9.59+3.23+1.27）% = 81.75%

2）烧结矿化学成分计算。

$$w(\text{TFe})_{矿} = \frac{21.5 + 14.14 + 0.475 \times 13.91}{81.75} \times 100\% = \frac{42.25}{81.75} \times 100\% = 51.68\%$$

$$w(\text{SiO}_2)_{矿} = \frac{3.36 + 1.14 + 0.095 \times 13.91 + 0.25 + 0.024 \times 9.59 + 0.173 + 0.564}{81.75} \times 100\%$$

$$= \frac{7.038}{81.75} \times 100\% = 8.6\%$$

$$w(\text{CaO})_{矿} = \frac{0.10 + 0.137 + 0.086 \times 13.91 + 3.95 + 0.47 \times 9.59 + 2.02}{81.75} \times 100\%$$

$$= \frac{11.91}{81.75} \times 100\% = 14.58\%$$

$$R = \frac{14.58\%}{8.6\%} = 1.7$$

计算结果列于表2-5。

**表2-5　配料计算结果（质量分数）**　　　　　　　　　　　　　（%）

| 配料 | 湿配比 | 干配比 | 残存量 | 配合矿成分 | | | 烧结矿成分 | | |
|------|--------|--------|--------|------|------|------|------|------|------|
| | | | | TFe | SiO₂ | CaO | TFe | SiO₂ | CaO |
| 尖山矿 | 36.5 | 33.58 | 32.9 | 21.5 | 3.36 | 0.10 | 26.3 | 4.07 | 0.12 |
| 澳矿 | 24 | 22.8 | 21.9 | 14.14 | 1.14 | 0.137 | 17.3 | 1.39 | 0.17 |
| 综合矿 | 13.91 | 13.21 | 12.52 | 6.61 | 1.32 | 1.20 | 8.08 | 1.61 | 1.46 |
| 石灰 | 5 | 5 | 4.75 | — | 0.25 | 3.95 | — | 0.31 | 4.83 |
| 石灰石 | 9.59 | 9.21 | 5.18 | — | 0.23 | 4.51 | — | 0.28 | 5.52 |
| 白云石 | 6 | 5.76 | 3.23 | — | 0.173 | 2.02 | — | 0.21 | 2.47 |
| 焦粉 | 5 | 4.7 | 1.27 | | 0.564 | — | | 0.69 | — |
| 合计 | 100 | 94.26 | 81.75 | 42.25 | 7.037 | 11.92 | 51 | 8.56 | 14.57 |

#### 2.1.5.2　给料量的计算

在各种原燃料基本配比确定后，还要确定上料千克数或者说各种原料的下料量。

（1）配料皮带每秒下料量的计算。

$$G = \frac{(H - h)Lv\rho}{60}$$

式中　$H$——烧结机的实际料层厚度，m；

$h$——烧结机铺底料厚度，m；

$L$——烧结机台车的有效宽度，m；

$v$——烧结机台车的运行速度，m/min；

$\rho$——混合料密度，kg/m³；

$G$——每秒下料量，kg/s。

（2）配料皮带料批和各种原料下料量的计算。已知配料皮带每秒下料量和各种原料配比，就可以确定各种原料的给料量，公式为：

$$配料皮带料批（kg/m）= \frac{配料皮带每秒下料量（kg/s）}{皮带速度（m/s）}$$

某种原料每秒下料量（kg/s）= 料批（kg/m）×配料比（%）×皮带速度（m/s）

某种原料每班消耗量（t）= 当班上料时间（h）×各种物料每小时下料量（t）

例 2-2　烧结机有效宽度为 3 m，料层厚度为 700 mm，铺底料为 30 mm，烧结机机速为 1.5 m/min，配料皮带速度为 1 m/s，混合料密度为 1.6×10³ kg/m³，试确定配料皮带料批 $M$（kg/m）。

**解：**
$$(0.7-0.03)\times3\times1.5\times1.6\times10^3 = 60G$$
$$G = 80.4\text{kg/s}$$

由于皮带速度为 1 m/s，所以皮带料批 $M = 80.4/1 = 80.4$ kg/m。

假设石灰配比为 5.7%，可得石灰的每秒下料量 = 80.4×5.7%×1 = 4.58 kg/s。

### 2.1.5.3　烧结矿成分波动时的配料分析

在生产过程中，由于各种原因烧结矿实际成分与配料计算值会出现偏差，表 2-6 列出烧结矿成分波动类型、原因及调整措施。

**表 2-6　烧结矿成分的波动类型、原因及调整措施**

| 类型 | 烧结矿成分 | | | | 原　因 | 调　整　措　施 |
|---|---|---|---|---|---|---|
| | TFe | CaO | SiO₂ | CaO/SiO₂ | | |
| A | + | 0 | − | + | 铁料品位升高 | 高铁料与低铁料对调，或减少高品位精矿粉，或增加低品位铁矿配比 |
| B | − | 0 | + | − | 铁料品位下降 | 高铁料与低铁料对调，或增加高品位精矿粉，或减少低品位铁矿配比 |
| C | + | − | + | − | 铁料下料量增加或铁料水分减少，或熔剂下料量减少 | 减少含铁料或增加熔剂 |
| D | 0 | + | 0 | + | 熔剂 CaO 升高 | 验算熔剂配比，检查熔剂料流或减少熔剂配比 |
| E | − | + | − | + | 熔剂下料量增加或铁料下料量减少，或铁料水分升高 | 减少熔剂配比 |
| F | 0 | − | 0 | − | 熔剂 CaO 下降 | 适当减少白云石（白云灰）配比或流量 |

注：0 表示正常，+表示升高，−表示降低。

**2.1.6** 烧结返矿的分析判断

返矿参加配料的基本公式为：

$$A = MA_1 + NA_2$$

式中　$A$——烧结矿某化学成分的质量分数,%；

　　　$A_1$——该成分在返矿中的质量分数,%；

　　　$A_2$——配合料中该成分的质量分数,%；

　　$M$，$N$——返矿和配合料的比值,且 $M+N=1$。

返矿波动对烧结矿成分的影响见表 2-7。

表 2-7　返矿波动对烧结矿成分的影响

| 返矿波动 | | 烧结矿成分波动 | | | |
|---|---|---|---|---|---|
| | | TFe | CaO | SiO$_2$ | CaO/SiO$_2$ |
| 返矿全铁升高 | | + | − | 0 | − |
| | | + | 0 | − | + |
| 返矿全铁降低 | | − | + | 0 | + |
| | | − | 0 | + | − |
| 当返矿 TFe 比烧结矿 TFe 低时 | 返矿下料量增加 | − | + | 0 | + |
| | | − | 0 | + | − |
| | 返矿下料量降低 | + | − | 0 | − |
| | | + | 0 | − | + |

注：0 表示正常，+表示升高，−表示降低。

**2.1.7** 配料主控室岗位操作

*2.1.7.1　配料主控室岗位职责*

（1）严格执行技术规程和安全规程。

（2）熟悉本岗位设备性能，保证设备的正确使用。

（3）负责本岗位设备的开停机操作。

（4）负责混合料配比计算及下料量调整操作。

（5）负责主控室环境卫生及相关设备的维护保养，搞好设备点检工作。

（6）协助工长组织和指挥生产。生产过程中发生故障时，要及时向工长、车间汇报，并提出处理意见，协助工长组织处理。

（7）负责向当班厂调度室报告本班生产操作、质量和设备运转情况。

（8）负责车间范围内设备启动前料线的选择、集中开停机操作，根据需要完成非联锁设备的开停机操作。

（9）负责监视模拟屏上各系统的设备指示信号变化、生产工艺参数的变化，掌握各岗位生产动态，并及时与有关岗位联系，调整操作、保持稳定正常生产。

（10）负责与烧结主控室联系，协调生产。根据生产情况及时调整上料量及燃料配量，保证均衡生产。

（11）认真开展质量控制和质量改进活动。

（12）负责设备检修时的配合、检查及验收。

（13）负责原料成分、烧结矿化学成分、生产操作指标及参数报表的记录与打印。

（14）严格执行交接班制度，并做好各种记录。

### 2.1.7.2　配料系统主要操作程序

（1）开机前的准备工作。检查各圆盘给料机、配料皮带秤、皮带机等所属设备以及各安全装置是否完好；检查矿槽存料是否在2/3左右。

（2）开机操作。集中联锁控制时，接到开机信号，合上事故开关，由集中控制集中启动。非联锁控制时，接到开机信号，合上事故开关，即可按顺序启动有关皮带机，再开启所用原料的配料皮带秤，最后开启相应的圆盘给料机。

（3）停机操作。集中联锁控制时，正常情况下由集中控制正常停机，有紧急事故时，应立即切断事故开关。非联锁控制时，接到停机信号，按逆开机方向逐一停机。

（4）微机操作部分。按正常程序启动计算机。正常情况下由计算机集中控制，需要手动时，把操作台上的转换开关打到手动位置即可进行手动操作。

### 2.1.7.3　配料操作要点

即使配料计算准确无误，如果没有精心操作，烧结矿的化学成分也是难以保证的。生产上配料工艺操作要点如下。

（1）正常操作。

1）严格按配料单准确配料，圆盘给料机闸门开口度要保持适度，闸门开口的高度要保持稳定，保证下料稳定，下料量允许波动范围：铁矿粉为±0.3 kg/m，熔剂与燃料为±0.2 kg/m，其他原料为±0.1 kg/m，使配合料的化学成分合乎规定标准。

2）配碳量要达到最佳值，保证烧结燃耗低，烧结矿中 FeO 含量低。

3）密切注意各种原料的配比量，发现短缺等异常情况时应及时查明原因并处理。

4）在成分、水分波动较大时，根据实际情况做适当调整，确保配合料成分稳定。配料比变更时，应在短时间内调整完成。

5）同一种原料的配料仓必须轮流使用，以防堵料、水分波动等现象发生。

6）某一种原料因设备故障或其他原因造成断料或下料不正常时，必须立即用同类原料代替并及时汇报，变更配料比。

7）做好上料情况与变料情况的原始记录。

（2）异常情况。

1）在电子秤不准确，误差超过规定范围时，可采用人工跑盘称料，增加称料频次。

2）在微机出现故障不能自动控制时，应采用手动操作。

3）当出现紧急状况，采取应急操作后，要马上通知有关部门立即处理。应急操作不可长时间使用，岗位工人应做好记录，在交接班时要核算出各种物料的使用量、上料时间参数，并记入原始记录。

### 2.1.7.4 配料操作注意事项

（1）随时检查下料量是否符合要求，根据原料粒度、水分及时调整。

（2）运转中随时注意圆盘料槽的黏料、卡料情况，保证下料畅通均匀。

（3）及时向备料组反映各种原料的水分、粒度杂物等的变化。

（4）运转中经常注意设备声音，如有不正常声响及时停机检查处理。

（5）应注意检查电机轴承的温度，不得超过 65 ℃。

（6）圆盘在运转中突然停止，应详细检查，确无问题或故障排除后，方可重新启动，如再次启动不了，不得再继续启动，应查出原因后进行处理。

## ⁇ 问题探究

（1）配料的目的和要求是什么，配料方法有哪几种?

（2）配料的设备有哪些?

（3）影响配料精度的因素是什么?

## 任务 2.2 混合与制粒操作

### 📋 任务描述

烧结生产过程中，强化混合与制粒效果，有利于提高料层透气性，尤其是合理的混合料加水量，不仅可以保证烧结制粒效果，优化烧结过程，而且对减少烧结燃料使用、降低烧结矿成本、提高烧结矿的产量等都有着显著作用。

某烧结厂烧结混合制粒系统混合机筒体黏料严重，混合制粒效果差，试分析原因并提出解决方案。

### 📝 相关知识

#### 2.2.1 混料的目的与方式

各种原料经过配料室，按一定比例组成配合料，在点火烧结前，还必须要进行充分混匀并制粒。目前多数烧结厂都采用圆筒混料机进行混匀与制粒，可采用强力混合机替代圆筒混合机或者增加一段强力混合机，以提升烧结混合料的混匀度，使得混合料中超细粉、燃料、熔剂等能充分混匀，增加烧结原料透气性，增强制粒效果。

为获得良好的混匀与制粒效果，要求根据原料性质合理选择混合段数。生产中一般采用二次混合作业。一混作用是混匀并加水润湿，以得到水分、粒度及各种成分均匀分布的烧结料；当使用热返矿时，可以将物料预热；当加入生石灰时，可使 CaO 消化。二混作用是将混合料借助外力形成 3~5 mm 的小球，以提高烧结料层的透气性；此外，补加一定的水并通蒸汽，使混合料的水分、粒度及料温满足烧结工艺的要求。有的企业增加了三次混合，目的是将强化制粒后的混合料小球表面外裹固体燃料，改善固体燃料的燃烧条件。

### 2.2.2　混料设备与操作

#### 2.2.2.1　混料机结构及性能参数

烧结厂常用的混料设备是圆筒混料机。按传动方式，圆筒混料机可分为齿轮传动和摩擦传动两种。齿轮传动的圆筒混料机构造如图 2-6 所示，包括筒体装置、传动装置、进出料漏斗、托轮与挡轮装置、喷水装置、底座等。

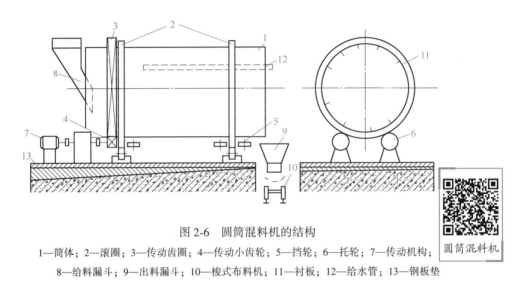

图 2-6　圆筒混料机的结构

1—筒体；2—滚圈；3—传动齿圈；4—传动小齿轮；5—挡轮；6—托轮；7—传动机构；
8—给料漏斗；9—出料漏斗；10—梭式布料机；11—衬板；12—给水管；13—钢板垫

筒体装置是圆筒混料机的主体，由筒体（圆筒）、滚圈、大齿圈、筒体内附件组成。筒体是承接混合料并进行混匀和制粒的圆筒状容器，用普通钢板卷制后拼焊而成。筒体上固定着两个同心圆滚圈，它们是筒体的支撑件。圆筒上还装有一个大齿圈，它是筒体转动的传动件，一般尽可能靠近上滚圈，有的直接连接在滚圈上。大齿圈由传动装置的小齿轮带动后，可使整个圆筒转动。附件主要包括各类衬板和扬料板。衬板的作用是防止筒体磨损，扬料板的作用则是强化混合。

传动装置是传递运动与动力、驱动筒体转动的装置。它由电动机、减速机和一组开式齿轮组成。

托轮装置是混料机筒体装置的支撑部件，承受整个筒体装置和筒内混合料的重量以及工作运转负荷，并传递到基础。圆筒混料机一般只设前后两对托轮，圆筒通过滚圈放置在两组托轮上。

挡轮装置是筒体轴向定位装置，承受因筒体倾斜安装而产生的轴向力和其他附加轴向力，并通过底座传给地基。

当使用胶轮摩擦传动的圆筒混料机时，不需安装滚圈和大齿圈，其圆筒的支撑和传动全靠几组胶轮托辊。胶轮摩擦传动的圆筒混料机装置如图 2-7 所示。

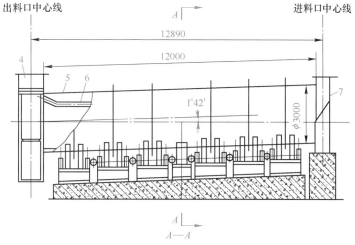

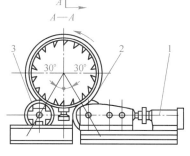

图 2-7 胶轮摩擦传动的圆筒混料机装置

1—传动装置；2—主动轮胎组；3—被动轮胎组；4—出料漏斗；5—筒体；6—给水装置；7—进料漏斗

一次混料机的给水装置是沿混料机圆筒的长度方向安装一根通长的洒水管，洒水管上按一定的距离钻上钻孔（水管开孔直径一般为 2 mm 左右）或安装一排喷嘴，喷嘴的间距要使其在圆筒长度方向给水均匀。喷嘴的喷射方向应与筒内运动物料的料面相垂直。整根洒水管与一根沿筒体轴向安装的钢丝绳连接，钢丝绳的一端固定在给料漏斗支架或给料带式输送机支架上，另一端固定在圆筒排料漏斗或排料操作平台上，钢丝绳上设有螺旋拉紧机构，以调节钢丝绳的张紧程度。水管上部应设置挡板，以避免物料堵塞喷嘴。钢丝绳的外部套上胶管，以减少腐蚀和磨损。

二次混合的给水装置仅设在圆筒的给料端，为了方便调节，喷嘴可分别装在不同的水管上，由单独的阀门控制给水。

圆筒混料机倾角，一次混料机不大于 4°，二次混料机不大于 2°30′。为了加强混匀和造球效果，在保证产量的前提下，可以降低倾角。

圆筒混料机生产能力主要受转速、充填率和停留时间的影响，通常按下式计算：

$$V = \frac{60LA\mu}{t}$$

式中    $V$——单位时间内处理的原料，m³/h；

   $t$——停留的时间，min；

   $\mu$——充填率，即圆筒混料机内物料占圆筒体积的百分数，%；

　　$L$——圆筒长度，m；

　　$A$——圆筒断面积，$m^2$。

对于一次混合，充填率为 10%~20%，停留时间为 2 min，转速为 $(0.2 ~ 0.3)n_C$（$n_C$ 为临界转速）；对于二次混合，充填率为 10%~15%，停留时间为 3 min，转速为 $(0.25 ~ 0.35)n_C$。

圆筒混料机混料范围广，能适应原料的变动，构造简单，生产可靠且生产能力大，是一种行之有效的混料设备。但是其缺点是筒内有黏料现象，混料时间不足，同时振动较大。为了改善这种情况，鞍钢等烧结厂采用了增长混料圆筒长度的办法，收到一定效果。

操作时，圆筒内壁不应挂料过多，以保持良好的混合效果和造球能力；小矿槽存料应保持在 1/2~2/3，严禁出现矿槽空槽现象。

### 2.2.2.2　圆筒混料机的工作原理

由于混合料与筒体内壁、混合料与混合料之间有摩擦力，借助筒体旋转离心力的作用，可将混合料带到一定的高度（这个高度相应于物料的休止角），然后开始向下滚动，由于筒体是倾斜的，混合料的滚动方向与回转面成一个角度，因此混合料就沿圆筒轴线的方向逐渐向下移动。这样反复循环，混合料的运动轨迹就可以绘成螺旋形曲线。混合料在多次这样的运动中得到混匀。在混合过程要加适量的水，由于水的表面张力及混合料的性质，混合料在以上运动过程中将滚动成球，最终达到混匀造球的目的。

物料在圆筒混料机中有三种运动状态，即翻动、滚动、滑动。翻动对混匀有利，滚动对造球有利，滑动对造球、混匀都不起作用。

有的烧结厂为了改善烧结料层透气性，还采用圆盘造球机制粒。

### 2.2.2.3　强力混料机

强力混匀装备根据结构不同，可分为卧式和立式强力混料机。卧式强力混料机在工作过程中，筒体固定，主轴旋转带动犁头运动，使物料产生对流运动、混合充分。立式强力混料机在工作过程中，转动的混合桶体和高速旋转的搅拌桨配合，使混合料进行剧烈的对流、剪切、扩散运动，混合更为充分。

### 2.2.2.4　混料的技术操作标准

（1）一次混合的技术操作标准：水分 6.5%~9%，温度高于 65℃，杜绝跑干料和过湿料。对于一混，不同生产企业有各自的标准。比如太钢烧结一混车间要求混合料水分7.3%±0.3%，温度高于 70℃。

（2）二次混合的技术操作标准：水分略低于一混水分，温度高于 60℃。粒度组成中：0~3 mm 的含量小于 15%，3~5 mm 的含量占 40%~50%，5~10 mm 的含量小于 30%，>10 mm 的含量不超过 10%。杜绝跑干料和过湿料。太钢烧结二混车间要求混合料水分7.5%±0.2%，温度高于 60℃。

### 2.2.2.5　圆筒混料机常见的故障、原因及处理办法

圆筒混料机的常见故障、原因及处理办法见表 2-8。

表 2-8　圆筒混料机的常见故障、原因及处理办法

| 故障现象 | 故障原因 | 处理办法 |
|---|---|---|
| 进料嘴堵 | 料潮积料；卡有大块杂物；衬板变形 | 经常开启振动筛，开振 20 s 左右；检查处理 |
| 机尾撒料 | 喇叭口磨损；机尾积料多而厚；来料量大 | 焊补或更换喇叭口，清除机尾积料 |
| 喷水管水眼堵塞 | 水质不好，泥沙较多；水蒸气将料黏在喷水管上 | 查明原因，清理疏通或更换 |
| 喷料压皮带 | 热返矿质量差；白灰"汤灰"面子多，灰包退水遭堵 | 减少返矿，关闭水门，处理退水槽 |
| 筒体振动 | 4 个托轮位置不正；托轮与滚圈磨损；齿圈或滚圈螺丝松动；齿轮咬合不良，接手不正 | 检查处理 |
| 混匀制粒效果差 | 充填率过大或过小；加水过量 | 适当掌握充填率；水分掌握适当 |
| 筒体移位 | 挡轮磨损；挡轮底座活动 | 用千斤顶将筒体顶回后，加固挡轮底座 |
| 轴承发热 | 滚珠磨坏；给油不足或油质不良 | 更换轴承检查润滑情况 |
| 电器跳闸 | 负荷重；衬板翘起，碰刮料板等；电气故障 | 检查原因后处理 |

### 2.2.3　强化混合制粒

#### 2.2.3.1　影响混合制粒的因素

**A　原料性质的影响**

原料本身的性质，如黏结性、粒度与粒度组成、表面形态、密度等都影响混匀和制粒效果。黏结性大和亲水性强的物料易于制粒，但难以混匀。一般，铁矿物的制粒性能由易到难依次是褐铁矿、赤铁矿、磁铁矿。粒度差别大的物料，在混合时易产生偏析，故难以混匀，也难以制粒。为此，混合料中，大粒级应尽可能少。另外，在粒度相同的情况下，多棱角和形状不规则的物料比球形表面光滑的物料易于制粒，且制粒小球的强度高。物料中，各组分间密度相差悬殊时，由于随混料机回转被带到的高度不同，密度大的物料上升高度小，密度小的物料则相反，在混合时就会因密度差异而形成层状分布，因而也不利于混匀和制粒。

**B　加水量和加水方法的影响**

混合料加水润湿的主要目的是促进细粒料成球，因此，混合料的成球好坏与加水量的多少有关。干燥或水分过少的物料是不能滚动成球的。但水分过多，既影响混匀，也不利于制粒，而且在烧结过程中，容易发生下层料过湿的现象，严重影响料层透气性。

不同的烧结混合料最适宜的水分含量是不一样的。最适宜的制粒水分与原料的亲水性、气孔率和粒度的大小有关。一般情况下，致密坚硬的磁铁矿最小，为 6%～10%；赤铁矿居中，为 8%～12%；表面松散多孔的褐铁矿最高，为 14%～28%。当配合料粒度小，又配加高炉灰、生石灰时，水分可大一些。考虑到烧结过程中过湿带的影响，一般混合料中实际含水量的控制比最适宜水分值低 1%～2%。同时混合料制粒时，适宜的水分波动范围不能太大，应严格控制在±0.5%以内，否则，将对混合料的成球效果和透气性产生不利

影响，如图 2-8 所示。国内许多烧结厂把一次混合料水分波动范围限制在±0.4%，而二次混合水分波动限制在±0.3%。

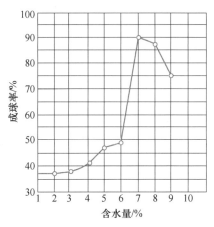

图 2-8　加水量对成球率的影响

加水的方法对混匀与制粒效果也有很大影响。应遵循尽早往烧结料加水的原则，使料的内部充分润湿，增加内部水分，这对成球有利。目前采用热返矿和两段混合，加水常分为三段。

（1）返矿打水。返矿打水的目的是适当降低返矿温度，稳定混合料水分，以利于提高混匀与制粒效果，促进热交换。往返矿中打水，可在以下两个位置选择。

1）从有利于制粒考虑，宜在返矿皮带上打水，这样，高温返矿不直接进入一次混料机，使返矿得到充分润湿，为制粒创造良好条件。但该处产生大量蒸汽和灰尘，恶化劳动条件，密封罩腐蚀加快，应注意排气、除尘和通风。

2）在返矿进入一次混料机的漏斗前打水，这样，返矿的热量能得到较充分利用，有利于提高混合料温度，劳动条件也比前者要好。但因返矿温度降低和润湿程度均较差，混合料成球后，会引起水分剧烈蒸发而使小球碎裂。

（2）一次混料机中加水。目的是使混合料得到充分润湿和混匀，以生成大量小母球，为二次混料机内造球做准备。因此，在一次混料机内应当把水量加到接近烧结料的适宜水含量，加水量一般是总水量的 80%~90%。

（3）二次混料机中加水。目的是为了更好地制粒和控制物料的最终水分。因此，应根据混合料水分的多少进行调节，补充加水，以保证有更好的成球条件，并促进小球一定程度上长大。补加水量一般仅为总水量的 10%~20%。二次混合后的物料水分应严格控制在允许的波动范围内。

混料机内加水时，还必须注意加水的位置和进出口端的水量。加水时水应直接喷在料面上，如图 2-9 所示 A 处。如果将水喷在混料机筒底 B 处，将造成混合料水分不均和圆筒内壁黏料。同时水量分布应是进料端给水量多于出料端，并力求均匀稳定，如图 2-10（b）所示。而图 2-10（a）所示则相反，是不对的。距出料口 1/3 处起不再加水，剩余部分仅作造球用，以免过湿和破坏造球。

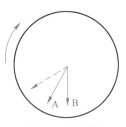

图 2-9　混合料
加水示意图

C　混合时间与设备工艺参数的影响

为保证烧结料混匀与制粒效果，需要有足够的混合时间。通常，当混合时间延长时，不仅混匀效果提高，制粒的效果也越好。这是因为混合料被水浸润后，水分在料中均匀分布需要一定时间，而小球从形成到长大也需要一定时间。但时间过长，料的粒度组成中粒径过大的数量增加，反而对烧结生产不利。由图 2-11 可看出混合时间对料粒度组成的影

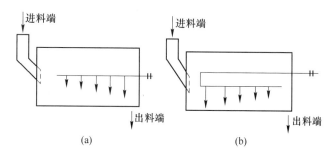

图 2-10　混合料加水管示意图

响。延长混合对间，0~3 mm 级粒度减少，而 3~10 mm 级粒度增加，当混合时间达到 4 min 时，粒度组成最好，0~3 mm 级别小于 15%，大于 10 mm 级别约 10%，这一粒度组成对烧结生产是十分有利的。再延长混合时间，大于 10 mm 级别增加，反而会降低垂直烧结速度。

生产实践表明，细精矿粉在圆筒混料机内混合时，混合时间应不小于 2.5~3 min，即一次混合为 1 min，二次混合为 1.5~2 min。如果混合时间增加到 4~5 min，这样一次混合达 1.5~2 min，二次混合达 2.5~3 min，会更好改善混匀与制粒效果。目前，国外新建厂大都把混合时间延长至 4.5~5 min。

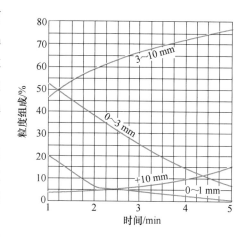

图 2-11　混合时间对混合料粒度组成的影响

混合时间与原料的性质、圆筒混料机的倾角、长度和转速有关。当设备条件一定时，混合时间的长短取决于原料的粒度组成，使用细精矿粉制粒时，应适当延长混合时间。原料条件一定时，圆筒混料机的工艺参数对混匀制粒的影响如下。

（1）混料机的倾角。此倾角决定着物料在混料机内的停留时间。混料机倾角越大，物料的混合时间越短，混匀与制粒的效果就越差。但倾角小，则产量低。一般情况下，圆筒混料机用于一次混合时其倾角为 2.5°~4°，用于二次混合时其倾角应不大于 2.5°。

（2）混料机的长度。当倾角一定，增加混料机的长度，能增加物料在混料机内的混合时间，有利于混匀与制粒。我国以前采用混料机多为 5~6 m，混合时间短，效果很差。目前新建烧结厂和老厂改造后，混料机长度比原来有较大幅度增加。一次混料机长度达 9~14 m，二次达 12~18 m，宝钢分别达到 17 m 和 24.5 m。这样，两次混合时间分别达到 1.5~2 min 和 2.5~3 min，效果良好。

（3）混料机的转速。混料机的转速决定着物料在圆筒中的运动状况，而物料的运动状况也影响混匀与制粒效果。转速过小，筒体所产生的离心力较小，物料不能被带动到一定高度，形成堆积状态，混匀与制粒效果都不好；反之，转速太快，产生的离心力太大，使物料紧贴于筒壁上，随圆筒一齐转动，失去混匀和制粒作用。只有转速适当，物料在离心力作用下带到一定高度，而后在自身重力作用下跌落下来，如此反复滚动，才能达到最佳的混匀与制粒效果。不同转速下圆筒内混合料的运动状态如图 2-12 所示。混料机的临界转速 $\frac{30}{\sqrt{R}}$（单位为 r/min，其中 $R$ 为混料机半径，单位为 m）。一般，一次混料机的转速采用临界转速的 0.2~0.3，二次混料机采用临界转速的 0.25~0.35。

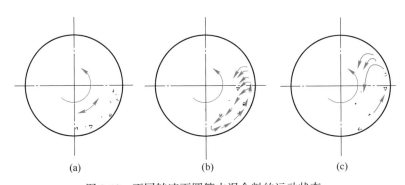

图 2-12　不同转速下圆筒内混合料的运动状态

(a) 转速太低，运动呈"滑动"状；(b) 转速适宜，运动呈正常"抛落"状；
(c) 转速太高，运动呈"瀑布"状

（4）混料机的填充系数。填充系数是指圆筒混料机内物料所占圆筒体积的百分率。当混合时间不变，而填充系数增大时，可提高混料机的产量，但由于料层太厚，物料运动受到限制和破坏，因此对混匀制粒不利；填充系数过小时，不仅产量低，而且由于物料间相互作用力小，对制粒也不利。一般认为，一次混合的填充系数为 15%~20%，二次混合比一次混合的要低些，为 8%~12%。

D　返矿及添加物的影响

返矿的质量和数量也会对混匀和制粒产生影响。返矿粒度较粗，具有疏松多孔的结构，可成为混合料的造球核心。在细精矿混合时，上述作用更为突出。但返矿粒度过大，冷却和润湿较困难，且易产生粒度偏析，影响烧结料的混匀和制粒。适宜的返矿粒度上限，应控制在 5~6 mm；返矿粒度过小，往往是未烧透的生料，起不了造球核心的作用。返矿温度高，有利于混合料预热，但不利于制粒。适量的返矿量对混匀和制粒都有利，原料条件不同，适宜的返矿量有所差别。以精矿为主要烧结料时，返矿用量可多些。

烧结料中添加生石灰、消石灰、皂土等，能有效提高烧结混合料的制粒效果，改善料层透气性。

2.2.3.2　影响一次混合加水量的主要因素

A　物料的原始水分影响

太钢使用的峨口精矿粉，水分一般在 8% 左右，尖山精粉高达 8.5% 以上，平常也有波动，若遇雨季波动更甚。进口矿水分一般在 4%，由于长途运输和储存，物料经常发干。综合矿粉一般水分为 6%，由于不提前打水润湿和打水不匀，也引起物料发干。生石灰打水不匀影响更大。其他外加料如水封刮板泥、除尘灰等对原始水分的稳定更为不利。通过计算，原始水分波动±1%，一次混合补加水量波动±3.8 t/h。

料批增加，一次混合补加水量应增加，若调整不及时就会造成水分波动。经计算配料室料批增减 10 kg/m，一次混合补加水量增减 2.1 t/h。

### C 热返矿的影响

热返矿不含水，需要加水达到规定要求，当其发生变动时，一次混合补加水量也要发生变动。另外，热返矿温度高达 400 ℃，配入时必然引起物料水分蒸发，其蒸发水量占原始水分的 1%~2%，有时会更高。通过计算，热返矿配比增减 1 kg/m，一次混合补加水量增减 1.1 t/h，温度增减 50 ℃，一次混合补加水量增减 3.25 t/h。

### D 物料性质的影响

物料的粒度大，比表面积小，需加水分少，如富矿粉。物料的粒度细，比表面积大，需加水大，如精矿粉；物料的亲水性强、表面松散多孔的需加水分大，组织致密的需加水分少。赤铁矿、磁铁矿比较致密，亲水性差；褐铁矿结构比较松散，亲水性好。

### E 季节的影响

季节不同，加水量也不同。夏季水分蒸发快，加水多一些，冬季水分蒸发慢，加水稍少一些，春秋季节加水要适中。

#### 2.2.3.3 强化混合制粒的措施

如果制粒效果不好，会影响烧结料层的透气性，负压升高，有夹生料，进而影响烧结矿的产量和质量。为了提高烧结料的混匀制粒效果，除了寻求高效率的混料机、延长混合造球时间、控制添加水量、改进加水方式外，还可采用以下措施强化制粒作业。

（1）添加黏结剂。在细精矿烧结时，添加适量的黏结性物料，如消石灰、生石灰、白云灰、皂土等，这些黏结剂粒度细、比表面积大、亲水性好、黏结性强，能大大改善烧结料的成球性能，既可加快造球速度，又能提高干、湿球的强度与热稳定性。

如生石灰打水消化后，呈粒度极细的消石灰 $Ca(OH)_2$ 胶体颗粒，其表面能选择地吸收溶液中的 $Ca^{2+}$，在其周围又相应地聚集一群电性相反的 $OH^-$，构成胶体颗粒的扩散层，使 $Ca(OH)_2$ 胶团特有大量的水，构成一定厚度的水化膜。由于这些广泛分散在混合料内强亲水性 $Ca(OH)_2$ 颗粒特有的亲水能力远大于铁矿等物料，它将夺取矿石颗粒间的表面水分，使矿石颗粒向消石灰颗粒靠近，把矿石等物料联系起来形成小球。含有 $Ca(OH)_2$ 的小球，由于消石灰胶体颗粒具有大的比表面，可以吸附和持有大量的水分而不失去物料的疏散性和透气性，即可增大混合料的最大湿容度。例如鞍山细磨铁精矿加入 6% 消石灰，混合料的最大分子湿容量的绝对值增大 4.5%，最大毛细湿容量增大 13%。因此，在烧结过程中料层内少量的冷凝水，将为这些胶体颗粒所吸附和持有，既不会引起料球的破坏，也不会堵塞料球间的气孔，使烧结料仍保持良好的透气性。含有消石灰胶体颗粒的料球强度高。这是因为，它不像单纯铁精矿制成的料球那样完全靠毛细力维持，一旦失去水分很容易碎裂。消石灰颗粒在受热干燥过程中收缩，使其周围的固体颗粒进一步靠近，产生分子结合力，料球强度得到提高。同时由于胶体颗粒持有水分的能力强，受热时水分蒸发不如单纯铁矿物那样猛烈，料球的热稳定性好，料球不易炸裂。这也是加消石灰料层透气性提高的原因之一。

加入的生石灰，在混合料加水时消化，能放出大量热量，其反应如下：

$$CaO+H_2O \longrightarrow Ca(OH)_2 +64.8 \text{ kJ}$$

每克 CaO 消化放热 64.8 kJ，如果生石灰含 CaO 质量分数为85%，当加入量为5%时，设混合料的平均热容量为 1.0 kJ/(kg·℃)，则放出的消化热全部被利用后，理论上可以提高料温50℃左右。实际生产中由于热量不可能全部利用，因此料温可提 10~15 ℃。由于料温的提高，烧结过程水气冷凝大大减少，减少过湿现象，从而提高了料层的透气性。此外，在添加熔剂生产熔剂性烧结矿时，更易生成熔点低、流动性好、易凝结的液相，可以降低烧结层的温度和厚度。

应该指出，向烧结料中配加生石灰和消石灰对烧结过程是有利的，但用量要适宜，如果用量过高，除不经济外，还会使料层过分疏散，混合料容积密度降低，料球强度反而变差。

（2）采用磁化水润湿混合料。当水经过适当强度的磁场磁化处理后，其黏度减小，表面张力下降，因而有利于混合料的润湿成球。在此条件下，加入物料中的水分子能够迅速地分散并附着在物料颗粒表面，表现出良好的润湿性能。在机械外力的作用下，被水分子包围的颗粒或未被水分子润湿的干颗粒之间的距离缩小，水分子的氢键能够将它们紧紧地连接在一起，强化造球。磁化水对混合料成球效果的影响见表2-9。

表 2-9  磁化水对混合料成球效果的影响

| 润湿用水性质 | 混合料组成/% | | 透气性/m³·(m²·min)⁻¹ |
|---|---|---|---|
| | >5mm | <1.6mm | |
| 一般工业水 | 31.0 | 26.0 | 70.0 |
| | 26.4 | 28.0 | 69.0 |
| | 35.5 | 28.6 | 70.0 |
| 磁化工业水 | 49.8 | 28.7 | 77.0 |
| | 38.1 | 28.6 | 78.0 |
| | 40.0 | 28.0 | 77.0 |

可以看出：预先磁化的工业水造球时，大于 5 mm 的粒级比一般工业造球增加 15%~19%，从而使透气性提高了 10%，相对地缩短了在造球机中的停留时间，提高了生产率。

研究者还指出：水在 pH=7 时润湿性最差。因此，要求用水的 pH 值尽可能向大或小的方向改变，避免使用 pH=7 的水。

（3）预先制粒法。改善以细粒级原料为主的烧结混合料透气性的方法之一是将细粒组分预先制粒，然后再与粗粒组分混合。日本的君津、室兰、釜石等厂就将高炉灰、烧结粉尘或细粒精矿添加大约3%的皂土，制成2~8 mm 的小球送至二次混料机。

（4）加长混料机长度或适当减小其倾角。

（5）采用强力混料机。国外许多厂，比如日本住友、新日铁和巴西的 Usiminas 采用了强力混合与制粒设备替代传统的滚筒混料机来处理大量精细铁矿，使烧结原料透气性增加，制粒效果增强，并且烧结速度提高了 10%～12%，生产能力也提高了 8%～10%，同时降低焦粉的添加比例 0.5%。

### 2.2.4　混合料水分的判断、测定与调整

#### 2.2.4.1　混合料水分的判断

（1）取样判断。注意，混合料水分一般在 6%～10%。用小铲取样后，抖动混合料，观察其成球情况。

1）水分适宜时，小球呈现特殊光泽，粒度均匀，粉末少，小铲上留有浸湿的印迹，但没有明显的水。混合料握于手中时，手紧握料后能保持团状，轻微抖动就能松开；手握料后感到柔和，有少数粉料黏在手上。

2）水分过大时，混合料黏结成团，用小铲抖动也不易分散成小球，料有光泽，手握成团，抖动不易散开，有泥黏在手上。

3）水分不足时，混合料松散，用小铲抖动时，细粉末较多，手握也不能成团，料中无小球颗粒或小球颗粒甚少。

（2）通过烧结料的烧结情况判断。

1）水分适宜的烧结料，台车料面平整，点火火焰喷射声响有力，微向内抽，机尾烧结矿断面解理整齐。

2）水分过高时，下料不畅，布料器下的料面出现鱼鳞片状，台车料面不平整，火焰呈蓝色，外喷，出点火器后料面点火不好，总管负压升高，有时急剧升高，总管废气温度急剧下降，机尾断面松散，有窝料"花脸"，出现潮湿层。

3）水分过小时，点火火焰呈黄色，向外喷火星，出点火器后的料面有浮灰，烧结过程下移缓慢，总管负压升高，废气温度下降，机尾呈"花脸"，即各部很不均匀，粉尘飞扬。

4）水分不均时，点火不匀，机尾有"花脸"。

#### 2.2.4.2　混合料水分的测定

##### A　烘干法测定混合料水分

将 500 g 混合料放于电烘干箱内加热至 110 ℃恒温直至烘干，然后再称量料的质量，并按下式计算混合料的水分：

$$混合料水分 = \frac{500\ g - 烘干后料的质量(g)}{500\ g} \times 100\%$$

##### B　中子法测水及自动控制

中子法测水是利用慢中子的次级反应的原理间接反映出来的，测量是由中子水分计来完成的。水分计主要由中子源、计数管和放大器三部分组成。

图 2-13 所示为日本富士钢铁公司的混合料水分的自动控制装置流程。

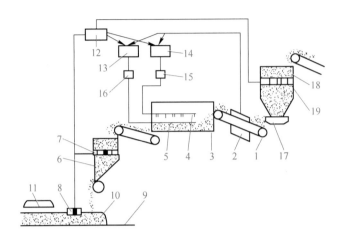

图 2-13 混合料水分自动控制流程

1—皮带；2—皮带秤（称量运料装置）；3—一、二次混料机；4—水管；5—热风管；6—泥辊矿槽；

7，8，19—探测器；9—烧结机；10—烧结料层；11—点火器；12—水分调节器；13，14—比例定值器；

15—水量调节器；16—热风流量调节器；17—给料装置；18—中间矿槽

日本富士钢铁公司中子水分计的中子源是 $1.85 \times 10^{11} \sim 3.7 \times 10^{11}$ Bq 的镭墩或镅-铍。探测器内装有两根以上的计数管。这个系统共有三个探测器：探测器 7 安装在泥辊矿槽 6 的里边，用来测量混合料在矿槽里的水分；探测器 8 安装在点火器后的烧结机台车料层 10 的上面，测量烧结料层的水分；探测器 19 安装在中间矿槽 18 的里边，用来测量一次混合料的水分。这三个探测器把测的结果同时输入给水分调节器 12，由水分调节器 12 把三个探测器输入的讯号加以综合比较之后，再输入给比例定值器 13 和 14。给定值与测定值的差值信号将由比例定值器 14 输入给热风流量调节器 16。由于水量调节器 15 的作用，混料机 3 内的水管阀门开大，补加不足的水分。水分超过规定值时，则由于热风流量调节器的作用，混料机 3 内的热风管打开，把混合料加热，让一部分的水分蒸发，一直达到规定值为止。混合料的水分是实行定值控制的。这种控制方法，可使混合料水分的波动控制在 ±0.2% 左右，从而实现稳定操作。

生产实践表明，采用中子法测定二次混合料水分时，具有灵敏、准确、可靠等优点，其控制的最佳值比人工控制及时、稳定，有利于提高烧结矿质量。

C 电阻法测水

利用干燥的混合料不导电，以及润湿的混合料导电性与水分含量成线性关系的原理，也可以进行水分测量和自动控制。鞍钢东鞍山烧结厂使用这种电阻法在一次混合做了工业测水和控制试验，取得了较为满意的结果，其流程如图 2-14 所示。

D 红外线测水

红外线测量烧结混合料水分是 20 世纪 80 年代国外发展起来的技术，我国有些烧结厂也采用了此项技术，取得了较好的效果。它的测量原理是将某一波长的测量光束照射到被测物上，被测物中水分含量增加（或减少），从被测物反射回来的红外线光束就随之减少

（或增长），使用相应波动的红外线探测器硫化铅来测量反射光束的强度，就能知道被测物中的水分含量。

水分对烧结生产影响很大，而生产要求的波动范围又很小，一般测定混合料水分的各种方法都有滞后的现象，因而目前新建的烧结厂是预先测定各种原料的原始含水量，然后根据配比，经电子计算机计算来控制适宜的水分值。

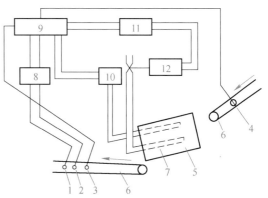

图 2-14　一次混合电阻法测水流程

1，2—水分测点；3—堵漏斗测点；4—缓料测点；
5—热敏电阻；6—皮带；7—水管；8—测水装置；
9—控制盘；10—校正；11—前置放大；12—电动执行机构

### 2.2.4.3　混合料水分的调整

不同原料结构，其适宜的水分值不同。粒度细、亲水性好的原料要求水分高些；而粒度粗、疏水性的原料，适宜的水分低些。发现烧结料水分异常，烧结工要及时与二次混合联系，调整混合料的水分至正常范围，并相应调整机速以保证烧好。一混要求混合料水分波动范围控制在 ±0.3% 以内，二混要求混合料水分波动范围控制在 ±0.2%，料温要求在露点温度以上。一般水分偏大时减轻压料，适当提高或降低机速，只有在万不得已的情况下，才允许减薄料层厚度。

### 2.2.5　混合料混匀与制粒效果的测定与评价

#### 2.2.5.1　混合料混匀效果

（1）混合料混匀效率。

$$\eta = \frac{K_{\min}}{K_{\max}} \tag{2-3}$$

式中　　$\eta$——混匀效率，此值越接近 1，混匀效果越好；

$K_{\min}$，$K_{\max}$——所取试样均匀系数的最小值与最大值。

混匀系数 $K$ 值可用式（2-4）求出：

$$K_1 = \frac{C_1}{C}; \ K_2 = \frac{C_2}{C}; \ \cdots; \ K_n = \frac{C_n}{C} \tag{2-4}$$

式中　$K_1$，$K_2$，$\cdots$，$K_n$——各试样的混匀系数；

$C_1$，$C_2$，$\cdots$，$C_n$——某一测定项目在所取试样中的含量（质量分数），%；

$C$——某一测定项目在此组试样中的平均含量（质量分数），$C = \dfrac{C_1 + C_2 + \cdots + C_n}{n}$，其中 $n$ 为取样数目，%。

（2）平均混匀系数。

$$K' = \frac{\sum (K_d - 1) + \sum (1 - K_s)}{n} \qquad (2-5)$$

式中    $K'$——平均混匀系数，此值越接近于零，表明混匀效果越好；

　　　　$K_d$——各试样混匀系数中大于 1.0 的值；

　　　　$K_s$——各试样混匀系数中小于 1.0 的值；

　　　　$n$——试样数目。

先按式（2-4）计算出各种试样的混匀系数，然后再按式（2-5）计算一组试样的平均混匀系数。

前一种方法是一组试样中最大偏差与最小偏差进行比较，因而不能全部说明试样情况，欠准确；后者是一组试样中所有的分析结果均参加计算，故更为全面、准确。

例 2-3    从混合料中依次取 5 个试样，其固定碳化验结果为（%）：3.4、3.5、3.21、2.92、4.38，计算混合料中固定碳的混匀效果。

**解法（1）**：$C = \dfrac{3.4 + 3.5 + 3.21 + 2.92 + 4.38}{5} \times 100\% = 3.48\%$

$$K_1 = \frac{3.4\%}{3.48\%} = 0.98$$

同样，可求得 $K_2$、$K_3$、$K_4$、$K_5$ 顺次为 1.0、0.92、0.84、1.26。则混匀效率为：

$$\eta = 0.84/1.26 = 0.67$$

**解法（2）**：$K' = \dfrac{(1.26 - 1) + (1 - 1) + (1 - 0.98) + (1 - 0.92) + (1 - 0.84)}{5}$

$$= 0.104$$

混匀效果作为衡量混合料的质量指标，通常是用来检查混合料中 TFe、$C_{固}$、CaO、$SiO_2$ 和水分的均匀程度的。

### 2.2.5.2　混合料粒度组成的测定

混合制粒后，为了测定制粒效果，需要测定混合料的粒度组成。其测定方法基本与普通矿石粒度筛析相同，但考虑烧结料含有一定水分的影响，故需要进行一定的干燥后才能进行筛析。烧结料的干燥程度，应以制粒物料在筛析时不碎散为准则，通常，都不达到完全干燥的程度，只要物料层干燥后，不发生颗粒间的黏附现象，即算合乎筛析原料。筛分后各粒级应全部烘干，然后分别称重。为了避免水分的影响，国内外有用液氮法进行测定的，但如果液氮程度掌握不好，也会影响测定的准确性。

根据烧结混合料粒度的特点，选用筛孔为 10 mm、5 mm、3 mm 和 1 mm 四种筛子进行筛分就足够了，一般要求粒度组成中：0~3 mm 的含量小于 15%，3~5 mm 的含量占 40%~50%，5~10 mm 的含量小于 30%，>10 mm 的含量不超过 10%。

表 2-10 列出鞍钢烧结料工业实验的实测结果。

表 2-10　精矿粉为主混合料的混匀及造球效果

| 名　　称 | | | 鞍钢东烧 | | | | 鞍钢二烧 | | | |
|---|---|---|---|---|---|---|---|---|---|---|
| 取　样　地　点 | | | 一混前 | 一混后 | 二混前 | 二混后 | 一混前 | 一混后 | 二混前 | 二混后 |
| 混匀效果 | C | $K'$ | 0.209 | 0.156 | 0.132 | 0.08 | 0.131 | 0.066 | 0.04 | 0.034 |
| | | $\eta$ | 0.582 | 0.636 | 0.72 | 0.759 | 0.7 | 0.828 | 0.89 | 0.89 |
| | Fe | $K'$ | 0.032 | 0.031 | 0.024 | 0.021 | 0.009 | 0.037 | 0.018 | 0.009 |
| | | $\eta$ | 0.885 | 0.916 | 0.925 | 0.94 | 0.977 | 0.923 | 0.95 | 0.967 |
| | $H_2O$ | $K'$ | — | 0.105 | 0.07 | 0.038 | 0.081 | 0.03 | 0.023 | 0.013 |
| | | $\eta$ | — | 0.72 | 0.72 | 0.882 | 0.82 | 0.898 | 0.93 | 0.952 |
| 造球效果 | 粒度组成/% | >10 mm | 15.6 | 14.46 | 11.37 | 14.35 | 12.92 | 11.1 | 7.39 | 9.74 |
| | | 7~10 mm | 18.51 | 15.26 | 13.7 | 16.9 | 15.39 | 10.74 | 8.64 | 11.22 |
| | | 5~7 mm | 13.44 | 10.4 | 10.45 | 13.29 | 11.14 | 8.49 | 7.05 | 11.17 |
| | | 3~5 mm | 16.05 | 14.4 | 14.5 | 19.42 | 15.89 | 15.63 | 13.23 | 22.08 |
| | | 2~3 mm | 9.79 | 10.71 | 12.6 | 14.36 | 11.26 | 14.57 | 13.36 | 17.56 |
| | | 0~2 mm | 26.58 | 34.5 | 38.7 | 21.39 | 33.35 | 39.47 | 50.34 | 28.23 |

## 问题探究

（1）混料的目的有哪些？

（2）圆筒混料机由哪几部分组成？

（3）影响混合制粒的因素有哪些？

（4）强化制粒的措施有哪些？

（5）如何判断混合料的水分是否合适？

（6）混合料水分含量不合适时，如何调整？

## 知识技能拓展

### 烧结富氢气体喷吹技术

为大幅度减少烧结矿生产过程中 $CO_2$ 的排放量，日本 JFE 钢铁开发出的向烧结机料面喷加氢系气体燃料 LNG 的 Super-Sinter 技术，在整体减少料层固体燃料配比的同时，在烧结料面喷入一定量的可燃气体，在烧结负压的作用下，可燃气体被抽入烧结料层，并在料层中的燃烧层上部被燃烧放热。

气体燃料喷入技术对料层温度分布、烧结矿组织、压降及烧结饼孔隙方面有影响。

（1）喷入气体燃料，可扩大 1200~1400 ℃温度带宽。燃料气体从料层上部喷入，不会提高料层最高温度，在到达焦粉燃烧位置前温度为 650~750 ℃。

（2）喷入气体燃料，料层液相中的 SFCA 比例提高，玻璃相硅酸盐比例下降，延长了 1200~1400 ℃温度带的持续时间，提高烧结矿强度与还原性。

（3）提高 1~5 mm 孔隙的烧结矿结合率，增加液相转化，超过 5 mm 孔隙的烧结矿比例提高。最终，1~5 mm 的孔隙减少，烧结矿强度增加；超过 5 mm 孔隙烧结矿比例提高，改善了料层透气性。

（4）喷入气体燃料，减少了烧结料中的燃料量。

（5）在保持台时产量相等情况下，喷入气体燃料会产生高强度与强还原性的烧结矿。

京滨 1 号烧结机利用 LNG 喷吹技术，减少约 3.0 kg/t 燃料消耗，年减少 $CO_2$ 排放近 6 万吨。

2015 年，梅钢实施焦炉煤气喷加，吨矿工序能耗降低 1.48 kgce。2016 年，韶钢焦炉煤气喷加实验实现了吨矿工序能耗降低 1.99 kgce。2020 年，中天钢铁天然气喷加实现了吨矿工序能耗降低 2.63 kgce。

## 安全小贴士

（1）皮带安全：更换皮带托辊、拖轮及支架时，必须与有关岗位联系好，切断电源、悬挂警示牌，并设专人监护后方可作业。

（2）设备开机前一定要先确认设备周围是否有人，以免发生伤人事故。

（3）进入滚筒内作业时，必须有专人监护并断电挂牌。必须将滚筒上方的黏料清理干净后方可进入，以防黏料突然落下伤人。

# 实训项目 2　烧结混料操作

## 工作任务单

| 任务名称 | 烧结混料操作 | | |
|---|---|---|---|
| 时　间 | | 地　点 | |
| 组　员 | | | |
| 实训意义 | 通过实训，使学生将知识、技能、态度自然融入工作过程的每个环节。进一步完善所掌握的工作过程知识，积累生产经验，学习生产操作技能。 | | |
| 实训目标 | （1）能够靠经验判断混合料水分的大小，并进行调节； <br>（2）能够进行设备的点巡检与维护工作； <br>（3）能够判断与处理混料生产事故； <br>（4）能够具备一定的工作能力、团队协作能力。 | | |
| 实训注意事项 | （1）进入实训岗位后严格遵守实训场所的安全操作规程和规章制度，服从带队老师和现场工作人员的指挥； <br>（2）严格考勤和请假制度； <br>（3）混料机工作时，不得将手或工具伸入混合机工作区域内。如有异物掉入混合机内，必须停止旋转后方可处理。 | | |
| 实训任务要求 | 按照配料计算的结果，用一次混料机、二次混料将烧结用料混合均匀，并使水分含量适当。 <br>　要求：0～3 mm 的含量小于 15%，3～5 mm 的含量占 40%～50% 左右，5～10 mm 的含量小于 30%，>10 mm 的量不超过 10%。 | | |

| 实训设备介绍 | <br>一次混料机实物图　　　　　　　　　二次混料机实物图<br><br>　　一次混料机由圆盘（盘底水平放置）、3 个运动叶片、出料漏斗、出料闸门及机旁控制装置组成。二次混料机由圆筒、混料机底座、圆筒转动启停控制装置以及圆筒支撑机构组成。圆筒直径 400 mm，长度 800 mm，内部设有刮板，圆筒倾角可调（0°~45°），便于物料混合制粒后从圆筒排出。 |
| --- | --- |
| 一混操作程序 | （1）混料前试运转。按下绿色启动按钮，观察混料机运转有无异常。打开混料机旁的按钮箱，拧动定时器，设置每次运转的时间限制（一般建议大于 3 min）。<br>（2）铁料预混。检查出料口关闭是否良好，然后倒入称量好的铁料。按下启动按钮，混匀铁料。<br>（3）混合料混匀。预混结束后，将燃料、熔剂及循环返矿等加入一混机中，启动一混装置开始旋转混料，此混料时间可以同预混时间，也可单独设置，在混料的后半段时间可以加部分水，并观察料的湿度。若混料情况不理想可以再次启动混料，但每次相同组分的原料进行实验，应尽量将混料时间控制一致。 |
| 二混操作程序 | （1）混料结束后，按下"二混摆动"按钮，使二混机倾斜方便装料，将混合料装入二混机；<br>（2）装料完毕后，重新调整混料机为水平状态；<br>（3）开启二混混料运转（混料机正转），此时间在 1 min 左右；<br>（4）二混出料，开启二混卸料运转（混料机反转），将成球后的料卸入料斗，直至所有料出尽后，停止卸料运转，重新平复倾角。 |

<table>
<tr><td rowspan="2">数据<br>记录</td><td colspan="9" align="center">混料记录单</td></tr>
<tr><td></td><td></td><td></td><td></td><td></td><td></td><td></td><td></td><td></td></tr>
</table>

**混料记录单**

| 项目 | 生石灰消化水 | | 混合料加水 | | 一混时间 | 二混时间 | 其他 |
|---|---|---|---|---|---|---|---|
| | kg | % | kg | % | min | min | |
| 理论 | | | | | | | |
| 实际 | | | | | | | |
| 混料结果 | 0~3 mm 的含量 | 3~5 mm 的含量 | 5~10 mm 的含量 | >10 mm 的含量 | | | |
| 理论 | | | | | | | |
| 实际 | | | | | | | |

混料结果分析

混匀效果分析：

混合料水分判断：

考核评价

**专业实训任务评价**

| 评分内容 | 标准分值 | 小组评价（40%） | 教师评价（60%） |
|---|---|---|---|
| 出勤、纪律（10%） | 10 | | |
| 实习表现（20%） | 20 | | |
| 混匀效果（60%） | 60 | | |
| 水分判断（10%） | 10 | | |
| 任务综合得分 | | | |

项目3 课件

# 项目 3　烧结作业操作

　思政课堂

**安全第一、预防为主**

**——安全意识的树立和强化**

安全是钢铁企业的生命线，是冶金生产的前提和基础，是职工的幸福和保障。每一位钢铁人，都应学习和遵守国家及企业的安全法规、制度、规章和操作规程，积极参与安全教育、培训、检查、评价等活动，提高自身的安全知识和技能，增强自我保护意识，不违章作业，不冒险施工。正确使用和维护个人防护用品。

《钢铁是怎样炼成的》的主人公保尔曾说过："人最宝贵的是生命，生命对于每个人只有一次。"作为新时代的钢铁学子，我们应牢记"安全第一"，提高安全意识从每一天的学习和工作做起，从一点一滴开始。避免事故最重要的就是预防，把各项安全措施落实到位。职工生产在第一线，现场环境复杂，有时存在着不确定的因素，这就要求我们在工作和处理问题时，时刻保持冷静的头脑并不断提高业务技能，以不变应万变，防范各种突发情况。每一位职工都要有危机意识，事故是对思想麻痹者的惩罚，切莫让一时的疏忽，成为终身的遗憾，要时刻清醒地认识到我们可能随时处于危险之中。把自己的安全寄托在别人身上是不明智的。如果能做到汲取别人的教训，避免自己发生事故，那就是安全意识的最高境界。

安全生产的前提是遵章守法。下面是中天钢铁集团（南通）有限公司烧结生产安全操作规程的部分内容，请大家学习。

烧结工段主控工（烧结）安全操作规程如下。

(1) 保持室内设备和环境的整齐，不准有积尘，室内不允许堆放妨碍操作和通行的杂物。

(2) 保持操作台和显示屏干净、清晰；保证控制室各开关、按钮灵活可靠，照明齐全。

(3) 保持清醒头脑，正确判断各开关位置和信号指示，避免误操作给他人带来伤害。

(4) 发现故障和隐患应马上处理和报告，防止故障和隐患的扩大。

(5) 保持通信畅通，及时传达生产中的指令。

(6) 加强与岗位上的联系与沟通，掌握整个生产的动态。

(7) 定期清理积灰，防止电器短路触电。

(8) 严禁私自携带存储设备在工控机上使用。

(9) 启动设备时严禁频繁点击启动按键（频繁启动会造成设备故障）。

(10) 不得在操作室内吸烟，操作室内煤气报警器定期维护、检查，如报警器报警，

第一时间通知专业人员查明原因，防止事故扩大化。

（11）设备重启前需得到岗位工现场确认回复后方可启动设备。

（12）在操作过程中，严禁边拿手机边操作，以及做与工作无关的事。室外作业必须两人作业，两两互保。

## 思政探究

节能减排是烧结生产的永恒主题，也是烧结生产落实生态文明建设的重要内容。请思考，烧结作业过程中可以采取哪些节能减排的措施？

## 项目背景

烧结作业是烧结生产工艺的中心环节，它主要包括布料、点火、烧结等工序。烧结作业多数是由带式烧结机完成的。带式烧结机抽风烧结的工作过程是：当空台车沿轨道运行到烧结机头部的布料机下面时，铺底料和烧结混合料依次装在台车上，经过点火器时，混合料中的固体燃料被点燃，与此同时，台车下部的真空室开始抽风，使烧结过程自上而下地进行，控制台车速度，保证台车到达机尾时，全部料都已烧结完毕，粉状烧结料变成块状的烧结矿。当台车从机尾进入弯道时，烧结矿被卸下来。空台车靠自重或尾部星轮驱动，沿下轨道回到烧结机头部，在头部星轮作用下，空台车被提升到上部轨道，又重复布料、点火、抽风烧结、卸矿等工艺环节。

## 学习目标

知识目标：

（1）掌握铺底料的作用；

（2）理解烧结过程、燃料的燃烧与热交换、烧结料层中的气流运动；

（3）掌握烧结过程中水分的蒸发、分解与冷凝，碳酸盐分解及氧化钙的矿化作用，烧结过程中金属氧化物的分解、还原与氧化、固相之间的反应、液相生成与冷却结晶，烧结矿的矿物组成、结构及其对品质的影响，烧结过程中某些有害元素的脱除；

（4）掌握烧结点火所用的燃料、影响点火过程的因素；

（5）掌握带式烧结机的组成、结构；

（6）掌握烧结过程中的除尘机理。

技能目标：

（1）会判断布料操作是否合理；

（2）能够运用所学知识，分析烧结布料可能出现的异常现象，并分析其产生的原因；

（3）会判断、调整点火温度；

（4）会判断、调整烧结终点。

德育目标：

（1）培养学生爱国情怀和主人翁精神；

（2）培养学生的安全生产意识和工作的责任心；

（3）培养学生严谨细致、精益求精的工作作风；

（4）培养学生正确分析问题、解决问题的能力；

（5）培养学生具有良好的环保和节能减排意识；

（6）培养学生具有较好的吸收新技术和新知识的能力。

## 任务 3.1 烧结布料操作

### 任务描述

布料作业是指将铺底料及混合料铺在烧结机台车上的操作。它是通过设在机头上的布料器来完成，包括铺底料与布混合料两个环节。

### 相关知识

#### 3.1.1 铺底料

在铺混合料之前，首先往烧结机台车的算条上，铺一层厚 4～20 mm、粒度为 10～25 mm 的冷烧结矿（或较粗的基本不含燃料的烧结料），称为铺底料。其作用是：

（1）将混合料与算条分开，防止烧结时燃烧带的高温与算条直接接触，既可保证烧好烧透，又能保护算条，延长其使用寿命，提高作业率；

（2）铺底料组成过滤层，可防止粉料从炉算缝隙抽走，使烟气含尘量大大减少，从而减轻除尘设备的负担，延长抽风机转子的使用寿命；

（3）防止细粒料或烧结矿堵塞与黏结算条，保持炉算的有效抽风面积不变，使气流分布均匀，减小抽风阻力，加速烧结过程；

（4）改善了烧结机操作条件，便于实现烧结过程的自动控制，同时，因消除了台车黏料现象，撒料减少，劳动条件也大为改善。

表 3-1 所列指标表明，采用铺底料工艺，烧结机利用系数提高，并且质量也有所改善。发达国家 20 世纪 70 年代后新建的烧结厂都有铺底料工序。

表 3-1 有铺底料与无铺底料主要烧结技术指标

| 条 件 | 利用系数 /t·(m²·h)⁻¹ | 混合料粒度含量 (>2.5 mm, 二混后)/% | 热返矿粒度含量 (<3 mm)/% | 转鼓指数 (>6.3 mm)/% | 烧结矿细粒级含量 (<5 mm)/% | 返矿残碳 /% |
|---|---|---|---|---|---|---|
| 有铺底料 | 1.2～1.4 | 47.0 | 8.73 | 80 | 9.10 | 0.95 |
| 无铺底料 | 1.14～1.22 | 36.5 | 47.0 | 77～79 | 11.93 | 1.28 |

铺底料的方法一般是先从成品冷烧结矿中筛分出 10~25 mm 粒度级（或相近似的粒度范围）的矿石，然后分出一部分作为铺底料，通过皮带运输系统送到混合料仓前专设的铺底料储矿槽，再经单独的布料系统布到台车上。因此，铺底料工艺只有采用冷矿流程才能实现，而且，需增设专门的铺底料设施。

铺底料设备由铺底料矿仓、矿仓下部的扇形门及摆动漏斗组成，如图 3-1 所示。铺底料矿仓由上、下两部分组成，为焊接钢结构。上部矿仓用两个测力传感器和两个销轴支撑在厂房梁上，或通过法兰直接固定在梁上，前者应装限位装置，以防矿仓平移。下部矿仓支撑在烧结机骨架上，底部有扇形闸门调节排料量。扇形闸门开闭度由手动式蜗轮减速机及其传动机构调节。扇形闸门排出的铺底料通过其下的摆动漏斗布于烧结机台车上。

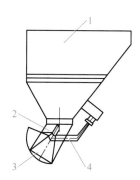

**图 3-1　铺底料矿仓的结构**
1—主料仓；2—闸门本体；
3—扇形闸门；4—电动推杆机构

摆动漏斗由轴承支撑在烧结机骨架上，漏斗的前端装有衬板以防磨损。漏斗为偏心支撑，略偏向圆辊给矿机一侧，可前后摆动。当台车黏矿槽或算条翘起时，漏斗向台车前进方向摆动，待异物通过后由设在漏斗后面的平衡锤使其复位。铺底料的厚度由设在漏斗排料口的平板闸门调节，如图 3-2 所示。

也有烧结车间的铺底料是通过铺料辊的转动将铺底料从槽中转出进行布料的，通过调整手动调节盘，可调节活动料门的开度来控制料流的大小及厚度，如图 3-3 所示。

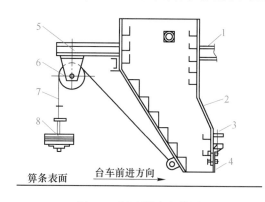

**图 3-2　摆动漏斗安装图**
1—摆动漏斗支撑轴；2—摆动漏斗；3—底料闸门调节装置；
4—底料闸门；5—支撑梁；6—滑轮；7—钢丝绳；8—重锤块

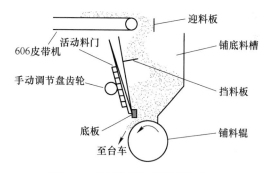

**图 3-3　采用铺料辊的铺底料装置**

## 3.1.2　布混合料

### 3.1.2.1　烧结生产对布料操作的要求

布混合料紧接在铺完底料之后进行。台车上布料工作的好坏，直接影响烧结矿的产量和质量。合理的均匀布混合料是烧结生产的基本要求。布料作业应满足以下几个方面的要求。

（1）布料应连续供给，防止中断，保持料层厚度一定。

（2）按规定的料层厚度，使混合料的粒度、化学成分及水分等沿台车长度和宽度方向均匀分布，保证烧结料具有均一的、良好的透气性。

（3）使混合料粒度、成分沿料层高度方向合理偏析，能适应烧结过程的内在规律。最理想的布料应是：自上而下粒度逐渐变粗，含碳量逐渐减少，从而有利于增加料层透气性和利于上下部烧结矿质量的均匀。双层布料的方法就是据此而提出来的。采用一般布料方法时，只要合理控制反射板上料的堆积高度，有助于产生自然偏析，也能收到一定效果。

（4）保证布到台车上的料具有一定的松散性，防止产生堆积和压紧。

### 3.1.2.2 布料方式及布料设备

烧结厂常用的布料方式有圆辊给料机+反射板、梭式布料器+圆辊给料机+反射板、梭式布料器+圆辊给料机+辊式布料器、梭式布料器+宽皮带给料机+辊式布料器、梭式布料器+磁性圆辊给料机五种。

A 圆辊给料机+反射板

圆辊给料机+反射板是混合料由圆辊布料机经反射板布于台车上。

图3-4为烧结机用圆辊给料机布料示意图。

圆辊布料机又称泥辊，由圆辊、清扫装置和驱动装置组成。圆辊外表衬以不锈钢板，以便于清除黏料；在圆辊排料侧的相反方向设有清扫装置；圆辊的宽度和烧结机宽度相等，当圆辊旋转时，其上各点速度相同，因而，能做到沿烧结机宽度上均匀给料。给料量的大小由圆辊转速及闸门来控制。

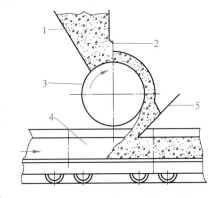

图3-4 圆辊布料机布料示意图
1—小矿槽；2—闸门；3—圆辊；
4—台车；5—反射板

反射板设在圆辊布料机的下部，它的作用是把圆辊给料机给出的料滚到台车上。反射板的合适角度要根据混合料的性质来选择，一般控制在43°~48°。角度小时，混合料的冲力小，料流松散性好，但下料不畅快，容易黏料；角度大时，混合料的冲力大，料易砸实，恶化料层的透气性。

圆辊给料机+反射板布料的最大优点是工艺流程简单，设备运转可靠；缺点是混合料从二次混料机出口直接落到圆辊小矿槽里，料面呈尖峰状，自然偏析导致大颗粒的物料落到矿槽的两端，较细的颗粒落在矿槽的中间。布料偏析会使沿台车宽度方向透气性不均匀，靠台车两侧粒度较粗，透气性较好，而台车中间粒度较细。反射板经常黏料，下料忽多忽少，堆料现象严重，料面凹凸不平，因而有的烧结厂增设自动清料装置。为了改变反射板经常黏料的情况，现一般烧结厂都已改造成由几个辊子组成的布料辊，以代替反射板布料。

B 梭式布料器+圆辊给料机+反射板

梭式布料机是一台往复运动的皮带机，通常放置在二次混料机下方、圆辊布料机料槽的上方。这样可使混合料不直接卸入料槽，而是经梭式布料机均匀布于料槽中，它把向缓冲料槽的定点给料变为沿宽度方向的往复式直线给料，使槽内料面平整，做到布料均匀。

梭式布料器+圆辊给料机+反射板联合布料方式消除了料槽中料面的不平和粒度偏析现象，大大改善台车宽度方向布料的不均匀性，虽然克服了圆辊给料机+反射板布料方式的一些缺点，但沿台车高度方向没有粒度的偏析效应。梭式布料机+圆辊给料机+反射板联合布料如图 3-5 所示。

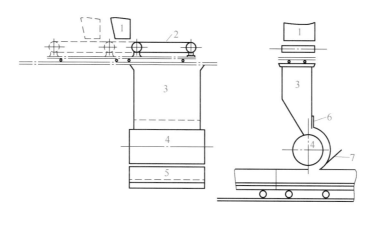

图 3-5 梭式布料器+圆辊给料机+反射板联合布料

1—小漏斗；2—梭式布料机；3—小矿槽；4—圆辊给料机；5—台车；6—闸门；7—反射板

表 3-2 为不同布料方式台车上混合料粒度的分布，表 3-3 为不同布料方式台车上混合料中碳素的分布。由实践生产可知，使用梭式布料机布料后，改善了布料质量，使烧结混合料的粒度、化学成分及水分等沿台车长度和宽度方向皆均匀分布，有利于烧结矿成分均匀，质量改善。

表 3-2 不同布料方式台车上混合料粒度的分布 （%）

| 取 样 位 置 | | 左 | 中 | 右 |
|---|---|---|---|---|
| 大于 10 mm | 梭式布料器固定 | 6.26 | 3.91 | 9.85 |
| | 梭式布料器运转 | 8.14 | 7.59 | 7.66 |
| 0~1 mm | 梭式布料器固定 | 45.01 | 41.61 | 40.70 |
| | 梭式布料器运转 | 46.62 | 45.13 | 47.87 |

表 3-3 不同布料方式台车上混合料中碳素的分布 （%）

| 梭式布料器运转情况 | 台车上的位置 | | | 在料层中的位置 | | |
|---|---|---|---|---|---|---|
| | 左 | 中 | 右 | 左 | 中 | 右 |
| 梭式布料器固定 | 4.47 | 4.15 | 4.32 | 4.5 | 4.36 | 4.06 |
| 梭式布料器运转 | 4.17 | 4.12 | 4.17 | 4.30 | 4.22 | 4.07 |

C 梭式布料器+圆辊给料机+辊式布料器

梭式布料器+圆辊给料机+辊式布料器是目前应用广泛的布料方式,辊式布料器布料如图3-6所示。

辊式布料器主要由轴承箱、齿轮箱、布料辊、减速机、电动机、变频调速器6大部分组成,如图3-7所示。

其工作原理为:从圆辊给料机滚出的烧结混合料,落到多辊布料器的布料辊上,并随着布料辊向下转动而滚出。混合料在向下滚动的过程,有一部分细粒级的混合料从布料辊之间的缝隙落到料层的表面,而粒度大于布料辊间隙的粗粒级的混合料则

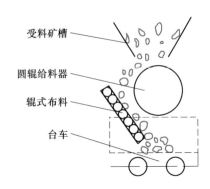

受料矿槽

圆辊给料器

辊式布料

台车

图3-6 辊式布料器布料

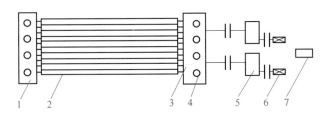

图3-7 辊式布料器的结构

1—轴承箱;2—布料辊;3—齿轮箱;4—润滑孔;5—减速机;6—电动机;7—变频调速器

一直滚落到布料器的下端(此功能相当于对混合料起筛分作用),同时,混合料在布料辊上滚动,松散了混合料,烧结混合料从多辊布料器下端落到烧结机台车料层上产生适度的粒度偏析,当多辊布料器转速加快时,多辊布料器上的混合料向下移动速度也加快,烧结机台车上料层的粒度偏析增大,反之,烧结料层粒度偏析减弱。

辊式布料器布料的特点是:在布料过程中具有"筛分"效果,可保证料层高度方向上适度偏析布料。其一,混合料在台车垂直方向由下而上,粒度逐渐减小,小粒级的混合料在上,大粒级的混合料在下,可以保证良好的透气性。其二,混合料中的燃料(煤粉)在台车垂直方向由下而上,粒度逐渐增加,小粒级的煤粉在下,大粒级的煤粉在上,保证燃料燃烧充分,热量充分利用,可以优化烧结热制度。通过调节多辊布料器布料辊的转速,可控制混合料粒度的偏析度,达到料层中固定碳适度偏析,在烧结过程中使烧结料层上部温度和下部温度趋于均匀,提高垂直烧结速度,提高烧结矿的质量,降低烧结能耗。

一般多辊布料器的安装角度为30°~40°。布料辊的使用寿命一般要求18个月左右,损坏后可通过整体更换的方法进行处理。

梭式布料器+圆辊给料机+辊式布料器联合布料方式不仅使小矿槽料面平,使混合料沿烧结机台车宽度均匀分布,而且由于辊式布料器的偏析作用,还保证了混合料在台车高度上的偏析,更有效地保证了布料满足烧结工艺的要求。

D 梭式布料器+宽皮带给料机+辊式布料器

梭式布料器+宽皮带给料机+辊式布料器是在第三种方式的基础上加以改进得到的布料

方式，宽皮带布料减少了混合料中的小球被破坏数量。

　　E　梭式布料器+磁性圆辊给料机

　　梭式布料器+磁性圆辊给料机是在圆辊给料机中加入永磁铁块，利用磁铁矿的磁性和物料重力的原理，使小球根据直径的大小而重力不同。大球和磁性小的富矿颗粒逐渐脱离磁性圆辊给料机，达到混合料层高度的分布由上而下粒度逐渐变粗，含碳量逐渐减少的效果。

　　布料作业的好坏严重影响烧结生产的产品质量，国内外都在积极研究改进布料的措施。如水岛厂用一条小皮带机代替反射板，如图 3-8 所示。皮带机首尾轮直径 300 mm，皮带长 2.5 m，倾角 45°，皮带与落料方向反向运行，速度为 13.4 m/min，在传动轮上设有清扫器。这样布料时对混合料有疏松作用，布料也比反射板均匀。

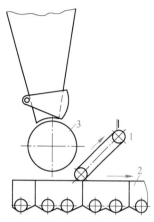

图 3-8　用皮带机代替反射板
1—皮带机；2—台车；3—圆辊布料机

　　苏联提出另一种布料设备，如图 3-9 所示。此装置由流槽、布料圆筒组合而成。流槽底部做成两层，并与空气管道相通，槽壁是阶梯状并有间隙，能使混合料布料均匀和改善料层透气性。

### 3.1.2.3　松料与压料

　　在全精矿粉或厚料层烧结时，为了改善烧结料层透气性，可以在反射板下面安装松料器（埋置于料层中），即在料层的中部水平方向装一排直径约 40 mm 的钢管，间距在 200 mm 左右，铺料时把钢管埋上，台车行走时钢管从料层中退出，在台车中形成一排松散的条带，减轻料层的压实程度，改善料层的透气性，如图 3-10 所示。

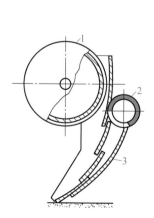

图 3-9　由流槽和布料圆筒组合的布料装置
1—布料圆筒；2—空气管道；3—流槽

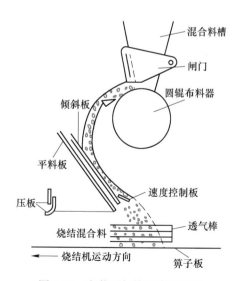

图 3-10　安装透气棒的布料装置

有的厂甚至向钢管里吹 196 kPa 的压缩空气，根据压力变化预测料层的透气性，作为调整机速和料层厚度的信号。

若烧结疏松多孔、粒度粗大、堆密度小的烧结料，如褐铁矿粉、锰矿粉和高碱度烧结矿，可适当压料，以免透气性过好，烧结和冷却速度过快而影响成型条件和强度。生产上，一般是利用挂在给料器下边的压料板或压料辊进行压料的，压料辊吊挂的高低及压料的轻重，应根据混合料的性质进行调整。不过，压料装置只对料层的表层或上层有效，即对点好火起一定的作用，但对中层或下层不起作用。

压料操作是否合理可以从点火、机尾断面反映出来：压料严重则点火器火焰往外扑，机尾断面烧不透；拉沟或局部压料时，将使机尾烧结矿断面不整齐。

### 3.1.3 影响布料均匀的因素

布料的均匀合理性，既受混合料缓冲料槽内料位高度、料的分布状态、混合料水分、粒度组成和各组分堆积密度差异的影响，又与布料方式密切相关（前已说明）。

（1）缓冲料槽内料面、料位高度的影响。当缓冲料槽内料位高度波动时，因物料出口压力变化，布于台车上的料时多时少，影响布料的均匀性。因此，要保持缓冲料槽内料位高度稳定和料面平坦。一般要求保持料槽内料面高度有 1/2~2/3 的料槽高。

缓冲料槽内料面是否平坦也影响布料的均匀性。若缓冲料槽内料面不平，形成堆尖时，堆尖处料多且细，四周料少且粗，不仅加重纵向布料的不均匀性，也使台车宽度方向布料不均。为避免这种现象，应采用增加梭式布料器的联合布料方式。

（2）混合料水分、粒度组成的影响。若混合料水分、粒度发生大的波动，沿烧结机长度方向会形成波浪形料面，从而使烧结矿内上中下各层成分和质量很不均一，见表 3-4。因此，应减小混合料水分和粒度的波动。

**表 3-4 沿料层高度方向烧结矿质量的变化**

| 部 位 | 台车取样深度 /mm | 烧结矿成分（质量分数）/% | | | | | CaO/SiO₂ |
| --- | --- | --- | --- | --- | --- | --- | --- |
| | | TFe | FeO | SiO$_2$ | CaO | S | |
| 上 层 | 0~80 | 34.20 | 13.94 | 18.36 | 25.00 | 0.156 | 1.36 |
| 中 层 | 80~160 | 32.70 | 17.03 | 16.90 | 28.40 | 0.150 | 1.64 |
| 下 层 | 160~240 | 33.30 | 21.83 | 17.70 | 27.68 | 0.230 | 1.52 |

## ？ 问题探究

（1）什么是铺底料，它的作用是什么，如何实现铺底料的操作？

（2）布混合料的方法有哪些？

（3）影响布料均匀的因素有哪些？

（4）如何判断压混合料操作是否合理？

## 任务 3.2  点火烧结操作

### 任务描述

点火烧结操作是指用点火器将烧结台车中的表层烧结混合料点燃。将混合料均匀布到烧结机台车上，经点火进行抽风烧结，原料在烧结机台车上的分布是否均匀，直接关系到烧结过程料层透气性的好坏与烧结矿的产量、质量，供给足够的热量将表层混合料中的固体燃料点燃，并在抽风的作用下继续往下燃烧产生高温，使烧结过程自上而下进行；同时，向烧结料层表面补充一定热量，以利于表层产生熔融液相而黏结成具有一定强度的烧结矿。因此，点火的好坏直接影响烧结过程的正常进行和烧结矿质量。

### 相关知识

#### 3.2.1  烧结过程的基本理论

##### 3.2.1.1  抽风烧结过程概述

目前各烧结厂所使用的烧结机，几乎都是带式抽风烧结机。

抽风烧结是将准备好的含铁原料、燃料、熔剂，经混匀制粒，布到烧结台车上，台车沿着烧结机的轨道向排料端移动，台车移动的同时用点火器在烧结料面点火并开始抽风，于是烧结反应便开始。由于下部风箱强制抽风，通过料层的空气和烧结料中固定碳燃烧所产生的热量，使烧结混合料经受物理和化学的变化，生成烧结矿。达到排料端时，烧结料层中进行的烧结反应即告终结。

烧结过程是复杂的物理化学反应的综合过程。在烧结过程中进行着燃料的燃烧和热交换、水分的蒸发和冷凝、碳酸盐和硫化物的分解和挥发、铁矿石的氧化和还原反应、有害杂质的去除以及粉料的软化熔融和冷却结晶等。其基本现象是：混合料借点火和抽风使其中的炭燃烧产生热量，并使烧结料层在总的氧化气氛中，又具有一定的还原气氛，因而，混合料不断发生分解、还原、氧化和脱硫等一系列反应，同时在矿物间产生固液相转变，生成的液相冷凝时把未熔化的物料黏在一起，体积收缩，得到外观多孔的块状烧结矿。

按烧结料层中温度的变化和烧结过程中所产生的物理化学反应，烧结料层可分为五个带（或五层），如图 3-11 所示。烧结过程各层反应如图 3-12 所示。

点火后，自上而下依次出现烧结矿层、燃烧层、预热层、干燥层、过湿层。这些反应层随着烧结过程的发展而逐步下移，在到达炉算后才依次消失，最后只剩下烧结矿层。

（1）烧结矿层。从点火烧结开始，烧结矿层即已形成，并逐渐加厚。这一区域的温度在 1100 ℃以下，绝大部分固体碳已燃烧完毕。随着冷空气的通过，燃烧层产生的熔融液相逐渐结晶或凝固，并放出熔化潜热，形成多孔结构的烧结矿。烧结矿层透气性较混合料好，因此，烧结矿层的逐渐增厚使整个料层的透气性变好，真空度变低。

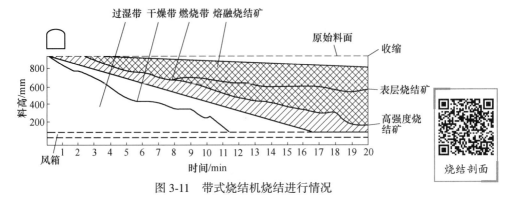

图 3-11　带式烧结机烧结进行情况

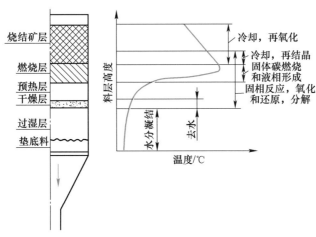

图 3-12　烧结过程各层反应

烧结矿层的主要变化是：高温熔融物凝固成烧结矿，并伴随有结晶和析出新矿物。同时，抽入的空气被预热，热空气温度随着烧结矿层的增厚而提高，它可提供燃烧层需要的部分热量，这种积蓄热量的过程就是自动蓄热作用。烧结矿被冷却，与空气接触的低价氧化物可能被再氧化。

（2）燃烧层。燃烧层是从燃料着火（600~700 ℃）开始，料层达到最高温度（1100~1400 ℃），并下降至 1100 ℃左右为止。燃烧带又称高温带，其厚度取决于燃料用量、粒度和通过的空气量，一般为 40~80 mm，并以 40 mm/min 的速度向下移动。该层燃烧反应激烈，产生大量热量，使部分烧结料熔化成液态熔体。由于熔融液相对空气穿透阻力很大，所以，为强化烧结过程，人们总设法减少该层厚度。

燃烧层除了进行碳的燃烧反应、部分烧结料熔化外，还伴随着碳酸盐的分解、硫化物和磁铁矿的氧化、部分赤铁矿的热分解与还原等。燃料燃烧和烧结矿层下来的空气显热一起所产生的热量，将烧结料加热到最高温度，同时供给下部料层以加热气体。

（3）预热层。空气通过燃烧层参加反应后即携带一部分热量进入下部料层，在燃烧排出的热废气作用下，料层中的水分被蒸发，并使烧结料被加热到燃料的着火温度（600~700 ℃），这一区域称为预热层。

预热层的厚度较薄，与燃烧层紧密相连，温度为 150~700 ℃。在预热层中由于高温的发展，开始发生部分碳酸盐的分解、硫化物和高价锰氧化物的逐步分解、结晶水分解、燃料中挥发物的分解、部分低价铁氧化物的氧化以及组分间的固相反应等。

（4）干燥层。从预热层下来的热废气，迅速将烧结料加热到 100 ℃以上，因此烧结料中游离水激烈蒸发，这一区域称为干燥层。干燥层水分完全蒸发需要温度提高到120~150 ℃。

由于湿料的导热性好，升温速度快，预热层与干燥层难以截然分开，因此有时统称为干燥预热层。其厚度一般为 20~40 mm。

烧结料中，当小球的热稳定性差时，会在剧烈升温和水分蒸发过程中产生炸裂现象，影响料层透气性。

（5）过湿层。从烧结开始，通过烧结料层气体的含水量就逐渐增加，这些含水蒸气的废气遇到下层冷料时，温度会突然下降，当其温度降低到露点温度（一般为 60~65 ℃）以下时，废气中的水汽冷凝进入到烧结料中。当烧结料含水量超过其原始水分时，就会出现过湿现象，从而形成过湿层。过湿层位于干燥层之下，它的形成将使料层透气性恶化。为此，可采取提高烧结料温至露点以上的办法来解决。

### 3.2.1.2　燃料的燃烧和热交换

烧结过程中，固体燃料（固体碳）燃烧所获得的高温和 CO 气体，为液相生成和一切物理化学反应的进行，提供了所必需的热量和气氛条件。燃料燃烧所产生的热量占全部热量的 90%以上。

#### A　燃料燃烧的特征

（1）固体碳少，分布稀而均匀，按质量计燃料只占总料重的 3%~5%，按体积计不到总体积的 10%。

（2）传热条件好。燃料燃烧从料层上部向下部迁移，料层中热交换集中，燃烧速度快，燃烧层温度高。

（3）小颗粒的碳分布于大量矿粒和熔剂之中，致使空气和碳接触比较困难。为了保证完全燃烧，需要较大的空气过剩系数（通常为 1.4~1.5）。

#### B　燃烧过程

固体碳燃烧反应方程式为：

$$C + O_2 === CO_2 \quad + 33034 \text{ kJ/kg} \tag{3-1}$$
$$2C + O_2 === 2CO \quad + 9797 \text{ kJ/kg} \tag{3-2}$$

反应式（3-1）为碳的完全燃烧反应，产物为 $CO_2$，在供氧充足时发生；反应式（3-2）为碳的不完全燃烧反应，产物为 CO，在供氧不足时发生。因此，碳粒附近 CO 浓度较高，呈现还原气氛；在远离碳粒的地区，自由氧较高，呈现氧化性气氛。可见，燃料用量增加和燃料粒度变细时，还原区相对大些。

#### C　烧结料层中的废气成分

烧结料中含 C 少且分散，高温区集中，热交换激烈，当废气离开燃烧带时温度急剧降低，因此，烧结废气中既有CO、$CO_2$、$N_2$，也有自由氧及少量的氢等。表3-5所列是在不同烧结条件下燃烧带的废气组成。

表3-5 不同烧结条件下燃烧带的废气成分

| 配料组成 | | 废气成分（质量分数）/% | | | | $\dfrac{w(CO)}{w(CO_2)}$ | $\dfrac{w(CO)}{w(CO+CO_2)}$ | 空气过剩系数 |
|---|---|---|---|---|---|---|---|---|
| | | $CO_2$ | CO | $O_2$ | $N_2$ | | | |
| 湿石英+焦粉 | | 9.3 | 10.6 | 3.7 | 76.4 | 1.14 | 0.53 | 1.22 |
| 焦粉为5%的非熔剂性赤铁矿烧结 | | 17.8 | 5.0 | 2.8 | 74.4 | 0.231 | 0.219 | 1.16 |
| 赤铁矿+25%$CaCO_3$，焦粉用量 | 3.75% | 17.7 | 2.8 | 6.9 | 72.6 | 0.159 | 0.137 | 1.55 |
| | 4.00% | 19.8 | 3.0 | 5.4 | 71.8 | 0.151 | 0.132 | 1.27 |
| | 4.50% | 20.1 | 3.9 | 4.7 | 71.3 | 0.194 | 0.162 | 1.33 |
| | 5.00% | 21.9 | 4.5 | 2.6 | 70.9 | 0.210 | 0.174 | 1.16 |
| | 6.00% | 23.9 | 5.2 | 1.2 | 69.7 | 0.217 | 0.178 | 1.07 |

从表3-5中可以看出，燃烧废气的成分与烧结原料、燃料用量以及抽入空气的过剩系数有关，菱铁矿和石灰石多，则$CO_2$升高；配碳量多，则CO升高，$O_2$降低。

D 烧结料层中的温度分布特点和热交换

图3-13表示点火烧结后，在不同的时间内沿料层高度的温度分布曲线。由图可知，不管料层高度、混合料性质以及其他因素如何，这些温度曲线的形状、变化趋势都是相似的。从料层的高度方向看，各层的温度分布主要呈现出一个由低温迅速上升至高温，然后又从高温缓慢下降到低温的过程，并且温度在燃烧层达到最高点。经测定，预热带的升温速度最高可达1700~2000 ℃/min，干燥带物料的升温速度最高可达500 ℃/min，当料层小于300 mm时，烧结时间为12~16 min。因此，烧结过程可在较短时间内完成。

从温度分布规律可以看出烧结过程热交换特性。在燃烧带的上部区域主要是对流传热，烧结矿的热量与自上而下的冷空气进行热交换，此时，温差、传热面积是对流传热的决定因素。烧结料孔隙度高，总表面积大，热交换进行得十分激烈，气

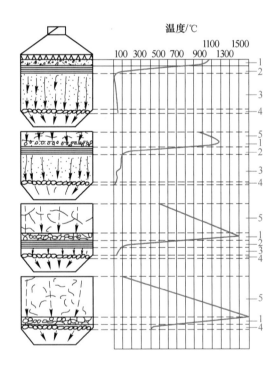

图3-13 沿料层高度温度的分布曲线
1—燃烧带；2—干燥和预热带；3—水分冷凝和过湿带；
4—床层；5—烧结矿固结和冷却带

体温度升高很快。在燃烧带下部区域炽热的气体将热量传给下层烧结料，使之预热干燥，由于热交换面积大，气体温度很快降低，预热干燥料层温度升高，主要是靠对流传热。燃

烧带温度高，颗粒因熔融而密集以及空气通过等特点，所以三种热交换形式——对流、传导、辐射都有发生。

### E 高温区的温度水平和厚度

燃烧带是温度最高的区域，其温度水平主要取决于固体燃料燃烧放出的热量，同时与空气在上部被预热的程度有关。随着燃烧带下移，由于上层烧结矿层具有"自动蓄热"作用，最高温度逐渐升高。据试验测定，当燃烧带上部的烧结矿层达 180~220 mm 时，上层烧结矿层的"自动蓄热"作用可提供燃烧层总热量的 35%~45%，因而燃烧层的最高温度是沿料层高度自上而下逐渐升高的。但是，当上部烧结矿层超过 200 mm 以后，热量的增长速度变慢。因此，从烧结的经济性和节约燃料用量的观点看来，采用高料层烧结是有利的，亦能改善产品的品质，这是当今发展高料层烧结的理论依据。还可以采用上层配碳多、下层配碳少的双层烧结工艺。

高温区的温度水平和厚度对烧结矿的产量、品质影响很大。高温区温度高，生成液相多，可提高烧结矿的强度；但温度过高，又会出现过熔现象，恶化烧结料层的透气性，气流阻力大，从而影响产量，同时烧结矿的还原性变差。高温区的厚度过大同样会增加气流阻力，也易造成烧结矿过熔；但厚度过小，则不能保证各种高温反应所必需的时间，当然也会影响烧结矿的产量和品质。

因此，获得合适的高温区温度和厚度，是改善烧结生产的重要问题。一般说来，高温区的温度水平和厚度，既取决于高温区的热平衡，也取决于固体碳的用量、燃烧速度、传热速度和黏结相的熔点等。

图 3-14 是烧结料层高温区热平衡示意图，从图中可以看出下列平衡关系：

$$Q + Q_T = Q_1 + Q_2 + Q_3 + Q_4$$

$$Q_1 = mct_高$$

$$t_高 = \frac{Q_2}{mc} = \frac{Q + Q_T - Q_1 - Q_3 - Q_4}{mc} \tag{3-3}$$

式中　$Q$——外部热源的总热量，kJ；

　　　$Q_T$——高温区料层中内部热源的总热量（包括燃料燃烧在内的各种放热和吸热反应的总热效应），kJ；

　　　$Q_1$——用于加热高温区上层烧结矿的热量，kJ；

　　　$Q_2$——用于加热高温区混合料（干）的热量，kJ；

　　　$Q_3$——用于加热高温区下层料的热量，kJ；

　　　$Q_4$——离开料层的废气带走的热量，kJ；

　　　$m$——高温区料重，kg；

　　　$c$——混合料比热容，kJ/(kg·℃)；

　　　$t_高$——高温区最高温度，℃。

由式（3-3）得知：增加料层中的放热反应及减少吸热反应的一切措施，均有助于提高高温区的温度水平。

　　增加燃料用量是增加高温区料层中内部热源的总热量 $Q_T$ 的重要手段，可有效地提高燃烧层的温度水平。图 3-15 表示燃料用量对料层中最高温度的影响。当燃料用量低时（见图 3-15 中曲线 1、2），烧结料层的热量主要来源于外部热源 $Q$，而 $Q$ 通过每个水平料层又将热量传给物料，$Q$ 就会不断地减少。在 $Q_T < Q_1$ 的情况下，就会出现高温区的温度水平随烧结过程向下发展而不断降低的趋势。随着燃料用量的增加（见图 3-15 中曲线 3、4），由于固体燃料燃烧所产生热量 $Q_T$ 增大了，$Q_T = Q_1$ 时，即热量达到平衡时，不同料层高度的最高温度稳定在同一水平线上。当燃料用量继续增加到某一值时，$Q_T > Q_1$（见图 3-15 中曲线 5），这时由于上部烧结矿层的"自动蓄热作用"，进入燃烧层的空气温度升高了，所以随着烧结过程的向下发展，高温区的温度水平不断上升。在烧结生产实践中，绝大多数处于 $Q_T > Q_1$ 的情况。必须注意，由于燃料在布料时的偏析现象，下部料层含碳量高于上部料层，造成温度不均，上下料层的温差是引起烧结矿品质不均的直接原因。

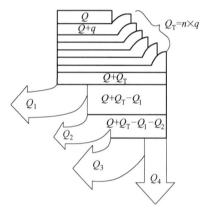

图 3-14　烧结料层高温区热平衡

$n$—料层数；$q$—单个料层中
各种放热和吸热反应的总热效应

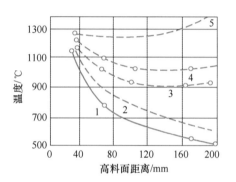

图 3-15　燃料用量对各层最高温度的影响

（曲线 1~5 的配碳量分别为 0、0.5%、

1.0%、1.5%、2.5%；物料粒度 3~

5 mm；空气耗量 79.5 m³/(m²·min)）

　　增加燃料用量，也增加了高温区的厚度。这是由于燃料用量增加后，通过高温区的气流中含氧量相对降低，使燃烧速度降低，高温区厚度随之增加。并且在其他条件相同时，位置越向下，高温区越厚，温度越高，结果烧结矿质量不均的现象更严重，上层强度差，而下层还原性不好。

　　燃料粒度对高温区温度的影响如图 3-16 所示，燃料粒度小，比表面积大，与空气接触条件好，燃烧速度快。因此，高温区温度水平高、厚度小。当燃料粒度增加时，可以降低燃烧速度和改善料层透气性，使燃料层变厚和高温区温度降低。因此，适宜的燃料粒度组成，既要考虑燃料的燃烧速度，又要考虑其他物料的粒度组成、导热性能和烧结矿强度，通常由试验来确定。在精矿粉烧结时，适宜的焦粉粒度为 0.5~3.0 mm，小于 0.5 mm 的焦粉，会降低料层的透气性，易被气流吹动而产生偏析，同时燃烧时难以达到需要的高温和足够的高温保持时间。当焦粉粒度大于 3 mm 时，易造成不合理的布料偏析，将使燃烧层变厚及烧结矿强度下降等不良后果。

　　固体燃料的燃烧性能也会影响料层高温区的温度水平和厚度。无烟煤与焦粉相比，孔隙度小得多，其反应能力和可燃性差，故用大量无烟煤代替焦粉时，烧结料层中会出现高温区温度水平下降和厚度增加的趋势，从而导致烧结垂直速度下降。如某烧结厂使用无烟煤粉代替焦粉，成品烧结矿产出量从 53.5% 下降到 41.0%。但无烟煤来源充足，价格便宜，试验证明用无烟煤粉代替 20%～25% 焦粉时，对烧结矿的产量、品质没有影响。当使用无烟煤粉作燃料时，必须注意改善料层的透气性，把燃料粒度降低一些，同时还要适当增加固体燃料的总用量。

　　当增加返矿用量时，由于它能减少吸热反应，因此有助于提高燃烧温度。在燃料用量相同的情况下，生产熔剂性烧结矿时，由于加入石灰石的分解吸热而使 $Q_T$ 降低，因此会导致燃烧层温度下降。如生产碱度 $R=1$ 的熔剂性烧结矿时，燃烧层的最高温度下降 150～180 ℃。

　　烧结过程总的速度是由燃烧速度和传热速度决定的。在低燃料条件下，燃烧速度较快，烧结速度决定于传热速度；在正常或较高燃料条件下，烧结速度决定于燃烧速度。当燃烧速度与传热速度相差大时，高温区的温度水平和厚度皆受二者的影响，如图 3-17 所示。在传热速度大大慢于燃烧速度情况下（见图 3-17 中区域Ⅲ），上部的大量热量不能用于提高下部燃料的燃烧速度，燃烧和传热过程不能同步进行，导致高温区最高温度降低，高温区厚度增大。当传热速度大大地超过燃烧速度时（见图 3-17 中区域Ⅰ），燃烧反应放出的热量是在该层通过大量的空气之后，因此，二者皆使高温区增厚和温度水平降低。只有当燃烧速度与传热速度同步时（见图 3-17 中区域Ⅱ），上层积蓄的大量热量才被用来提高燃烧层燃料的燃烧温度，此时可以获得最高的燃烧温度和最低的高温区厚度。燃烧与传热是密切相关的，因此温度达到一定水平才能燃烧，而燃烧又放出大量热量，若传热速度过快或过慢，以致达不到燃料的着火温度时，皆会中断燃烧。因此，在实际生产中所遇到的情况，多是燃烧与传热速度相近的。

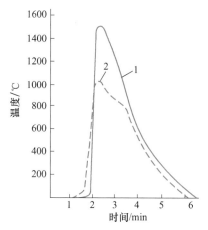

图 3-16　燃料粒度对料层中最高温度的影响
1—0～1 mm；2—3～6 mm

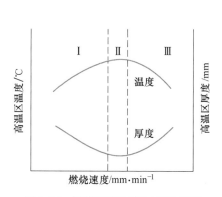

图 3-17　燃烧速度与高温区温度和
高温区厚度的关系

使用富氧空气可以加快碳的燃烧速度，但对传热速度影响不大，在燃烧性和料层透气性好的情况下，富氧抽风可以提高烧结速度和烧结温度。但在相反情况下，富氧抽风对烧结速度影响不大，而烧结温度还可能降低。

### F　高温区的移动速度

烧结料层中的高温区移动速度，一般是指燃烧带温度最高点的移动速度，即是垂直燃烧速度，用 $U$ 来表示。

$$U = \frac{H}{t} \tag{3-4}$$

式中　$H$ ——烧结料层高度，mm；

　　　$t$ ——自点火开始到烧结终了的时间，min。

垂直烧结速度是决定烧结矿产量的重要因素，产量同垂直烧结速度基本成正比关系。但是，当烧结速度过快时，因不能保证烧结料进行物理化学反应必需的高温保持时间，会使烧结矿强度下降，从而影响烧结矿的成品率。因此，只有在成品率不降低或是降低不多的情况下，提高垂直烧结速度才是有利的。

烧结料层中温度最高点的移动速度，实际上反映了燃烧带的下移速度和传热速度。实验证明，当烧结配料中碳量较低时（如 3%~4%），烧结过程的总速度由传热速度决定；当配碳量适宜和较高时，烧结过程的总速度取决于碳的燃烧速度。而碳的燃烧速度与供氧强度、化学反应速度有关。提高通过料层的风量，一方面可使供氧充足，碳燃烧加快，另一方面可改善气与物料之间的传热条件。因此，凡是增加通过料层风量的因素，都可加快高温区的移动速度。

此外，烧结料的性质也影响传热速度，具有热容量大、导热性好、粒度小及化学反应吸热量大的烧结料，其烧结速度变小。但在混合料中配入水分和石灰石后，虽然增加了吸热反应，但同时又改善了料层透气性，料层风量增大，总的结果是使高温区的移动速度加快。

### 3.2.1.3　水分的蒸发和冷凝

烧结混合料中水分的来源有两个方面：一是物料自身带入的结晶水；二是烧结料混合制粒时加入的游离水。

#### A　水分在烧结过程中的作用

（1）制粒作用。在粉状的烧结料中加入水，有助于混合料的成球，改善料层的透气性，使烧结过程得以顺利进行。

（2）导热作用。烧结料中水的存在，提高了烧结混合料的传热能力。这是因为水的导热系数远远超过矿石的导热系数，水的导热系数为：126~419 kJ/(m²·h·℃)，矿石导热系数为 0.63 kJ/(m²·h·℃)。烧结料中的水还改善了料层热交换条件，促进了燃烧带限制在较窄的范围内，减少了料层的气流阻力。同时，保证了在较少燃料消耗的情况下，获得必要的高温区。

（3）润滑作用。水分子覆盖在矿粉颗粒表面，起类似润滑剂作用，降低表面粗糙度，减少气流阻力。

### B  水分蒸发的条件

烧结过程开始后，在料层的不同高度和不同的烧结阶段，水分含量将发生变化，出现水分的蒸发和冷凝现象。

水从液态转变为气态是以蒸发或沸腾的方式进行的。烧结过程中的水分蒸发的条件是：气相中的水蒸气的实际压力 $p_{H_2O}$ 小于该温度下水的饱和蒸气压（$p'_{H_2O}$），即 $p_{H_2O} < p'_{H_2O}$。饱和蒸气压随温度升高而增大，在热气体与湿料接触的开始阶段，水蒸气蒸发缓慢，物料含水量无大的变化。当物料温度升到 100 ℃ 时，饱和蒸气压 $p'_{H_2O}$ 可达 $1.013 \times 10^5$ Pa。物料中水分迅速蒸发到废气中去。当物料的饱和蒸气压 $p'_{H_2O}$ 等于总压 $p_总$，即 $p'_{H_2O} = p_总$ 时，水分便激烈蒸发，出现沸腾现象。烧结过程中，废气压力约为 $0.912 \times 10^5$ Pa。在温度为 100 ℃ 时，$p'_{H_2O} > p_{H_2O}$，因此应在小于 100 ℃ 完成水分的蒸发过程。但实际上，在温度大于 100 ℃ 的混合料中仍有水分存在。原因是废气对混合料的传热速度快（最快可达 1700~2000 ℃/min），故混合料的升温速度也快，当料温达到水分蒸发的温度时水分还来不及蒸发；此外，少量的分子水和薄膜水同固体颗粒的表面有巨大的结合力，不易逸出，因此干燥层终了温度应该为 150 ℃。影响水分蒸发速度的因素有以下几种。

（1）物料的比表面积。混合料比表面积大，水分蒸发速度大，可达 30~35 g/（m² · min）。

（2）混合料温度。随着温度的升高，物料中饱和蒸气压 $p'_{H_2O}$ 增大，蒸发加快。

（3）外界压力。蒸发速度随着外界压力的减小而增大。

（4）烧结料层的透气性。改善料层透气性，可增加通过料层的风量，加快蒸发速度。

### C  水汽的冷凝规律

烧结过程中从点火时起，水分就开始受热蒸发，转移到废气中去，废气中的水蒸气的实际分压 $p_{H_2O}$ 不断升高。当含有水蒸气的热废气穿过下层冷料时，由于存在温度差，废气将大部分热量传给冷料，自身的温度大幅度下降从而使物料表面饱和蒸气压 $p'_{H_2O}$ 也不断下降。

当 $p_{H_2O} = p'_{H_2O}$ 时，蒸发停止；当 $p'_{H_2O} > p_{H_2O}$ 时，废气中的水蒸气就开始在冷料表面冷凝，水蒸气开始冷凝的温度称为露点。根据混合烧结料水分的不同，露点温度也有差异，一般在 52~65 ℃。水蒸气冷凝的结果，使下层物料的含水量增加。当物料含水量超过物料原始水量时称为过湿。这就是烧结时水分的再分布现象。表 3-6 说明了沿料层高度水分再分布的情况。

表 3-6  沿料层高度水分再分布的情况

| 矿 种 | 混合料原始水分/% | 与燃烧层不同距离的料层中含水/% | | | | |
|---|---|---|---|---|---|---|
| | | 紧靠 | 50 mm | 100 mm | 150 mm | 靠炉箅 |
| 赤铁矿 | 6.1 | 3.1 | 7.3 | 7.2 | | 7.8 |
| 磁铁矿 | 8.5 | 0 | 5.5 | 8.3 | 9.5 | 10.8 |

在过湿层，冷凝水充塞在料粒之间的空隙中，使料层过湿，增加气流阻力，而且过湿

现象会破坏下部料层松散的小料球，过湿严重时甚至会变成糊状，进一步恶化料层的透气性，影响烧结过程的正常进行。消除过湿层的措施主要有以下几种。

（1）预热混合料。添加一定数量的热返矿，蒸汽预热混合料或加生石灰预热混合料，使混合料温度达到露点以上，可以显著减少料层的过湿现象，改善料层的透气性，强化烧结过程。

（2）提高混合料的湿容量。所有增加比表面积的胶体物质都能够增大混合料的湿容量，比如，混合料加生石灰、消石灰，以吸收过湿层的冷凝水。

（3）降低废气中的水分含量。即降低废气中水汽分压 $p_{H_2O}$，使得混合料的水分比原始透气性最好时的含水量低 $1.0\% \sim 1.5\%$。

### 3.2.1.4 碳酸盐分解及氧化钙的矿化作用

烧结料常常配入石灰石（$CaCO_3$）、白云石（$MgCO_3 \cdot CaCO_3$）等，尤其生产熔剂性烧结矿时，配入的熔剂就更多。这些碳酸盐类矿物在烧结过程中被逐渐加热，当温度达到一定值时，碳酸盐发生分解，并进入渣相。如果碳酸盐没有分解或者分解后没有造渣，烧结矿带有"白点"影响烧结矿的品质。因此，要研究碳酸盐的分解过程及其控制因素。

#### A 碳酸盐分解

碳酸盐受热温度达一定值时，发生分解反应，以石灰石（$CaCO_3$）为例，其分解反应式如下：

$$CaCO_3 = CaO + CO_2 \quad -178 \text{ kJ}$$

分解反应的平衡常数 $K_P = p_{CO_2}$。显然，在一定温度下 $p_{CO_2}$ 也是常数。$p_{CO_2}$ 是分解反应达到平衡状态时，气相产物 $CO_2$ 的平衡压力，称为碳酸盐的分解压。

分解压是衡量化合物稳定程度的尺度。分解压力大，分解反应平衡时，气体产物多，说明化合物容易分解，则化合物稳定性差。反之分解压小时，化合物稳定性强。

分解压与温度有关，温度升高，分解压增大，碳酸盐分解压力与温度关系如图 3-18 所示。图 3-19 是烧结料中常见的四种碳酸盐的分解压力与温度关系。在生产熔剂性烧结矿时，石灰石的分解不同于纯 $CaCO_3$ 的分解。烧结时石灰石分解产物 $CaO$ 可与其他矿物作用生成化合物，这样就使得烧结料中石灰石的分解压力在相同的温度下相应地增大，使其分解反应较容易进行。

碳酸盐分解反应从矿块表面开始向中心进行。因此，分解反应速度与碳酸盐矿物的粒度大小有关，粒度越小，分解反应速度越快。实验研究表明，将小于 10 mm 的石灰石加热到 1000 ℃，并通过 $10\%CO_2$ 气体造成类似烧结料层中的气氛，结果在 $1 \sim 1.5$ min 就完全分解。显然，一般烧结料层中高温停留时间可以达到上述要求。但是，在实际烧结层中，可能由于碳酸盐分解吸收大量热量，给热速度小于吸热速度，结果石灰石颗粒周围的料温下降；或者由于燃料偏析，高温区温度分布不均匀，常常出现石灰石不能完全分解的现象。据实验测定，烧结添加石灰石熔剂，由于分解反应吸收大量热量，燃烧带的温度下降 $200 \sim 300$ ℃。因此，生产中要求石灰石的粒度必须小于 3 mm，同时应使用稍高的燃料用量。

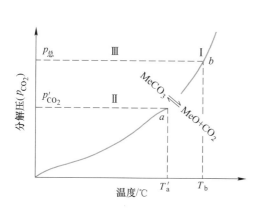

图 3-18  碳酸盐分解压力与温度的关系

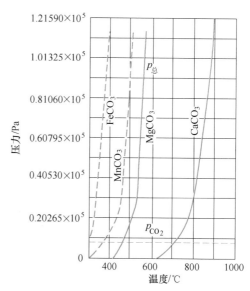

图 3-19  某些碳酸盐矿物的分解压力与温度的关系

### B  氧化钙的矿化作用

生产熔剂性烧结矿时，不仅要求添加的石灰石完全分解，而且分解产物 CaO 与矿石中的某些矿物应很好地化合，不希望烧结矿中存在游离的 CaO，因为游离的 CaO 与水消化，$CaO+H_2O \Longrightarrow Ca(OH)_2$，其结果使体积膨胀一倍，致使烧结矿粉化。

$CaCO_3$ 的分解产物 CaO 与 $SiO_2$、$Fe_2O_3$、$Al_2O_3$ 等矿化作用分别形成 $CaO \cdot SiO_2$、$CaO \cdot Fe_2O_3$、$CaO \cdot Al_2O_3$。反应生成新的化合物，使石灰石的开始分解温度降低。

其矿化程度与烧结温度、石灰石粒度、矿粉粒度有关。温度越高，粒度越小，则矿化程度越高。实验表明，在同一温度下，石灰石粒度对矿化作用影响最大。

如图 3-20 所示，在石灰石粒度为 0~1 mm、温度为 1250 ℃的条件下，CaO 的化合程度可达 85%~95%；当石灰石粒度为 0~3 mm 时，CaO 的化合程度仅为 55%~74%。一般碱度低，CaO 的矿化程度高。

温度对 CaO 矿化作用的影响如图 3-21 所示。从图中可以看出，当温度为 1200 ℃时，石灰石粒度虽然小于 0.6 mm，但 CaO 矿化程度不超过 50%；当温度升高到 1350 ℃时，石灰石粒度增大到 1.7~3.0 mm，但矿化程度接近 100%。显然，温度升高，CaO 的矿化程度高。但温度过高会使烧结矿过熔，对烧结矿的还原性不利，应尽量避免。

图 3-22 表明矿石或精矿粒度对 CaO 矿化作用影响也很大。当粒度为 0~0.2 mm 的磁铁精矿粉与 0~3 mm 的石灰石混合后，在温度 1300 ℃持续 1 min，CaO 几乎完全矿化。如果矿粉粒度增大，其矿化作用则大为降低，如磁铁矿的上限粒度到 6 mm 时，CaO 矿化作用下降到 87%。由此可知，烧结时石灰石的适宜粒度与矿石粒度有关，当用细磨精矿粉时，石灰石的粒度可适当粗些（一般 0~3 mm），而对于粗粒度粉矿烧结时石灰石的粒度应小些（如 0~3 mm）。

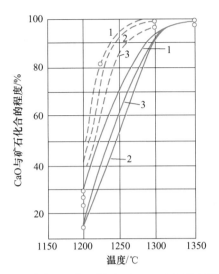

图 3-20　碱度和石灰石粒度对 CaO 矿化程度的影响

1，2，3—分别代表碱度为 0.8、1.3 和 1.5；虚线—石灰石

粒度为 0~1 mm；实线—石灰石粒度为 0~3 mm

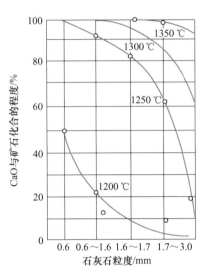

图 3-21　石灰石粒度和温度对 CaO

矿化程度的影响

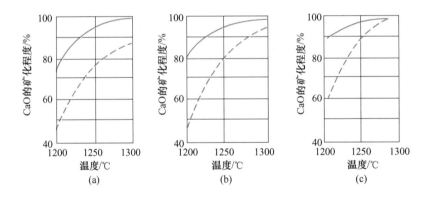

图 3-22　温度和磁铁矿粒度对石灰石 CaO 化合程度的影响

（a）磁铁粒度 0~6 mm；（b）磁铁粒度 0~3 mm；（c）磁铁粒度 0~0.2 mm

虚线—石灰石粒度为 0~3 mm；实线—石灰石粒度为 0~1 mm

烧结过程中石灰石的分解度和 CaO 的矿化程度可根据烧结的某些数据计算得出。

例 3-1　某厂生产碱度为 2.6 的高碱度烧结矿时，由于石灰石的粒度粗和热制度不合适，烧结矿中游离 CaO 为 10%，未分解的 $CaCO_3$ 高达 9.58%，在烧结矿中石灰石带入的 CaO 总量为 26%，求石灰石的分解量和矿化程度。

**解：** 石灰石的分解度 $= \dfrac{w(CaO_{总} - CaO_{CaCO_3})}{w(CaO_{总})} \times 100\% = \dfrac{26 - 9.58 \times \dfrac{56}{100}}{26} \times 100\% = 79\%$

CaO 的矿化程度 $= \dfrac{w(CaO_{总} - CaO_{游} - CaO_{CaCO_3})}{w(CaO_{总})} \times 100\%$

$$= \frac{26 - 10 - 9.58 \times \dfrac{56}{100}}{26} \times 100\% = 41\%$$

### 3.2.1.5　烧结过程中金属氧化物的分解、还原与氧化

在烧结过程中，由于温度和气氛的影响，金属氧化物要发生热分解、还原与氧化反应，这些反应的发生对烧结熔体的形成、烧结矿的强度和冶金性能影响极大。

#### A　金属氧化物的分解

金属氧化物的分解可按下式进行：

$$2MeO \Longrightarrow 2Me + O_2$$

其中，Me、MeO 分别表示二价金属及其氧化物。

铁的氧化物有 $FeO$、$Fe_3O_4$、$Fe_2O_3$，在这三种氧化物中，只有 $Fe_2O_3$ 在烧结温度下可以分解，其分解反应为：

$$6Fe_2O_3 \Longrightarrow 4Fe_3O_4 + O_2$$

锰的氧化物有 $MnO$、$Mn_3O_4$、$Mn_2O_3$、$MnO_2$。在同一金属氧化物中，高价氧化物比低价氧化物的分解压大，就是说高价氧化物稳定性差，容易分解。因此锰氧化物的分解反应为：

$$4MnO_2 \Longrightarrow 2Mn_2O_3 + O_2$$

$$6Mn_2O_3 \Longrightarrow 4Mn_3O_4 + O_2$$

实验测定和计算的一些铁、锰氧化物的分解压力列于表 3-7。

**表 3-7　铁、锰氧化物的分解压力**

| 温度/℃ | $p_{O_2}/Pa$ | | | | |
| --- | --- | --- | --- | --- | --- |
| | $Fe_2O_3$ | $Fe_3O_4$ | $FeO$ | $MnO_2$ | $Mn_2O_3$ |
| 460 | — | — | — | 21278 | — |
| 550 | — | — | — | 101325 | 37.5 |
| 927 | — | $2.2 \times 10^{-8}$ | $10^{-11.2}$ | — | 21278 |
| 1100 | 2.6 | — | — | — | 101325 |
| 1200 | 3.2 | — | — | — | — |
| 1300 | 199.6 | — | — | — | — |
| 1327 | — | $3.7 \times 10^{-8}$ | $10^{-5.6}$ | — | — |
| 1383 | 21278 | — | — | — | — |
| 1400 | 28371 | — | — | — | — |
| 1452 | 101325 | — | — | — | — |
| 1500 | 303975 | $10^{-25}$ | $10^{-3.2}$ | — | — |

#### B　金属氧化物的还原

烧结料层中由于碳的燃烧，在碳粒周围具有还原气氛，铁氧化物还原是以碳质点为中

心进行的。料层的固体碳及 CO 是很好的还原剂，C、CO 能够夺取铁氧化物中的氧，使其变成低价氧化物或金属铁。铁的三种氧化物 $Fe_2O_3$、$Fe_3O_4$、FeO 的还原顺序是从高价氧化物到低价氧化物逐级进行的。当温度高于 570 ℃时，可能发生下列反应：

$$3Fe_2O_3 + CO \Longrightarrow 2Fe_3O_4 + CO_2 \quad + 63011\ J$$

$$Fe_3O_4 + CO \Longrightarrow 3FeO + CO_2 \quad - 22399\ J$$

$$FeO + CO \Longrightarrow Fe + CO_2 \quad + 13188\ J$$

$Fe_2O_3$ 分解压大，是极易还原的氧化物，在气相中微量的 CO 存在，就可以使 $Fe_2O_3$ 还原成 $Fe_3O_4$，而且基本是不可逆反应。因此，在燃烧带、预热带均可以发生 $Fe_2O_3$ 的还原反应。

与 $Fe_2O_3$ 相比，$Fe_3O_4$、FeO 是较难还原的氧化物。当焦粉量大，还原气氛强时，能获得相当数量的金属铁。在远离固体燃料颗粒的地方，$Fe_3O_4$、FeO 可能被氧化。

另外，在有 $SiO_2$ 存在的条件下，可发生反应：

$$2Fe_3O_4 + 3SiO_2 + 2CO \Longrightarrow 3(2FeO \cdot SiO_2) + 2CO_2$$

这有利于 $Fe_3O_4$ 的还原，当有 CaO 存在时，影响铁橄榄石（$2FeO \cdot SiO_2$）的生成，因此提高烧结矿碱度会使 FeO 含量降低。

FeO 与 $SiO_2$、CaO 能生成多种低熔点液相，这些物质的生成，不利于 FeO 还原，但有利于提高烧结矿的强度。

$Mn_3O_4$ 的分解压低，分解难，但易被 CO 还原，其还原反应式如下：

$$Mn_3O_4 + CO \Longrightarrow 3MnO + CO_2$$

MnO 在烧结条件下是难还原的物质，与 $SiO_2$ 等组成难还原的硅酸盐。

### C　铁氧化物的氧化

烧结料层总的气氛是弱氧化性的，特别是在烧结矿的冷却过程中，可能进行 $Fe_3O_4$ 和 FeO 的再氧化现象，其反应式如下：

$$4Fe_3O_4 + O_2 \Longrightarrow 6Fe_2O_3$$

$$6FeO + O_2 \Longrightarrow 2Fe_3O_4$$

再氧化反应，高温下进行很快，当温度低时，反应速度减慢甚至停止。烧结矿中 $Fe_3O_4$ 和 FeO 的再氧化，提高了烧结矿的还原性，因此在保证烧结矿强度条件下，发展氧化过程是有利的。

烧结配料中的燃料用量是影响 FeO 含量的主要因素。从表 3-8 得知，随含碳量增加，FeO 增加，还原度降低，这是燃料增加后，烧结料层中还原气氛增加的缘故。因此，控制燃料用量是控制 FeO 含量的重要措施。但最恰当的燃料用量应兼顾烧结矿的强度和还原度，当矿石性质不同时，适宜的燃料用量是不一致的。磁铁精矿粉烧结，燃料用量一般为 5%～6%；而赤铁矿烧结时，燃料用量要高 2%～3%。因前者存在 $Fe_3O_4$ 的氧化放热，后者则无。菱铁矿和褐铁矿烧结时，因碳酸盐和氢氧化物分解耗热，需要增加燃料用量，但分解产物 $CO_2$ 和 $H_2O$ 可以加强氧化气氛，有助于 FeO 的降低。

表 3-8　混合料中含碳量与烧结矿中 FeO 含量关系

| 混合料含碳量（质量分数）/% | 碱度 | $w(FeO)$/% | 还原率/% |
|---|---|---|---|
| 5.0 | 1.05 | 34.41 | 53.3 |
| 4.5 | 1.04 | 29.44 | 43.6 |
| 3.0 | 1.09 | 24.57 | 53.3 |

### 3.2.1.6　烧结过程中有害元素的脱除

烧结过程中可去除部分有害元素，如硫、氟、钾、钠、铝、锌、砷等。这是烧结生产很重要的优点。烧结料中的这些有害元素，是通过生成气态物质而被挥发除去的。

#### A　硫的去除

硫是钢铁中的主要有害元素之一。当钢中含硫量超过一定的数量后，钢在进行热加工时会出现热脆现象；铸铁中含硫，使铸件容易产生气孔和难于车削。因此，钢铁冶炼的各个阶段都力图最大限度地去硫，以达到国家规定的标准。

烧结料中的硫主要来自矿粉，少量来自燃料。矿粉中的硫以硫化物为主要状态存在，如黄铁矿中的 $FeS_2$、黄铜矿（$CuFeS_2$）、蓝铜石（$CuS$）、闪锌矿（$ZnS$），此外还有部分硫酸盐，如硫酸钙（$CaSO_4$）、硫酸钡（$BaSO_4$）、硫酸镁（$MgSO_4$）；燃料中的硫以有机硫形式存在。硫的存在形式不同，去除方式也不同。

黄铁矿（$FeS_2$）具有较大的分解压，也易于氧化，在空气中加热到 565 ℃时很容易分解出一半的硫，因此，在烧结的条件是较易去除的。

$$4FeS_2 + 11O_2 === 2Fe_2O_3 + 8SO_2$$
$$3FeS_2 + 8O_2 === Fe_3O_4 + 6SO_2$$

当温度高于 565 ℃时，黄铁矿分解，其产物 FeS 和 S 同时燃烧，反应式如下：

$$FeS_2 === FeS + S$$
$$2FeS + 3\frac{1}{2}O_2 === Fe_2O_3 + 2SO_2$$
$$3FeS + 5O_2 === Fe_3O_4 + 3SO_2$$
$$S + O_2 === SO_2$$
$$SO_2 + \frac{1}{2}O_2 === SO_3$$

烧结料中其他一些硫化物的硫酸盐的分解和氧化反应列于表 3-9。

从以上硫化物的分解和氧化来看，$FeS_2$、$ZnS$、$PbS$ 中的硫是易于去除的。而 $CuFeS_2$、$CuS$ 等化合物由于较稳定，需要在高温下才能氧化。

燃料中有机硫的着火温度比焦粉低，烧结时多以 $SO_2$ 形式逸出。但当还原气氛强、温度水平低、扩散条件差时，有部分有机硫不能去除。

从以上分析可知，烧结过程中，黄铁矿和有机硫的去除主要是氧化放热反应，硫酸盐的硫是分解和还原过程，是吸热反应。

表3-9 硫化物和硫酸盐的分解和氧化反应

| 矿物 | 化学式 | 分解和氧化反应 | 开始温度/℃ | | 备 注 |
|---|---|---|---|---|---|
| | | | 热分解 | 氧化 | |
| 焦粉中有机硫 | $S_{有机}$ | $S_{有机}+O_2=SO_2$ | | | 焦粉燃烧温度大于700℃ |
| | | $SO_2+1/2O_2=SO_3$ | | | 有接触剂时小于600℃ |
| 磁黄铁矿 | $Fe_xS$ $(x=0.8\sim0.9)$ | $Fe_{0.8}S=4/5Fe+1/2S_2$ | | | |
| | $FeS$ | $4FeS+7O_2=2Fe_2O_3+4SO_2$ | | 250 | 250~1383℃氧化 |
| | | $3FeS+5O_2=Fe_3O_4+3SO_2$ | | | >1383℃氧化 |
| | | $FeS+3Fe_3O_4=10FeO+SO_2$ | | | >1100℃氧化 |
| 黄铜矿 | $CuFeS_2$ | $2CuFeS_2=Cu_2S+2FeS+1/2S_2$ | 550 | — | |
| | | $2CuFeS_2+6O_2=CuO+Fe_2O_3+4SO_2$ | — | 500 | 600~1383℃ |
| 辉铜矿 | $Cu_2S$ | $Cu_2S+2O_2=2CuO+SO_2$ | — | 250 | |
| 蓝铜矿 | $CuS$ | $4CuS=2Cu_2S+S_2$ | 400 | | |
| 闪锌矿 | $ZnS$ | $2ZnS+3O_2=2ZnO+2SO_2$ | | 450 | |
| 方铅矿 | $PbS$ | $2PbS+3O_2=2PbO+2SO_2$ | | 360 | |
| 石膏 | $CaSO_4\cdot2H_2O$ | $CaSO_4\cdot2H_2O=CaSO_4\cdot1/2H_2O+3/2H_2O$ | 120~170 | | |
| | | $CaSO_4\cdot1/2H_2O=CaSO_4+1/2H_2O$ | 170 | | |
| 硬石膏 | $CaSO_4$ | $CaSO_4=CaO+SO_2+1/2O_2$ | >975 | | 1375℃分解剧烈 |
| 重晶石 | $BaSO_4$ | $BaSO_4=BaO+SO_2+1/2O_2$ | >1185 | | |

在烧结过程中,烧结料中的硫沿料层高度发生再分布。燃烧带气化了的S、$SO_2$和$SO_3$逐渐进入预热带和过湿带,气体中的含硫量向下逐渐降低,烧结料中的含硫量向下而逐渐增加。这是因为在较低温度下硫蒸气发生了沉积,$SO_2$和$SO_3$溶于水,以及石灰石、石灰等与$SO_2$反应吸收了硫。

石灰石的硫酸化在400~500℃时进行较快,铁酸钙和石灰转化为硫酸盐一直进行到900~1000℃。烧结料的硫酸化,使得它的脱硫率平均降低5%~7%。

B 影响烧结脱硫的主要因素

从脱硫反应分析得知,适宜的烧结温度、大的反应表面、良好的扩散条件和充分的氧化气氛是保证烧结过程顺利脱硫的主要因素。

(1)烧结温度。烧结温度低,脱硫率低,提高烧结温度可以使脱硫率增加。但温度过高,以致烧结矿表面熔化,FeO与FeS易形成低熔点(940℃)物质,恶化了$O_2$及$SO_2$的扩散条件,反而使烧结脱硫率降低。适当的烧结温度,取决于不同条件下的最佳配碳量。使用高硫矿石烧结时,因硫化物的氧化是放热反应,应减少配碳量,一般经验是增加1%的硫,相应减少0.5%的焦粉。

(2)矿石的物理化学性质。矿石粒度大小影响料层的透气性及矿石内部气体的扩散速度,从而影响脱硫效果。矿石粒度较小时,矿石中硫化物和硅酸盐的氧化和分解产物易从内部排出,粒度小、比表面积大,硫化物和硅酸盐暴露在表面的机会大,氧也容易向颗粒内部渗透；但粒度过小时，烧结料层透气性变差，抽入的空气量减少，不能充分地供给氧气，不利于脱硫。从表 3-10 可以看出矿石粒度从 0~8 mm 增加到 0~12 mm 时，脱硫率下降 2%~10%。根据某些研究表明，脱硫率较适宜的粒度为 0~1 mm 与 0~6 mm，如图 3-23 所示。但考虑生产上破碎筛分条件的经济合理性，采用 0~6 mm 或 0~8 mm 粒度是较为合理的。矿石含铁量高，脉石低，一般软化和熔化温度较高，有利于脱硫。

**表 3-10　矿石粒度和烧结碱度对脱硫率的影响**

| 指　标 | 矿石粒度 0~8 mm | | | | 矿石粒度 0~12 mm | | | |
| --- | --- | --- | --- | --- | --- | --- | --- | --- |
| | 烧结矿碱度 | | | | | | | |
| | 0.4 | 1.0 | 1.2 | 1.4 | 0.4 | 1.0 | 1.2 | 1.4 |
| 烧结料含硫量/% | 0.450 | 0.400 | 0.382 | 0.362 | 0.450 | 0.400 | 0.382 | 0.362 |
| 烧结矿含硫量/% | 0.040 | 0.042 | 0.043 | 0.050 | 0.042 | 0.068 | 0.070 | 0.086 |
| 脱硫率/% | 91.2 | 89.4 | 88.8 | 86.2 | 89.2 | 83.2 | 81.7 | 76.3 |

（3）烧结矿的碱度和熔剂添加物的性质。烧结料随着碱性熔剂的加入、碱度的提高，脱硫率相继降低，如图 3-24 所示。这是因为加入熔剂后，混合料软化温度降低，液相量增加，恶化了扩散条件，同时烧结温度降低也不利于去硫，此外，高温下石灰的吸硫作用强烈。

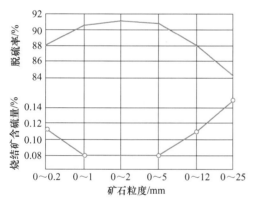

图 3-23　矿石粒度对脱硫的影响

（烧结矿碱度为 1.25；碳的用量为 4%）

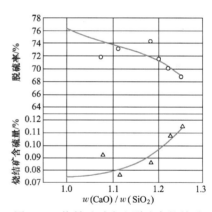

图 3-24　烧结矿碱度和脱硫率的关系

在实际生产中，可以采取高硫原料生产低碱度烧结矿，而低硫原料生产高碱度烧结矿的方法，提高总的脱硫率。

熔剂性质对脱硫的影响表现为：消石灰和生石灰对废气中 $SO_2$、$SO_3$ 吸收能力强，不利于脱硫；白云石和石灰石粉粒度较粗，比表面积小，在预热带分解出 $CO_2$ 阻碍了对气体中硫的吸收，有利于脱硫；在烧结料中添加 MgO 可提高烧结矿的软化温度，有利于脱硫。

（4）燃料用量和性质。燃料的用量直接影响烧结料层中的最高温度水平和气氛性质。FeS 在 1179~1190 ℃时熔化，当有 FeO 存在时，FeO-FeS 组成易熔共晶组织，940 ℃就可以熔化。当烧结料层中配碳量高时，料层温度高，还原气氛增强，烧结料层中被还原出的

FeO 增多，形成的 FeO-FeS 易熔共晶组织也就增多，从而液相量增多而妨碍脱硫。相反，燃料用量不足时，料层温度低，达不到硫酸盐分解的温度，脱硫条件也差，因此烧结时燃料用量要适宜。适宜的燃料用量，通过科学试验和生产实践去求得。燃料用量对烧结脱硫的影响见表 3-11。

表 3-11　燃料用量对烧结脱硫的影响 　　　　　　（%）

| 烧结料含碳量 | 3.0 | 3.5 | 4.0 | 4.5 | 5.0 | 50.5 | 6.0 |
| --- | --- | --- | --- | --- | --- | --- | --- |
| 脱硫率 | 89.75 | 95.36 | 95.31 | 96.02 | 95.02 | 96.1 | 94.22 |
| 烧结矿中残硫 | 0.31 | 0.17 | 0.15 | 0.12 | 0.16 | 0.13 | 0.18 |
| 烧结矿中 FeO | 11.73 | 11.73 | 15.64 | 18.5 | 21.08 | 24.76 | 21.48 |

焦粉中的硫含量较无烟煤低，因此生产中选用焦粉作为烧结用燃料可降低含硫量。

烧结过程能大量去硫，但烧结废气对环境影响很大。如梅山铁厂用高硫原料烧结，其废气 $SO_2$ 含量（体积分数）达到 $0.4\% \sim 0.5\%$（国家卫生标准规定：$SO_2$ 浓度不大于 0.05%）。如不做好去 $SO_2$ 的处理工程，任其污染大气，势必危及人们健康和农作物的生长。

（5）返矿的数量。返矿对脱硫有互相矛盾的影响：一方面返矿的使用可改善烧结料的透气性，对脱硫是有利的；另一方面返矿的使用促进烧结液相更多更快地生成，致使一部分硫转入烧结矿中。因此，适宜的返矿用量要根据具体情况由试验确定。试验指出，返矿从 15% 的用量增加到 25% 时，烧结矿中的含硫增加，脱硫率降低；当返矿进一步增加到 30% 时，烧结矿中含硫降低，脱硫率相应增加，这可能是由于返矿增加到 25% 时，后一种因素起了主导作用，对脱硫不利；当返矿增加到 30% 时，矛盾发生转化，前者的作用居于主导作用，而后者退居次要地位，所以有利于脱硫。

C　其他有害元素的去除

除了硫以外，磷、氟、铅、锌、砷和碱金属等在烧结过程中，由于氧化还原反应，加上烧结过程所产生的 1000 ℃ 以上的高温作用，这些有害杂质被氧化成金属氧化物，特别是熔点较低的铅、锌、钾、钠等有害杂质在一定温度下为气态，随着烧结抽风的废气一并进入烟道。当环境温度下降后，这些气态物质就变为固态氧化物，在烧结机机头的除尘器中被捕集而残留在除尘灰中。通过对除尘灰进行选择性处理，不仅可以得到许多有用产品，而且还可以提高除尘灰的含铁品位，降低其有害杂质含量。

3.2.1.7　烧结料层中的气流运动

烧结过程必须向料层中送风，只有这样，固体燃料的燃烧反应才得以进行，混合料层才能获得必要的高温，烧结过程才能顺利实现。这一部分内容就是应用气体力学基本理论来研究烧结料层的透气性与各种工艺参数的关系，以分析提高烧结产量的因素。

A　透气性的概念

透气性是指固体散料层允许气体通过的难易程度。它也是衡量烧结料孔隙度的标志。

在一定的压差条件下，透气性按单位时间内通过单位面积和一定高度的烧结料层的气体量来表示。

$$G = \frac{Q}{tF} \tag{3-5}$$

式中　$G$——透气性，$m^3/(m^2 \cdot min)$；

　　　$Q$——气体流量，$m^3/min$；

　　　$t$——时间，$min$；

　　　$F$——抽风面积，$m^2$。

即在一定压差下，单位时间内，通过单位面积烧结料层的气体流量的大小，表示料层透气性的高低。显然，在抽风面积一定时，单位时间内通过料层的空气量越大，说明烧结料层的透气性越好。

此外，也可以在一定料层厚度的抽风量不变的情况下，以气体通过料层的压头损失 $\Delta p$ 来表示料层的透气性，亦即按真空度（负压）大小来表示；真空度越高，透气性越差；反之亦然。由此可见，在料层透气性改善后，风机能力即使不变，也可增加通过料层的空气量。

研究烧结料层的透气性，应考虑两个方面：一是烧结料层的原始的透气性；二是点火后，烧结过程中料层透气性。前者在一定生产条件下变化不大，而后者由于烧结过程的特点，如料层被抽风压紧密实，烧结料层因温度升高产生软化、熔融、固结等，透气性发生变化。因此，烧结料的透气性对烧结生产的影响，主要取决于烧结过程的透气性，而它的好坏决定着垂直烧结速度的大小。

　B　透气性的变化规律

烧结过程中烧结料层透气性的变化规律如图3-25 所示。可以看出：在点火初期，料层被抽风压紧，气体温度骤然升高和液相开始生成，使料层阻力增加，负压升高。烧结矿层形成后，烧结矿层的阻力损失出现一个较平稳的阶段。随着烧结矿层的不断增厚及过湿层的逐渐消失，整个矿层阻力减小，透气性变好，因而负压又逐渐减小。

经测定，燃烧层由于料层温度最高，并生成一定数量的液相，与其他区域比较，阻力最大，透气性最差。预热层和干燥层的厚度虽然较小，

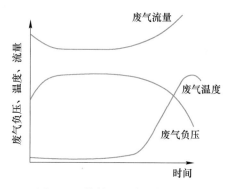

图 3-25　烧结过程中废气负压、温度及流量的变化

但其单位厚度的气流阻力较大。这是因为湿料球粒干燥预热时会发生碎裂，料层空隙度变小，同时，预热带温度高，通过该层实际气流速度增加，从而增加了气体运动的阻力。过湿层气流阻力与原始料层比较，增大一倍左右。这是由于料层过湿导致料粒破坏，彼此黏结或堵塞孔隙，使料层空隙度减小，增加了气流运动阻力。特别是烧结未经预热的细精矿粉时，过湿现象及其影响更为显著。

烧结矿层具有气孔多、阻力小的特点，故透气性好。但在烧结过熔时，烧结矿气孔率下降，结构致密，透气性也会变差。

废气流量的变化规律和负压的变化相呼应,当料层阻力增加,在相同的压差作用下,废气流量降低,反之则废气流量增加。

温度的变化规律是和燃料燃烧及烧结矿层的自动蓄热作用相关的。

除此以外,应该指出气流在料层各处分布的均匀性对烧结生产有很大影响。不均匀的气流分布会造成不同的垂直烧结速度,而料层各处的不同垂直烧结速度又会加重气流分布的不均匀性。这就必然产生料层中有些区域烧得好,有些区域烧得不好,从而势必产生烧不透的夹生料。这不仅减少了烧结成品率,而且也降低了返矿品质,容易破坏正常的烧结过程。因此,均匀布料和减少粒度偏析是造成透气性均匀的必要手段。

C　透气性与烧结矿产量的关系

烧结机产量可用下式表示:

$$q = 60 \times kFrC$$

式中　　$q$——烧结机产量,t/h;

　　　　$k$——烧结矿产出系数;

　　　　$F$——抽风面积,$m^2$;

　　　　$r$——烧结料容积密度,$m^3/h$;

　　　　$C$——垂直烧结速度,m/h。

显然,$q$ 与 $F$、$r$、$k$、$C$ 均成正比。上式中 $k$、$F$、$r$ 在特定烧结机上烧结某种烧结料时基本是一个定值,烧结机的生产率只同 $C$ 成正比,而 $C$ 与单位时间内通过料层的空气数量成正比。可见,改善透气性、提高通过料层的气流量,可提高垂直烧结速度,即可提高烧结矿产量。

D　改善烧结料层透气性的途径

a　加强烧结料准备

研究表明:成球效果最好的烧结料粒度组成,应是 0~3 mm 粒级含量小于 15%,3~5 mm 含量小于 30%,大于 10 mm 的不超过 10%。为此,在实际生产中,常采用向精矿中配加富矿粉和添加一定粒度组成的返矿来改善料层透气性。

返矿由小颗粒的烧结矿和少部分未烧透的夹生料所组成。由于粒度粗,具有疏松多孔的结构,其颗粒成为湿混合料造粒时的核心。此外,返矿中含有烧结的低熔点物,可增多烧结过程中产生的液相,所以添加返矿可提高烧结的产量和品质。

实验研究表明:随着返矿添加量的增加,烧结矿的强度和产量都得到提高。当返矿添加量超过一定限度时,大量的返矿会使混合料的均匀和制粒效果变差、水和碳波动大,透气性过好,又会反过来使燃烧层温度达不到烧结时的必须温度。其结果是使烧结矿强度变坏,生产率降低。同时,还必须看到,返矿是烧结生产的循环物,它的增加就意味着烧结生产率的降低。换句话说,烧结料中添加的返矿超过一定数量后,透气性及垂直烧结速度的任何增加都不能补偿烧结矿成品率的减少。

合适的返矿添加量,由于原料的性质不同而有差别。一般来说,以细磨精矿为主要烧结原料时,返矿量可多加一些,可达 30%~40%;以粗粒富矿粉为主要烧结原料时,返矿量可少些，一般返矿加入量小于 30%。

返矿的加入对烧结生产的影响，还与返矿本身的粒度组成有关。一般说来，返矿中 $0 \sim 1$ mm 的粒级应小于 20%，返矿的粒度上限不应超过烧结料中矿粉的最大粒度 10 mm。某厂实践证明，将返矿粒度由 $0 \sim 20$ mm 降至 $0 \sim 10$ mm 时，烧结产量增加 21%。

b　强化制粒

烧结料粒度大小对透气性的影响如图 3-26 所示。图中曲线表明：随着矿石粒度的增加，透气性显著改善，而且这种改善随抽风能力增加而加强。因此，强化制粒、增加物料的孔隙率，是改善透气性的重要措施。

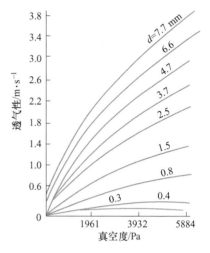

图 3-26　不同粒度矿石层的透气性

强化制粒的措施有：

（1）延长混料机的长度或适当降低混料机的倾角，延长混合料的制粒时间；

（2）使用磁化水；

（3）预先制粒；

（4）添加生石灰、消石灰或有机黏结剂，提高混合料的成球性；

（5）采用强力混料机。

c　使用小球烧结

鉴于烧结料粒度及粒度组成对改善烧结生产有重大影响，目前我国许多烧结厂，采用强化混合料造球作业，把混合料制成一定粒度的小球进行烧结。其球粒上限一般为 $6 \sim 8$ mm，下限要大于 1.2 mm。由于小球料粒度均匀，粉末少，强度高，烧结料层的原始透气性较普通烧结料高 $28\% \sim 35\%$，而且在烧结过程中仍能保持良好的透气性，因此强化了烧结过程。表 3-12 是某烧结厂对普通烧结料和小球料进行烧结对比实验的结果。可以看出，小球料烧结比普通烧结料烧结，成品率提高了 38%。其他实践也表明，小球烧结是行之有效的增产方法。

表 3-12　小球料与普通料烧结指标比较

| 原　料 | 料层厚度 /mm | 成品率 (>15 mm) /% | 转鼓指数 (<5 mm) /% | 垂直烧结速度 /mm·min$^{-1}$ | 烧结机生产率 /t·(m$^2$·h)$^{-1}$ | 备　注 |
|---|---|---|---|---|---|---|
| 普通烧结料 | 350 | 73.03 | 21 | 16.49 | 1.21 | 从二次混料机后取出混合料 |
| 小球烧结料 | 350 | 77.20 | 18 | 25.73 | 1.67 | 混合后取混合料制小球 |

d　强化烧结操作

确定适宜的料层厚度、布料平整、使用松料器等，也可以使通过料层的风量达到最佳。

### 3.2.1.8 固相之间的反应

20世纪初，一般认为"物质不是液态则不发生反应"。后来证明，无液态存在也能发生化学反应，在一定的条件下，固相之间也发生反应。固相反应广泛应用在矿石烧结、粉末冶金、陶瓷水泥和耐火材料等领域。

所谓固相反应是指物料在没有熔化前，两种固体在它们的接触面上发生的化学反应。反应产物也是固体。

烧结过程中，固相反应是在液相生成前进行的。固相反应和液相生成是烧结黏结成块并具有一定强度的基本原因。固相反应的机理是离子扩散，任何物质间的化学反应都与分子或离子的运动有关。固体分子与液体和气体分子一样，都处于不停的运动状态之中。只是因为固体物质质点间结合力较强，其质点只能在平衡位置上做小范围的振动。因此，在常温下，固相间的化学反应即使发生，反应速度也是很缓慢的。但是，随着温度升高，固体表面晶格的一些离子（或原子）因获得越来越多的能量而激烈运动起来。温度越高，就越易于取得进行位移所必需的能量（或化学能）。当温度高到使质点（离子或原子）具有参加化学反应所必需的能量时，这些高能量质点就能够向所接触的其他固体表面扩散。这种固体质点扩散过程，就导致了固相反应的发生。

根据实际测定，固体质点开始位移的温度为：

金属 $\qquad T_移 = (0.3 \sim 0.4)T_熔化$

盐类 $\qquad T_移 = 0.57T_熔化$

硅酸盐 $\qquad T_移 = 0.9T_熔化$

$T_熔化$ 为该物质的熔化温度，当固体物质被加热到可位移温度（$T_移$）时其质点具有可移动性，可以在晶格内进行位置交换——内扩散；也可能扩散到晶格表面，并进而扩散到与之相接触的其他物质晶格内进行化学反应——外扩散。

对于固相反应，反应物质颗粒大小具有重要意义，反应速度常数 $K$ 与颗粒半径 $r$ 的平方成反比：

$$K = cr^{-2}$$

式中 $\quad c$——比例系数。

烧结所用的铁精矿粉和熔剂都是粒度较细的物质，它们在被破碎时固体晶体受到严重破坏，而破坏严重的晶体具有较大的自由表面能，因而质点处于活化状态。活化质点都具有降低自身能量的倾向，表现出激烈的位移作用。其结果是晶格缺陷逐渐得到校正，微小晶体也将聚集成较大晶体，反应产物也就具有了较为完整的晶格。

已经证实，固相中只能进行放热反应。而且两种物质间反应的最初产物，无论如何只能形成同一种化合物，它的组成通常与反应物的浓度不一致。要想得到组成与反应物质量相当的最终产物，往往需要很长时间。在烧结过程中，烧结料处于500~1500 ℃的高温区间一般不超过3 min。因此，对烧结具有观察意义的是固相反应开始的温度以及最初形成的反应产物。

现在以 $SiO_2$ 和 $CaO$ 的混合料为例，将过量的 $SiO_2$ 与 $CaO$ 混合，在空气中加热到

1000 ℃。两种物质固相反应的进程如图 3-27 所示。

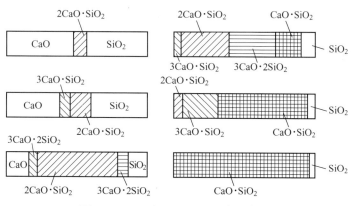

图 3-27　CaO 与 SiO₂ 固相反应示意图

固相接触面的初始产物是 $2CaO \cdot SiO_2$，继而沿着 $2CaO \cdot SiO_2$-CaO 界面形成一层 $3CaO \cdot SiO_2$，含 CaO 最少的 $CaO$-$SiO_2$ 仅在过程的最后才出现。

表 3-13 列出了固体组分不同配比时，有关固相反应的实验数据。可以看出，不论混合料中的 CaO 和 SiO₂ 的比例如何变化，固相中的最初产物总是 $2CaO \cdot SiO_2$。同样，在烧结条件下 $2CaO+Fe_2O_3$ 及 CaO 与 $Fe_2O_3$ 的反应，在固相反应中只能得到最初产物 $CaO \cdot Fe_2O_3$。

表 3-13　固相反应的最初产物

| 固 体 组 分 | 混合物中分子比例 | 反应的最初产物 |
| --- | --- | --- |
| $CaO : SiO_2$ | 3∶1，2∶1，3∶2，1∶1 | $2CaO \cdot SiO_2$ |
| $MgO : SiO_2$ | 2∶1，1∶1 | $2MgO \cdot SiO_2$ |
| $CaO : Fe_2O_3$ | 2∶1，1∶1 | $CaO \cdot Fe_2O_3$ |
| $CaO : Al_2O_3$ | 3∶1，5∶3，1∶1，1∶2，1∶6 | $CaO \cdot Al_2O_3$ |
| $MgO : Al_2O_3$ | 1∶1，1∶6 | $MgO \cdot Al_2O_3$ |

表 3-14 列举了在烧结过程中，常见的某些固相反应产物开始出现的温度。

表 3-14　固相反应产物开始出现的温度

| 反 应 物 | 固相反应产物 | 反应产物开始出现的温度/℃ |
| --- | --- | --- |
| $SiO_2+Fe_2O_3$ | $Fe_2O_3$ 在 $SiO_2$ 中的固熔体 | 575 |
| $SiO_2+Fe_3O_4$ | 铁橄榄石（$2FeO \cdot SiO_2$） | 990，995 |
| $CaO+Fe_2O_3$ | 铁酸一钙（$CaO \cdot Fe_2O_3$） | 500，600，610，650 |
| $2CaO+Fe_2O_3$ | 铁酸二钙（$2CaO \cdot Fe_2O_3$） | 400 |
| $CaCO_3+Fe_2O_3$ | 铁酸一钙（$CaO \cdot Fe_2O_3$） | 590 |
| $2CaO+SiO_2$ | 正硅酸钙（$2CaO \cdot SiO_2$） | 500，610，690 |
| $2MgO+SiO_2$ | 镁橄榄石（$2MgO \cdot SiO_2$） | 680 |
| $MgO+Fe_2O_3$ | 铁酸镁（$MgO \cdot Fe_2O_3$） | 600 |
| $CaO+Al_2O_3 \cdot SiO_2$ | 偏硅酸钙（$CaO \cdot SiO_2+Al_2O_3$） | 530 |

图 3-28 是烧结料中主要矿物之间的固相反应图。

影响固相反应的主要因素为混合料的温度及反应物接触条件。温度高，反应物料粒度细，有利于固相反应的发生。

烧结时经常遇到的铁矿物为赤铁矿（$Fe_2O_3$）和磁铁矿（$Fe_3O_4$），这些矿物中的脉石成分主要是石英（$SiO_2$）。当生产熔剂性烧结矿时，还需要添加石灰石（$CaCO_3$）、石灰（$CaO$）和消石灰 [$Ca(OH)_2$]。在燃料用量适宜或较高的情况下，烧结料中所进行的固相反应流程如图 3-29~图 3-32 所示。

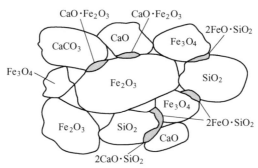

图 3-28　烧结料中各矿物间固相反应示意图

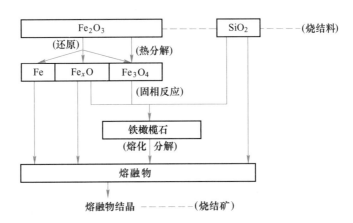

图 3-29　赤铁矿非熔剂性烧结料固相中矿物形成过程

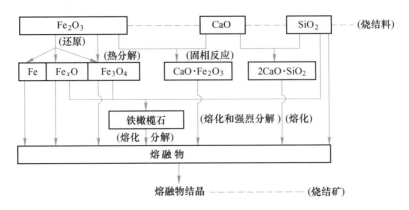

图 3-30　赤铁矿熔剂性烧结料固相中矿物形成过程

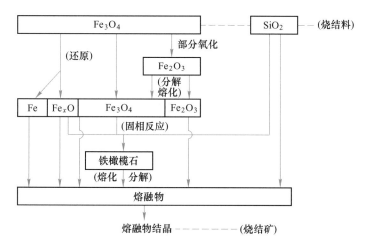

图 3-31 磁铁矿非熔剂性烧结料固相中矿物形成过程

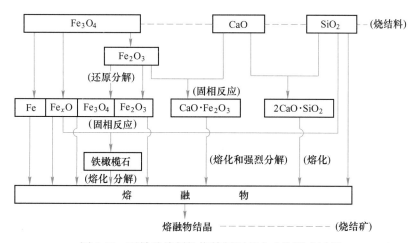

图 3-32 磁铁矿熔剂性烧结料固相中矿物形成过程

固相反应的发生保证了原始烧结料中所没有的易熔物质的形成。当这种反应进行得足够快时，就能形成较多的易熔物，从而在温度升高时生成更多的液相，最终获得高强度的烧结矿。可见，固相反应是液相生成的基础。固相的一部分保留在液相中，另一部分将在液相中分解。因此，在烧结矿的生产中应尽量创造条件使固相反应得到充分发展。

### 3.2.1.9 液相生成与冷却结晶

固相反应速度慢，其反应产物晶格发展不完善，结构疏松，烧结矿强度差。因此，烧结过程中，液相生成是烧结料固结成型的基础，它是各种物理化学反应形成的结果。烧结矿就是通过这些液相对周围物料浸润、溶解、黏附和填充空隙黏结起来，冷却形成的。

液相的组成、性质和数量在很大程度上决定了烧结矿的产量和品质。液相数量增加，可以增加物料颗粒之间的接触面积，提高烧结矿强度。但液相过多不利于铁矿物的还原，也影响烧结料层的透气性，降低烧结产量。

#### A 影响液相生成量的因素

（1）烧结温度。图 3-33 所示为 $SiO_2$ 含量（质量分数）分别为 4%、6%，碱度分别为

0.8、1.2、1.5、1.8、2.2、3.0时，烧结温度与液相量的关系。可以看出，随着烧结温度提高，液相不断增加。

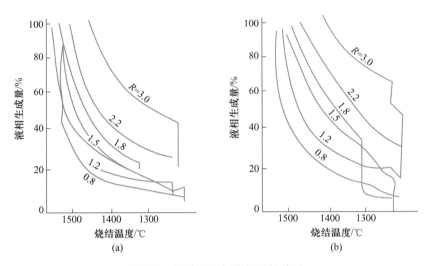

图 3-33　烧结温度与液相量的关系

（a）SiO$_2$ 含量（质量分数）为4%；（b）SiO$_2$ 含量（质量分数）为6%

（2）烧结料碱度。从图3-33中还可以看出，液相量随碱度的提高而增加，即碱度越高，液相越多。

（3）燃料用量。烧结配碳增加，烧结料层中还原气氛有所增加，铁的氧化物逐级还原的机会也就多了，FeO 量就增多。一般讲，FeO 多，则熔点下降，易于生成液相。

（4）SiO$_2$含量。SiO$_2$含量（质量分数）一般烧结要求 5% 左右，过高液相量太多，过低则液相量不足。

　　B　烧结过程的主要液相

烧结过程中主要液相有铁-氧体系、硅酸铁体系、硅酸钙体系、铁酸钙体系、钙铁橄榄石体系等。

　　a　铁-氧体系（FeO-Fe$_3$O$_4$）

富矿粉和铁精矿粉主要是含铁氧化物的矿物，因此，烧结过程中液相生成的条件，在某种程度上可由铁-氧体系的状态图表示出来。由图3-34可以看出，在 Fe 含量（质量分数）为72.5%~78%时，即 FeO 与 Fe$_3$O$_4$组成的浮氏体区间内，形成的液相是最低共熔物 N（45%FeO 和 55%Fe$_3$O$_4$），它们的熔点只有1150~1220 ℃。而纯赤铁矿或纯磁铁矿的熔点都大于1500 ℃，在1150~1220 ℃时，纯磁铁矿是不能熔化的，液相量为零。但当磁铁矿部分还原成 FeO，并随 FeO 量的增加，Fe$_3$O$_4$ 与 FeO 混合物的熔化温度逐渐下降，而体系中的液相量逐渐增多，当 FeO 含量（质量分数）增加到45%时，达到了低熔点成分，Fe$_3$O$_4$、FeO 全部熔化成液相。由此可见，磁铁矿的部分分解或还原成 FeO 将有利于液相生成。这是很有实际意义的，这说明在铁精矿缺乏成渣物质时，如烧结纯磁铁矿非熔剂性烧结矿，在一般烧结温度下（1300~1350 ℃），在烧结料层中靠近炭粒附近存在还原气氛，

FeO 形成，这就可能形成一定数量的低熔点液相，成为烧结矿的主要黏结相，从而保证烧结矿的强度。

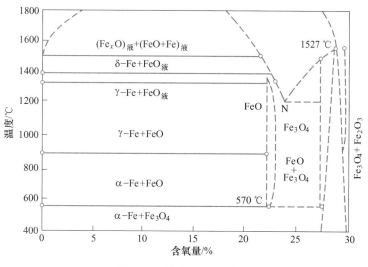

图 3-34　铁-氧体系状态图

b　硅酸铁体系（FeO-SiO$_2$）

富矿粉和铁精矿粉的脉石中总是含有一定数量的 SiO$_2$。从图 3-35 中可以看出，FeO 与 SiO$_2$ 生成低熔点的化合物是铁橄榄石（2FeO·SiO$_2$），其含 FeO（质量分数）70.5%、SiO$_2$（质量分数）29.5%，熔化温度是 1205 ℃。2FeO·SiO$_2$ 分别与 FeO 和 SiO$_2$ 形成两种共熔混合物，其一是 2FeO·SiO$_2$-SiO$_2$，含 FeO（质量分数）62%、SiO$_2$（质量分数）38%，熔化温度 1178 ℃。此外，铁橄榄石还与磁铁矿组成低熔点的共晶混合物，共晶点的液相成分为 17% Fe$_3$O$_4$、83% 2FeO·SiO$_2$，共晶点为 1142 ℃，如图 3-36 所示。

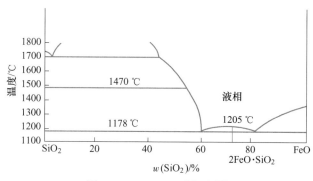

图 3-35　FeO-SiO$_2$ 系相态图

从图 3-36 可以看出，铁橄榄石熔化后，混合料中的磁铁矿（Fe$_3$O$_4$）被溶解，随着 Fe$_3$O$_4$ 溶解量的增加，这种含铁硅酸盐熔融物的温度将逐渐升高。

硅酸铁体系化合物在烧结过程中是经常见到的液相之一，尤其烧结非熔剂烧结矿时，硅酸铁体系液相是烧结矿固结的主要黏结相。铁橄榄石在烧结过程中形成数量的多少与烧结料中的 SiO$_2$ 含量和加入或还原 FeO 量的多少有关。增加燃料用量，烧结料层的温度提高，还原气氛加强，有利于 FeO 的还原，铁橄榄石也就多，液相量增加，可提高烧结矿强度。应注意的是，燃料量过高，液相量过多，产生的 $2FeO \cdot SiO_2$ 就越多，而铁橄榄石的还原性差，从而使烧结矿难还原。因此，在烧结矿强度足够的情况下，不希望铁橄榄石过分发展。

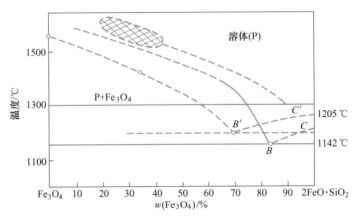

图 3-36　$Fe_3O_4$-$2FeO \cdot SiO_2$ 系统相图

c　硅酸钙体系（$CaO$-$SiO_2$）

在生产熔剂性烧结矿时，通常需添加石灰石或石灰。石灰石中 CaO 与烧结料中 $SiO_2$ 作用可形成一系列化合物。因此，熔剂性烧结矿中常存在硅酸钙矿物，如图 3-37 所示。

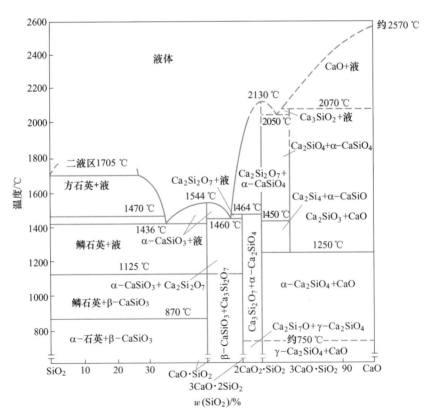

图 3-37　$CaO$-$SiO_2$ 体系状态图

从 $CaO\text{-}SiO_2$ 体系状态图可看出，该体系有 $CaO \cdot SiO_2$、$3CaO \cdot 2SiO_2$、$2CaO \cdot SiO_2$ 和 $3CaO \cdot SiO_2$ 等化合物。其中 $CaO \cdot SiO_2$ 的熔点为 1544 ℃，并与 α-鳞石英在 1436 ℃ 形成低熔点混合物，与 $3CaO \cdot SiO_2$ 也形成一个低熔点混合物，温度为 1455 ℃。硅钙石 $3CaO \cdot 2SiO_2$ 是不稳定化合物，在熔化前分解，分解温度为 1464 ℃。

正硅酸钙（$2CaO \cdot SiO_2$）熔化温度是 2130℃，是该体系化合物熔点最高的。这样，在烧结温度下，$2CaO \cdot SiO_2$ 体系液相极少。正硅酸钙熔点虽高，但它却是固相反应的最初产物，开始形成时温度也低。因此，在烧结矿中可能存在正硅酸钙矿物，它的存在将影响烧结矿的强度。这是由于 $2CaO \cdot SiO_2$ 在冷却时，发生晶形转变。正硅酸钙在不同温度下有 α、α′、β、γ 四种晶形，它们的密度（$g/cm^3$）依次为：3.07、3.31、3.28、2.97。正硅酸钙冷却时晶形变化如下：

$$\alpha\text{-}2CaO \cdot SiO_2 \xrightarrow{1436\ ℃} \alpha'\text{-}2CaO \cdot SiO_2 \xrightarrow{1234\ ℃} \beta\text{-}2CaO \cdot SiO_2 \xrightarrow{675\ ℃} \gamma\text{-}2CaO \cdot SiO_2$$

在正硅酸钙晶形变化中，影响最坏的是 $\beta\text{-}2CaO \cdot SiO_2$ 向 $\gamma\text{-}2CaO \cdot SiO_2$ 的晶形转化，这是因为这一晶形转变可使其体积增大 10%，从而发生体积膨胀，导致烧结矿在冷却时自行粉碎。

为了防止或减少正硅酸钙（$2CaO \cdot SiO_2$）的破坏作用，在生产中可以采用如下措施。

（1）使用粒度较小的石灰石、焦粉、矿粉加强混合作业，改善 CaO 与 $Fe_2O_3$ 的接触，尽量避免石灰石和燃料的偏析。

（2）提高烧结矿的碱度，实践证明当烧结矿碱度提高到 2.0 以上时，剩余的 CaO 有助于形成 $3CaO \cdot SiO_2$ 和铁酸钙。当铁酸钙中的 $2CaO \cdot SiO_2$ 含量（质量分数）不超过 20% 时，铁酸钙能稳定 $\beta\text{-}2CaO \cdot SiO_2$ 晶形。此外，添加少量 MgO、$Al_2O_3$ 和 $Mn_2O_3$ 对 $\beta\text{-}2CaO \cdot SiO_2$ 晶形转变也有稳定作用。

（3）在 $\beta\text{-}2CaO \cdot SiO_2$ 晶体中，加入少量的磷、硼、铬等元素以取代或填隙方式形成固溶体，可以使其稳定。如迁安铁精矿烧结，配入 1.5%~2.0% 的磷灰石，能有效地抑制烧结矿的粉化。

（4）燃料用量要低，严格地控制烧结料层的温度，不能过高。

d　铁酸钙体系（$CaO\text{-}Fe_2O_3$）

铁酸钙是一种强度高、还原性好的黏结相。当用赤铁矿、磁铁矿生产熔剂性烧结矿时，都可产生铁酸钙体系化合物。

从图 3-38 可看出，该体系有 $CaO \cdot Fe_2O_3$、$2CaO \cdot Fe_2O_3$、$CaO \cdot 2Fe_2O_3$ 三种化合物，它们的熔化温度分别是 1216 ℃、1449 ℃、1226 ℃。$CaO \cdot Fe_2O_3$ 和 $CaO \cdot 2Fe_2O_3$ 形成的低共熔混合物的熔点是 1195 ℃，而 $CaO \cdot 2Fe_2O_3$ 只有在 1150~1226 ℃ 范围内才稳定存在。

$CaO\text{-}Fe_2O_3$ 体系中各化合物熔点均较低，特别是铁酸钙（$CaO \cdot Fe_2O_3$）对生产熔剂性烧结矿有实际意义。铁酸钙是固相反应的最初产物，从 500~600 ℃ 开始，$Fe_2O_3$ 和 CaO 就形成铁酸钙，温度升高，反应加快。当温度升高到烧结液相生成时，已形成的铁酸钙将分解溶于熔融体中，熔融体中的 CaO 与 $SiO_2$ 及 FeO 的化学亲和力比 CaO 和 $Fe_2O_3$ 等的化学亲和力大得多。这就是低碱度（碱度小于 1.0）烧结矿中，几乎不存在铁酸钙黏结相的原因。因此，只有当 CaO 含量大到 CaO 与 $SiO_2$、FeO 等结合后还有多余的 CaO 时，CaO 才能与 $Fe_2O_3$ 化合成铁酸钙，使自由的 CaO 减少。铁酸钙的生成，提高了烧结矿强度和储存强度，同时也减少了 $Fe_2O_3$、$Fe_3O_4$ 的分解和还原，减少了铁橄榄石的生成，改善了烧结矿的还原性。因此，在生产高碱度烧结矿时，铁酸钙是主要胶结相。

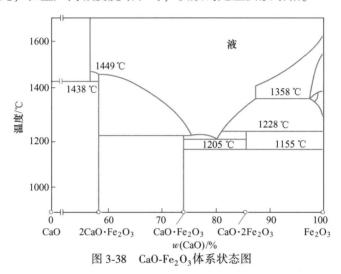

图 3-38　$CaO$-$Fe_2O_3$ 体系状态图

有人认为，烧结过程形成 $CaO \cdot Fe_2O_3$ 体系的液相不需要高温和多用燃料，就能获得足够的液相，改善烧结矿强度和还原性，这就是所谓"铁酸钙理论"。

e　钙铁橄榄石体系（$CaO$-$FeO$-$SiO_2$）

生产熔剂性烧结矿时，如燃料用量大，料层温度高，还原性气氛强，就可以生成钙铁橄榄石体系的胶结相。这一体系的主要化合物为钙铁橄榄石 [$(CaO)_x \cdot (FeO)_{2-x} \cdot SiO_2$]、钙铁辉石（$CaO \cdot FeO \cdot SiO_2$）及铁黄长石（$2CaO \cdot FeO \cdot SiO_2$）。这些化合物的特点是能形成一系列的固溶体，并在固溶体中产生复杂的化学变化和分解作用。从图 3-39 可以看出，这些化合物的熔点随 FeO 含量增加而降低。当加入 10% CaO 到 FeO 的酸盐中 [$w(FeO)/w(SiO_2)=1$] 时，体系熔化温度降至 1030 ℃，但当 CaO 含量（质量分数）大于 10% 时，体系熔化温度趋于升高。围绕最低共熔点的宽广区域（混合物中 CaO 在 17% 以下）等温线限制在 1150 ℃左右。

钙铁橄榄石与铁橄榄石属于同一晶系，构造相同，生成的条件也相同，都要求较高温度和还原气氛。在铁橄榄石中增加石灰石用量，则形成钙铁橄榄石，并且熔化温度下降，最低熔点为 1170 ℃。钙铁橄榄石液相黏度小，较铁橄榄石具有好的透气性，利于强化烧结过程，但易形成粗孔的烧结矿宏观结构，影响烧结矿强度。

研究证明，我国一些以磁铁矿为主要原料的烧结厂生产碱度为 1~1.3 的烧结矿时，烧结矿的液相组成中钙铁橄榄石体系化合物占 14%~16%。可见，该体系对熔剂性烧结矿的固结起很大作用。

f　钙镁橄榄石体系（$CaO$-$MgO$-$SiO_2$）

在生产实践中，有些烧结厂在烧结料中配入少量的白云石（$MgCO_3 \cdot CaCO_3$）生产熔

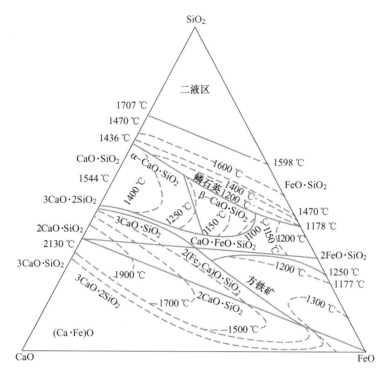

图 3-39 CaO-FeO-SiO$_2$体系状态图

剂性烧结矿，目的就是生成钙镁橄榄石体系化合物。

MgO 与 SiO$_2$可以形成镁橄榄石（2MgO·SiO$_2$）和偏硅酸镁（MgO·SiO$_2$）两种化合物，它们的熔化温度分别为 1890 ℃ 和 1557 ℃。

钙镁橄榄石体系化合物中有钙镁橄榄石（CaO·MgO·SiO$_2$）、透辉石（CaO·MgO·2SiO$_2$）、镁蔷薇辉石（3CaO·MgO·2SiO$_2$）、镁黄长石（2CaO·MgO·2SiO$_2$）和钙镁酸盐（5CaO-2MgO-6SiO$_2$）。其中，透辉石在 1391 ℃、镁黄长石在 1454 ℃ 时熔融，镁蔷薇辉石在 1575 ℃ 时分解为 MgO 和 3CaO·2SiO$_2$。

当烧结矿碱度为 1.0 时，在烧结料中添加一定数量的 MgO(10%~15%)，可降低硅酸盐的熔点，液相流动性好，而且 MgO 的存在可以阻碍 2CaO·SiO$_2$的形成并抑制其晶形转变。这不仅对提高烧结矿强度有良好作用，而且 MgO 的加入生成钙镁橄榄石，阻碍了难还原的铁橄榄石形成，使烧结矿的还原性能得到提高。

除上面谈到的烧结矿经常出现的 6 个体系液相外，还有如下 3 个体系。

（1）铁钙铝的硅酸盐体系（CaO-Al$_2$O$_3$-FeO-SiO$_2$）。当烧结料中含有适当数量的 Al$_2$O$_3$时，有助于生成低熔点（1030~1050 ℃）的该体系四元化合物，增加烧结矿的液相量，并能减少 2CaO·SiO$_2$的生成，使烧结矿强度提高。

（2）钛钙硅酸盐体系（CaO-SiO$_2$-TiO$_2$）。烧结含钛铁矿的熔剂性烧结矿时，可产生这个体系的化合物。CaO-SiO$_2$-TiO$_2$的熔化温度为 1382 ℃，它与 CaO·SiO$_2$、CaO·TiO$_2$、SiO$_2$·TiO$_2$的混合物的最低共熔点分别为 1353 ℃、1375 ℃、1373 ℃，这种温度水平在烧结过程中是可以达到的。

（3）$MnO\text{-}SiO_2$ 和 $MnO\text{-}FeO\text{-}SiO_2$ 体系。烧结锰矿石或烧结含锰的铁矿石可生成这个体系的化合物。$MnO\text{-}SiO_2$ 二元体系中有锰橄榄石（$2MnO \cdot SiO_2$）和蔷薇辉石（$MnO \cdot SiO_2$），它们的熔点分别是 1365 ℃和 1285 ℃，而 $2MnO \cdot SiO_2$ 与 $MnO \cdot SiO_2$ 形成的最低共熔点为 1170 ℃。当添加石灰石生产熔剂性烧结矿时可生成 $2CaO \cdot SiO\text{-}2MnO \cdot SiO_2$，其最低共熔点为 1170 ℃，可见它们都是一些易熔化合物，有利于在较低温度下烧结。

根据体系状态图，我们较为详细地讨论了烧结过程可能出现的液相。但由于烧结料中的组分多种多样，其数量各不相同，烧结料层的温度和气氛也是变化的，因而形成的化合物和液相组成也是极为复杂的。

液相的数量和性质，密切关系着烧结矿的产量和品质。显然，为了获得强度好的烧结矿，就必须具有足够数量的液相作为烧结过程中的胶结相。研究表明，在相同燃料消耗下，熔剂性烧结料生成的液相比非熔剂性烧结料多。而在燃料增多时，液相生成也普遍增多，但液相过多，烧结矿呈粗孔蜂窝结构，强度反而不好。这说明烧结过程中的液相要有一个合适的量。由于原料条件不同，各烧结厂烧结的合适液相量也不同，这要通过试验和生产实践来求得。此外，液相的性质也直接影响矿物的胶结状况，液相的表面张力越小，越易润湿周围的固体颗粒，起到良好的黏结作用。钙铁橄榄石和铁酸钙比钙橄榄石 $[(CaO)_{0.5} \cdot (FeO)_{1.5} \cdot SiO_2]$ 润湿性好，但温度升高到 350~1400 ℃时，这一差异就缩小了。若熔融物中有少量的 NaCl 和 MnO，也可改善润湿性。烧结料组分不同，受液相的润湿程度也不同，CaO 和 MgO 的润湿性最好，$SiO_2$ 次之，$Fe_2O_3$、$Fe_3O_4$ 最差。液相的黏度影响液相润湿烧结料的速度，黏度应适宜，过大过小对烧结矿强度皆不好。对亚铁酸盐熔融物的润湿速度，依 $CaO \cdot FeO \cdot SiO_2$、$(CaO)_{0.5} \cdot (FeO)_{1.5} \cdot SiO_2$ 和 $2FeO \cdot SiO_2$ 次序递减。

### C 液相冷却结晶

随着燃烧带下移，料层上部烧结矿开始冷却结晶。烧结矿在冷却过程中仍发生许多物理化学变化，冷却过程对烧结矿品质影响也很大。

随着烧结矿层的温度降低，其液相中的各种化合物开始冷却结晶。结晶的原则是：熔点高的矿物首先开始结晶析出，所剩液相熔点依次越来越低，最后才是低熔点矿物析出。因此，烧结矿的矿物组成就是在高熔点矿物周围出现低熔点矿物。

（1）冷却强度（每分钟温度下降的度数）。冷却强度是影响冷却过程的主要因素。烧结矿层温度下降速度，在表层是 120~130 ℃/min，下层冷却过程只有 40~50 ℃/min。冷却速度过快，液相不能将其潜能释放出来，就会形成易破碎的玻璃质，这是烧结矿强度降低的重要因素。根据研究，烧结矿由烧结温度缓冷（冷却速度 10~15 ℃/min）到 800 ℃，烧结矿再结晶进行完全，其强度高。但在 800 ℃以下降低冷却速度，并不能得到好的效果，这是因为缓冷有助于 $2CaO \cdot SiO_2$ 的低温相变，使烧结矿强度有所下降。冷却太慢也会降低烧结机产量，造成烧结矿卸下温度太高，烧坏运输胶带。抽风速度、抽风量、料层透气性等都影响冷却强度。

（2）冷凝与结晶。液相随温度降低而逐渐冷凝，各种化合物开始结晶。未熔融的烧结

料中的 $Fe_2O_3$、$Fe_3O_4$ 颗粒，以及从烧结料中随抽风带来的结晶碎片、粉尘等，都可充当晶核，然后围绕晶核，依各种矿物熔点高低先后结晶。晶核沿着传热方向，呈片状、针状、长条状和树枝状不断长大。各处冷却条件不同，晶粒发展也不一样。一般来说，表层冷却速度快，结晶发展不完整，易形成无一定结晶形状、易碎的玻璃质。下部料层冷却缓慢，结晶较完整，这是下部烧结矿层品质好的主要原因。液相冷凝速度过快，大量晶粒同时生成而互相冲突排挤，又因各种矿物的膨胀系数不同，结晶过程中烧结矿内部晶粒间产生的内应力不易消除，甚至使烧结矿内产生细微裂纹，降低烧结矿强度。此外，空气通过热烧结矿时，其气孔边缘的磁铁矿可被氧化成赤铁矿。这种再生赤铁矿加剧了烧结矿的低温还原粉化现象，影响烧结矿的热强度。从胶结角度看，烧结矿的主要胶结相如为铁酸钙，则其强度最好，铁橄榄石、钙铁橄榄石次之。

（3）再结晶。已经凝固结晶了的物质，继续冷却时发生晶形转变，称为再结晶。正硅酸钙（$2CaO \cdot SiO_2$）在 675 ℃时的低温晶形转变 $\beta\text{-}2CaO \cdot SiO_2 \rightarrow \gamma\text{-}2CaO \cdot SiO_2$，使烧结矿体积增大 10%，是影响烧结矿品质的主要因素，应注意加以避免。

### 3.2.1.10 烧结矿的矿物组成、结构及其对品质的影响

烧结矿是烧结过程的最终产物。在烧结料层中，随着燃料燃烧结束，温度逐渐降低，液相开始冷凝，各种化合物陆续从液相熔融物中析出晶体——内部质点呈规则排列的固体。结晶按其完整程度分为自形晶（有完整的结晶外形）、半自形晶（部分结晶面完好）和他形晶（形状不规则且没有任何良好的晶面）三种晶形，来不及结晶的熔融物，则转变成玻璃质而进入烧结矿中。

烧结矿的矿物成分和结构，由烧结过程熔融体成分和冷却速度场决定。而烧结矿的矿物组成和结构，在很多方面决定着烧结矿的冶金性能，因此，研究烧结矿物的组成和结构，对控制和研究烧结矿的品质有十分重要的意义。

#### A 烧结矿的矿物组成

烧结矿的矿物组成，因烧结原料的矿物成分和操作条件不同而异。

非自熔性烧结矿矿物（碱度小于 1），主要有磁铁矿（$Fe_3O_4$）、浮氏体（$FeO$）、赤铁矿（$Fe_2O_3$）；黏结相矿物有铁橄榄石（$2FeO \cdot SiO_2$）、钙铁橄榄石 $[(CaO)_x \cdot (FeO)_{2-x} \cdot SiO_2, x = 0.5 \sim 1.5]$、铁酸钙（$CaO \cdot Fe_2O_3$）、硅钙石（$3CaO \cdot 2SiO_2$）、石英（$SiO_2$）、玻璃体、金属铁等。主要的黏结物是铁橄榄石及少量的钙铁橄榄石、玻璃体等。

自熔性烧结矿矿物（碱度为 1.0～1.4），主要有磁铁矿、浮氏体、赤铁矿；黏结相矿物有钙铁橄榄石、玻璃体、金属铁、橄榄石类（铁橄榄石、钙镁橄榄石的固溶体）、硅酸钙体系（$CaO \cdot SiO_2$、$\beta\text{-}2CaO \cdot SiO_2$、$\alpha\text{-}2CaO \cdot SiO_2$、$CaCO_3$、$3CaO \cdot 2SiO_2$）、铁酸钙体系（$CaO \cdot Fe_2O_3$、$2CaO \cdot Fe_2O_3$、$3CaO \cdot FeO \cdot 7Fe_3O_4$、$4CaO \cdot FeO \cdot Fe_2O_3$、$CaO \cdot FeO \cdot Fe_2O_3$、$CaO \cdot 3FeO \cdot Fe_2O_3$）、钙铁辉石（$CaO \cdot FeO \cdot 2SiO_2$）、钙铁辉石-钙镁辉石固溶体、石英、石灰，如含氧化铝脉石的磁铁矿烧结时，还含有铝黄长石（$2CaO \cdot Al_2O_3 \cdot SiO_2$）、铁黄长石（$2CaO \cdot Fe_2O_3 \cdot 3SiO_2$）、铁铝酸四钙（$4CaO \cdot Al_2O_3 \cdot Fe_2O_3$）、钙铁榴石（$3CaO \cdot Fe_2O_3 \cdot 3SiO_2$），如 MgO 含量较多时，还有钙镁橄榄石（$CaO \cdot MgO \cdot 2SiO_2$）

等。主要黏结物为钙铁橄榄石、玻璃体等。

高碱度烧结矿（如碱度大于 1.6）的矿物，主要是磁铁矿、钙质浮氏体；黏结相矿物有铁酸钙、硅酸三钙（$3CaO \cdot SiO_2$）、硅酸二钙（$2CaO \cdot SiO_2$）。主要黏结物是铁酸钙、玻璃体。

上述矿物组成，对于某一烧结矿来说，不一定全部矿物都有，而且矿物数量有多有少。磁铁矿和浮氏体是各种烧结矿的主要矿物。磁铁矿物从熔融体中最早结晶出来，形成完好的自形晶。浮氏体的含量随烧结料中含碳量增加而增加，烧结矿冷却时，浮氏体局部氧化为磁铁矿，或分解成磁铁矿与金属铁。烧结矿中非铁矿物以硅酸盐类矿物为主。

从表 3-15 可以看出：赤铁矿、磁铁矿、铁酸一钙、铁橄榄石等均具有较好的强度，而钙铁橄榄石，当 $x = 0.25 \sim 1.0$ 时强度较好，硅酸二钙强度差，玻璃质强度最差（抗压强度只有 460 kPa）。要得到强度好的熔剂性烧结矿，就要使烧结矿的黏结相矿物中具有较多的低氧化钙的钙铁橄榄石（如 $x = 0.5$）和铁酸一钙、二铁酸钙等。

表 3-15 中所列的烧结矿强度是在常温下测得的各种矿物机械强度。但是，从一些高炉解剖中发现即使是优质的烧结矿在冶炼状态下其粉化率比入炉前要高出 $2 \sim 3$ 倍，严重时甚至影响高炉正常生产。

表 3-15　烧结矿主要矿物及黏结相的性能

| 矿　物 | | 熔化温度/℃ | 抗压强度/kPa | 还原率/% |
|---|---|---|---|---|
| 赤铁矿（$Fe_2O_3$） | | 1536（1566） | 2670 | 49.9 |
| 磁铁矿（$Fe_3O_4$） | | 1590 | 3690 | 26.7 |
| 铁橄榄石（$2FeO \cdot SiO_2$） | | 1205 | 2000 | 1.0 |
| 钙橄榄石 | $CaO_{0.25} \cdot FeO_{1.75} \cdot SiO_2$ | 1160 | 2650 | 2.1 |
| | $CaO_{0.5} \cdot FeO_{1.5} \cdot SiO_2$ | 1140 | 5660 | 2.7 |
| | $CaO \cdot FeO_{1.5} \cdot SiO_2$（结晶相） | 1208 | 2330 | 6.6 |
| | $CaO \cdot FeO \cdot SiO_2$（玻璃相） | | 460 | 3.1 |
| | $CaO_{1.5} \cdot FeO_{0.5} \cdot SiO_2$ | | 1020 | 1.2 |
| 铁酸一钙（$CaO \cdot Fe_2O_3$） | | 1216 | 3700 | 40.1 |
| 铁酸二钙（$2CaO \cdot Fe_2O_3$） | | 1436 | 1420 | 28.5 |
| 二铁酸钙（$CaO \cdot 2Fe_2O_3$） | | 1200 | | 58.4 |
| 三元铁酸钙（$CaO \cdot 2Fe_2O_3$） | | 1380 | | 59.6 |
| 枪晶石（$3CaO \cdot 2SiO_2 \cdot CaO$） | | 1410 | 672.8 | |
| 硅灰石（$CaO \cdot SiO_2$） | | 1540 | 1135.8 | |
| 镁黄长石（$2CaO \cdot MgO \cdot 2SiO_2$） | | 1590 | 2382.7 | |
| 铝黄长石（$2CaO \cdot Al_2O_3 \cdot 2SiO_2$） | | 1451~1596 | 1620.4 | |
| 钙镁辉石（$CaO \cdot MgO \cdot 2SiO_2$） | | 1390 | 580.2 | |
| 镁蔷薇辉石（$3CaO \cdot MgO \cdot 2SiO_2$） | | 1598 | 1981.5 | |
| 正硅酸钙（$2CaO \cdot SiO_2$） | | 2130 | | |
| 钙镁橄榄石（$CaO \cdot MgO \cdot SiO_2$） | | 1490 | | |

根据一些实验确定，烧结矿的最大粉化率多发生在 500~550 ℃ 的温度范围内。这固然与碳的沉积有关，但与烧结矿本身的矿物结构、固结强度的关系更为密切。当烧结矿的固结强度不足以克服 $Fe_2O_3$ 还原膨胀所产生的内应力时，烧结矿便发生碎裂粉化。然而，并不是所有的 $Fe_2O_3$ 在还原时都粉化，$Fe_2O_3$ 有多种形态，造成粉化的是骸晶状菱形赤铁矿（烧结矿中大约含此物 9.8% 时，其低温还原粉化率为 46.5%）。

各种矿物的机械强度和还原性并不是完全一致的。铁橄榄石和某些钙铁橄榄石虽有较好的强度，但还原性都差，只有铁酸一钙机械强度和还原性都好。铁酸一钙属于低级晶系，晶格能小，易于分解和还原，而玻璃质的机械强度和还原性都最差。

### B 烧结矿的组织结构

随着生产实践和科学技术的发展，烧结工作者逐渐认识到：烧结矿的组织结构不但支配着烧结矿的物理机械性能，还支配着烧结矿的冶金性能。因此，对烧结矿组织结构的研究，是改善和提高烧结品质、产量的重要方面。

#### a 烧结矿的宏观结构

宏观结构是指肉眼能看见的孔隙大小、孔隙的分布状态和孔壁的厚薄等。烧结矿的宏观结构可分为以下四种。

（1）微孔海绵状结构。燃料用量适当，液相量为 30% 左右、液相黏度较高时形成。这种结构的烧结矿强度高、还原性好，是理想的宏观结构。相同的燃料用量下，液相黏度高时形成微孔结构，黏度低时形成粗孔结构。

（2）粗孔蜂窝状结构。有熔融的光滑表面，燃料配比多，液相生成量大时形成，其强度与还原性均较微孔海绵状结构的烧结矿低。

（3）气孔很少的石头状结构。如果燃料用量过多，造成过熔，则出现气孔很少的石头状烧结矿。这种结构的烧结矿强度好，但还原性很差。

（4）松散结构。燃料用量低，液相数量少时形成。由于烧结矿颗粒仅点接触黏结，所以烧结矿强度低。

#### b 烧结矿的微观结构

微观结构是指借助于显微镜看矿物结晶情况，含铁矿物与液相矿物数量和分布情况，微气孔的种类、数量及分布情况，单个相的界面种类和大小等。

（1）多孔结构。烧结矿呈海绵状多孔构造。一般来说，烧结反应进行越充分，则气孔越少，固结加强，气孔壁加厚。因此，气孔率达到一定值也是烧结矿固结的要求之一，其值与烧结矿性质有密切的关系。图 3-40 和图 3-41 表示气孔率与强度和还原性关系。可以看出，烧结矿气孔率越低，黏结情况好，烧结矿强度也越高；相反，气孔率越低，与煤气接触面越小，烧结矿的还原性越差。因此，气孔率过大、过小都不好，其间有一个最佳值。

（2）组织不均匀。从微观上看，烧结矿组织不均匀，除相当于烧结矿平均成分的矿物组织外，一般在局部区域不分散地存在与平均成分不同的矿物组织。这种组织上的不均匀性造成烧结矿性质不稳定。一般烧结矿中均含有比平均成分碱度高或低的组织［例如

$w(CaO)/w(SiO_2)$ 为 1.4、2.0] 以及未同化而残留的原来的矿石。烧结矿成分越是不均匀，其品质（此处低温还原粉化性）越差。烧结矿越接近平均成分，其品质越好越稳定。

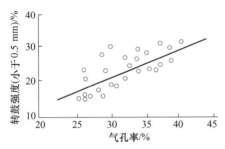

图 3-40    烧结矿气孔率与强度的关系

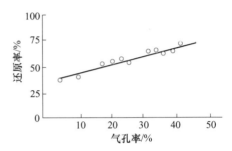

图 3-41    烧结矿气孔率与还原性的关系

（3）生成矿物。烧结矿品质与构成烧结矿的矿物种类及性质直接相关。因此，在某种意义上说烧结生产本质就是制造矿物。根本问题在于如何在短时间内高效率地形成液相并进行固结，以及如何更多地生产出品质良好的矿物。

c    熔剂性烧结矿常见的显微结构

（1）粒状结构。当熔融体冷却时磁铁矿首先析晶出来，形成完好的自形晶粒状结构，这种磁铁矿也可以是烧结矿配料中的磁铁矿再结晶产生的。有时由于熔融体冷却速度较快，则析晶出来的磁铁矿为半自形晶和他形晶粒状结构，分布均匀，烧结矿强度好。通常磁铁矿晶体中心部分是被熔融的原始精矿粉颗粒，而外部是从熔融体中结晶出来的，即在原始精矿粉周围又包上薄薄一层磁铁矿。

（2）共晶结构。磁铁矿呈圆点状存在于橄榄石的晶体中，磁铁矿圆点状晶体是 $Fe_3O_4$-$Ca_xFe_{2-x}SiO_4$ 系统共晶体被氧化而形成的。磁铁矿呈圆点状存在于硅酸二钙晶体中，这些矿物共生，是 $Fe_3O_4$-$Ca_2Si_4$ 系统共晶区形成的。赤铁矿呈细粒状晶体分布在硅酸盐晶体中，是 $Fe_3O_4$-$Ca_xFe_{2-x}SiO_4$ 系统共晶体被氧化而形成的。

（3）斑状结构。烧结矿中含铁矿物与细粒黏结相组成斑状结构，强度较好。

（4）骸晶结构。早期结晶的含铁矿物晶粒发育不完全，只形成骨架，中间由黏结相充填，可看到含铁矿物结晶外形和边缘呈骸晶结构。这是强度差的一种结构。

（5）交织结构。含铁矿物与黏结相矿物（或同一种矿物晶体）彼此发展或交叉生长，这种结构强度最好。高品位和高碱度烧结矿中，此种结构较多。

（6）熔融结构。烧结矿中磁铁矿多为熔融残余他形晶，晶粒较小，多为浑圆状，与黏结相形成熔融结构，在熔剂性液相量高的烧结矿常见，含铁矿物与黏结相接触紧密，强度最好。

### 3.2.2    烧结点火

烧结过程是从台车上混合料表层的燃料点火开始的。点火的目的是供给足够的热量，将表层混合料中的固体燃料点燃，并在抽风的作用下继续往下燃烧产生高温，使烧结过程自上而下进行；同时，向烧结料层表面补充一定热量，以利于表层产生熔融液相而黏结成具有一定强度的烧结矿。因此，点火的好坏直接影响烧结过程的正常进行和烧结矿质量。

为此，烧结点火应满足如下要求：有足够高的点火温度，有一定的高温保持时间，适宜的点火真空度，点火废气的含氧量应充足，并且沿台车宽度点火要均匀。

### 3.2.2.1  点火装置

点火燃料有气体燃料、液体燃料、固体燃料。气体燃料由于具有便于运输、与空气可以充分混合、燃烧充分、没有灰分、成本较低、设备简单可靠、劳动条件好、便于实现自动控制等优点被烧结厂广泛使用。常用的气体燃料有焦炉煤气、高炉煤气、天然气以及焦炉煤气与高炉煤气的混合气体。

点火装置的作用是使台车表层一定厚度的混合料被干燥、预热、点火和保温。一般点火装置可分为点火炉、点火保温炉和预热点火炉三种。

点火保温炉由点火炉和保温炉两段组成，中间用隔墙分开，两侧和端部外壳由钢板焊接而成，炉墙用耐火材料砌成，在炉顶上留孔装烧嘴（有的保温段不设烧嘴）。图 3-42 所示为顶燃式点火保温炉的典型结构。

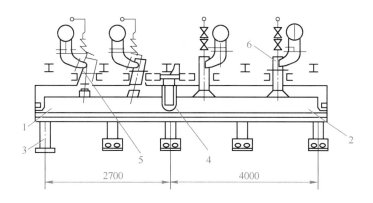

图 3-42  顶燃式点火保温炉的典型结构

1—点火段；2—保温段；3—钢结构支柱；4—间隔墙；5—点火段烧嘴；6—保温段烧嘴

预热点火炉由预热段和点火段组成，它在下列两种情况下使用：一种是对高温点火爆裂严重的混合料，如褐铁矿、氧化锰矿等；另一种是缺少高发热值煤气而只有低发热值煤气的烧结厂。预热点火炉有顶燃式（见图 3-43）和侧燃式（见图 3-44）两种形式。

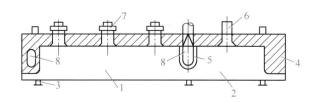

图 3-43  顶燃式预热点火炉

1—预热段；2—点火段；3—钢结构；4—炉子内衬；5—中间隔墙；

6—点火段烧嘴；7—预热段烧嘴；8—预热器

近年来，国内外烧结点火技术迅速发展，各种不同类型点火烧嘴的应用，使烧结点火能耗大幅度下降。目前与新型点火炉配合使用的烧嘴有多缝式、线型组合式和新日铁面燃烧式三种。

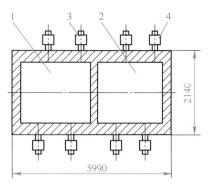

图 3-44　侧燃式预热点火炉

1—预热段；2—点火段；3—预热段烧嘴；
4—点火段烧嘴

多缝式烧嘴如图 3-45 所示。助燃空气分一次和二次，空气与煤气比可在0.6~3.0之间变动。火焰长度为可调节的连续扁平火焰，火焰长度 400 mm。烧嘴缝宽度大于 4.5 mm。它的特点是可以防止堵塞，燃烧效率高，每吨烧结矿点火燃耗已降至 20~28 MJ。

线型组合式多孔烧嘴如图 3-46 所示。其结构为一根双层套管，内管送煤气，外管送空气，管套上有几百个直径小于 10 mm 的喷口，沿台车宽度方向成直线排列。其特点是空气与煤气成射流状直角相交，燃烧效率高，火焰长度为 400 mm，每吨烧结矿的点火燃耗已降至 18~25 MJ。

新日铁面燃烧式烧嘴如图 3-47 所示。焦炉煤气与空气预先在混合器内混合、均压后，经烧嘴和三维交叉的多孔燃烧面板（用陶瓷或合金制作，孔隙率90%，孔径为 1.8 mm）喷出。喷口呈缝隙状，间隙为 6 mm。其特点是火焰成带状，并在台车料面上均匀分布，火焰短，燃烧效率高，每吨烧结矿的点火燃耗已降至 9~15 MJ。

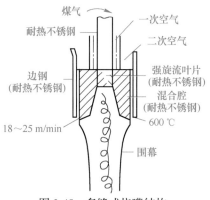

图 3-45　多缝式烧嘴结构

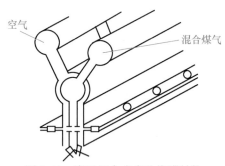

图 3-46　线型组合式多孔烧嘴结构

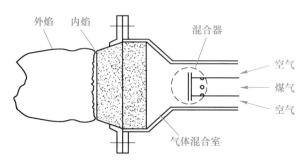

图 3-47　新日铁面燃烧式烧嘴结构

与过去相比，近期发展的新型点火炉由于烧嘴的火焰短，因此炉膛高度较低，同时点火热量集中，沿点火装置横剖面在混合料表面形成一个带状的高温区，使混合料在很短的时间内被点燃并进行烧结。这种点火装置节省气体燃料显著，质量也比原来的点火装置轻得多，这使我国的点火能耗逐年下降。

### 3.2.2.2　点火器的操作

某厂烧结点火器操作程序如下。

（1）点火前的准备。

1）把煤气、空气闸阀关严，检查所有闸阀是否灵活好用。

2）检查冷却水流是否畅通。

3）由内控与仪表工联系，做好点火前的仪表准备工作。关闭煤气和空气仪表的阀门。

4）向煤气管道通蒸汽，打开放散，并进行放水，同时准备好点火工具。

5）关闭 1 号、2 号风箱，然后启动助燃风机。

6）由内控工与煤气混合站联系，做好送煤气的准备，并通知调度叫煤气防护站做爆发试验。

（2）点火程序。

1）点火准备完毕后，发现点火器末端排水管处冒出大量蒸汽时，即可打开头道阀门。

2）打开煤气管道的调节阀和切断阀，调节阀开到适当位置，随即关闭蒸汽，放完水后关闭放水门，并通知仪表工把煤气、空气仪表阀门打开。

3）在点火器煤气管道末端取样做爆发试验，合格后即可关闭放散管，若不合格则要继续放散，重做爆发试验，直至合格为止。

4）打开空气调节阀和烧嘴空气阀门吹扫 1~2 min，然后关闭空气调节阀和烧嘴空气阀门。

5）将煤气点火管点着后，放进点火器内需要点火的烧嘴下方，开启该烧嘴的煤气阀门，把烧嘴点着，再慢慢地开大，同时把该烧嘴的空气阀门打开，使煤气达到完全燃烧，然后按照先开煤气后开空气的原则把其他烧嘴点着。

6）若煤气点火不着，或点燃后又熄灭，应关闭该烧嘴的煤气和空气阀门，5 min 后再行点火。若仍点不着，应详细检查煤气管道翻板角度是否合适，打开放水阀放净残存积水，并打开末端放散阀门再行放散，依前步骤重新做煤气爆发试验，合格后再行点火。

7）在烧嘴泄漏煤气不能确认的情况下，可用明火进行检查，即在机头台车上将引火物燃着后，开动烧结机，转至点火器内，然后再用煤气点火管点火。

（3）灭火程序。

1）关小煤气管道流量调节阀，使之达到最小流量，然后关闭点火器烧嘴的空气和煤气阀门。

2）关闭煤气管道头道阀门后，打开末端放散阀进行放散，通知仪表工关闭仪表阀门，然后打开蒸汽阀门通入蒸汽驱赶残余煤气，残余煤气驱赶完后，关闭蒸汽阀、调节阀和切断阀。

3）关闭空气管道上的空气调节阀，停止助燃风机送风。

4）若检查点火器或处理点火器的其他设备需要动火时，应事先办动火手续及堵好盲板。

5）堵盲板顺序：关好水封；通入蒸汽，打开总管放散，待总管放散吹出大量蒸汽后，把残余煤气赶尽，在煤气水封室堵盲板；堵盲板后，关闭总管放散，打开头道阀、调节阀、切断阀、点火器煤气管道末端放散门，从水封室通蒸汽吹扫，吹通以后，通知煤气防护站取气化验，化验合格方可施工。

### 3.2.2.3　点火参数的控制

#### A　点火温度

点火温度既影响表层烧结矿强度，又关系到烧结过程能否正常进行。点火温度的高低取决于烧结生成物的熔化温度，这一温度范围通常在1100~1300 ℃。从节约点火热量考虑，点火温度在1050~1150 ℃比较合适。

点火温度过低时，表层烧结料因得不到足够的热量而烧结不好，出现浮灰，下层着火也不好，料层温度低，烧结矿强度很差，产生大量返矿。适当的高温对提高表层烧结矿强度是有利的。但点火温度过高，会使烧结料表层过熔形成硬壳，影响空气通过，恶化料层的透气性，降低料层垂直烧结速度，从而降低生产率，还使表层烧结矿变脆。因此，必须根据烧结料性质、混合料中水分及配碳量，选择适宜的点火温度。通常对液相生成温度较高的混合料、生产熔剂性烧结矿、水分含量大及含碳低时，应提高点火温度，反之则相反。

点火温度对表层烧结矿质量的影响，曾在烧结机上进行过试验测定，结果见表3-16。试验指出：当点火温度在1280~1320 ℃时，表层烧结深度达40 mm，烧结矿FeO含量升高，全部烧结；当点火温度降至1080 ℃时，表层大部分未烧结成块，转鼓强度很差，由62%降到21%。但厚料层烧结时，表层烧结矿所占比例已很小，其强度就不如原来那样重要，从节约点火热量考虑，目前点火温度又有降低的趋势。

**表3-16　点火温度对表层烧结矿质量的影响**

| 点火温度 /℃ | 点火时间 /s | 点火后表层烧结的深度 /mm | 点火后表层烧结矿转鼓指数 （大于5 mm）/% | 表层烧结矿FeO含量 （质量分数）/% |
|---|---|---|---|---|
| 1320 | 56 | 35~40 | 62.0 | 25.35 |
| 1280 | 55 | 30~32 | 53.0 | 13.8 |
| 1180 | 53 | 28~30 | 40.5 | 16.2 |
| 1080 | 59 | 20~25 | 21.0 | 10.8 |

点火温度受燃料发热值、燃料用量和过剩空气系数影响。一般采用的点火燃料为焦炉煤气或焦炉与高炉的混合煤气，纯焦炉煤气与空气的比例为1：(4~7)。混合煤气的发热值应不低于5880~6720 kJ/m³。常用混合煤气（焦炉煤气15%、高炉煤气85%）的发热值为5880 kJ/m³，煤气和空气的混合比控制在1：1~1：1.5。生产中点火温度、空气、煤气用量均有自动记录。

点火温度适当与否，可从点火料面状况等加以判断，见表 3-17。

表 3-17  根据料面颜色判断点火质量

| 点火温度/℃ | <1000 | 1050±30 | 1100±30 | 1200±20 |
|---|---|---|---|---|
| 料面颜色 | 大面积黄色 | 通体青色，并间杂其黄色斑点 | 青黑色 | 青黑色，并有金属光泽，局部熔融 |
| 评价 | 不好 | 优 | 良 | 不好 |

点火温度过高（或点火时间过长），料层表面过熔，呈现气泡，风箱负压升高，总烟道废气量减少；点火温度过低（或点火时间过短），料层表面呈棕褐色或有花痕，出现浮灰，烧结矿强度变差，返矿量增大。点火正常的特征是：料层表面呈亮黑色，成品层表面已熔结成坚实的烧结矿。

点火温度主要取决于煤气热值和煤气、空气的比例。煤气、空气比例适当时，点火器燃烧火焰呈黄白亮色；空气过剩呈暗红色；煤气过剩则为蓝色。在煤气发热值基本稳定条件下，点火温度的调节是通过改变煤气、空气配比来实现的。

操作煤气调节器可以使点火温度升高或降低，操作空气调节器可以使煤气达到完全燃烧。使用煤气或空气调节器时，调节流量大小可用操纵把柄停留时间的长短来控制。操作调节器不要过猛、过快，应一边操作一边观察流量表的数字，最后将点火温度调到要求数值。通过上述方法仍然达不到生产需要时，必须查明原因，比如，混合料水分是否偏大、料层是否偏薄、煤气发热值是否偏低等。生产中点火温度的控制常采取固定空气量，调节煤气量的方法。

B  点火时间

在一定的点火温度下，为了保证表面料层烧结有足够的热量使烧结过程正常进行，还需要足够的点火时间，一般为 1 min 左右。点火时间取决于点火器的长度和台车移动速度。生产中，点火器长度已定，实际点火时间受机速变动的影响。在采取强化烧结过程，加快烧结速度的情况下，点火时间往往不足，此时，可提高点火温度或延长点火器长度来弥补。

C  点火强度

点火强度是指单位面积混合料在点火过程中需要获得的热量。点火强度的选择主要与烧结料的性质、通过的料层风量及点火器热效率有关。我国采用低负压点火，点火强度为 $29 \times 10^3 \sim 40 \times 10^3$ kJ/m²，国外有的资料建议此值为 $33.6 \times 10^3 \sim 56.7 \times 10^3$ kJ/m²。

料层表面所需热量由点火器供给，点火器供热强度是指点火炉膛内，每平方米面积每分钟的供热量。点火深度与点火供热强度成正比，点火供热强度大，点火深度厚，高温区宽，表层烧结矿质量好，但烧结速度减慢。为了把有限的热量集中在较窄的范围内，以提高料层表面的燃烧温度，点火供热强度不宜过大。目前，我国多数烧结厂点火器供热强度为 $42 \times 10^3 \sim 54.6 \times 10^3$ kJ/(m²·min)。

在不采取其他加热措施（如热风烧结）条件下，表层烧结温度水平和热量在极大程度上受点火制度影响。在生产熔融性烧结矿时，因为料层透气性好、机速快及石灰石分解耗热，所以适当提高点火温度和增加供热强度（6%～10%），对改善烧结矿强度是有利的。当前国内外研制的许多新型点火器，都是采用集中火焰点火，可以有效地使表层混合料在较短时间内获得足够热量，而且还可以降低点火燃耗。

D 点火深度

为了使点火热量都进入料层且集中于表层一定厚度内，更好地完成点火作业，并促使表层烧结料熔融结块，必须保证有足够的点火深度，通常应达到 30～40 mm。实际点火深度主要受料层透气性的影响，也与点火器下的抽风负压有关。料层透气性好，抽风真空度适当高，点火深度就增加，对烧结是有利的。

E 点火真空度

点火真空度指机头第一风箱内的负压。若点火真空度过高，冷空气会从点火器四周的下沿被大量吸入，导致点火温度降低和料面点火不均匀，以致台车两侧点不燃。另外，表面料层也随空气的强烈吸入而紧密，降低了料层的透气性。同时，过高的真空度还会增加煤气消耗量。真空度过低，抽力不足，又会使点火器内燃烧产物向外喷出，不能全部抽入料层，造成热量损失，恶化操作环境，且容易使台车侧挡板变形和烧坏，增大有害漏风，降低台车的寿命。因此，点火器下抽风箱的真空度必须要能灵活调节控制，使抽力与点火废气量基本保持平衡。在一般情况下，点火真空度控制在 6 kPa 左右，可通过调整 1 号风箱闸门开口度达到。

F 点火废气含氧量

点火煤气燃烧后的废气含氧量也需要加以控制，这对大型烧结机尤为重要。废气中含有足够的氧可保证混合料表面的固体燃料充分燃烧，这不但可以提高燃料利用率，而且也可以提高表层烧结矿的质量。若废气中含氧量（体积分数）太低，则对表面料层中碳的燃烧不利，燃烧速度减慢，高温区延长，温度降低；同时，碳还可能与 $CO_2$ 及 $H_2O$ 作用而吸收热量，使上层温度进一步降低，表层烧结矿的强度下降，影响点火效果。实验研究表明，通常燃料燃烧必须保证点火废气中含氧量（体积分数）达到 12%，否则，固体燃料将不会燃烧，而只能达到灼热状态，要到离开点火器之后，燃烧反应才能进行，这实际上就降低了有效烧结面积。根据实践经验，当点火废气中的含氧量为 13% 时，固体燃料的利用率与混合料在大气中烧结时相同。在含氧量为 3%～13% 的范围内，点火废气增加 1% 的氧，烧结机利用系数提高 0.5%，燃料消耗降低 0.3 kg/t。

废气中含氧量的高低，取决于使用的固体燃料量和点火煤气的发热值。固体燃料配比越高，要求废气含氧量越高；点火煤气发热值越高，达到规定的燃烧温度时，允许过剩空气系数越大，因而废气中氧的浓度越高。当使用低发热值煤气时，可采用预热助燃空气来提高燃烧温度，从而为增大过剩空气系数、提高废气含氧量创造条件。生产实践表明，利用 300 ℃ 的冷却机废气助燃点火，可提高含氧量 2%，并可减少天然气或焦炉煤气 17%、高炉煤气 6.6%，降低固体燃耗 0.5～0.7 kg/t，同时增产 0.6%～0.8%。另外，无论是对高发热值煤气还是低发热值煤气，采用富氧空气点火都是提高废气氧含量的重要措施。点火废气中含氧量增加到 9%~10%、氧消耗为 3.5 $m^3$/t 时，烧结矿生产率可提高 2.5%~4.5%，固体燃耗可降低 10 kg/t。但是采用富氧空气费用高，而且氧气供应困难。

#### 3.2.2.4　烧结点火注意事项

（1）点火时应保证沿台车宽度的料面均匀一致。当燃料配比低、烧结料水分高、料温低或转速快时，点火温度应掌握在上限；反之则掌握在下限。点火时间最低不得低于 1 min。

（2）点火面要均匀，不得有发黑的地方，如有发黑，应调整对应位置的火焰。一般情况下，台车边缘的各火嘴煤气量应大于中部各火嘴煤气量。若台车两边仍点不着火，可适当关小 1 号、2 号风箱的闸门，点火后料面应有适当的熔化，一般熔化面应占 1/3 左右，不允许料面有生料及浮灰。台车出点火器后 3~4 m，料面仍应保持红色，以后变黑；如达不到时，应提高点火温度或减慢机速；如超过 6 m 料面还是红的，应降低点火温度或加快机速，保证在一定的风箱处结成坚硬烧结矿。

（3）为充分利用点火热量，应采用微负压点火。既要保证台车边沿点着火，又不能使火焰外喷，就必须合理控制点火器下部的风箱负压。其负压大小通过调节风箱闸门实现。如果台车边缘点不着火，可关小点火器下部的风箱闸门，或提高料层厚度，或加大点火器两旁烧嘴的煤气与空气量。

（4）混合料点火时间与混合料的温度、湿度有关。混合料温度低、湿度大时，点火时间要长一些，可把烧结机机速减慢。

$$点火时间 = 点火器长/机速$$

（5）点火器停水后送水，应慢慢开水门，防止水箱炸裂。

（6）点火器灭火后，务必将烧嘴的煤气与空气闸门关严，以防点火时发生爆炸。

### 3.2.3　抽风烧结

#### 3.2.3.1　抽风机

抽风机是烧结生产的重要配套设备，其形式为离心式风机。它主要由带叶轮的转子和机壳组成。当电动机带动叶轮旋转时，叶轮内叶片间的气体也随之旋转而获得离心力，被抛到机壳中，使机壳内的气体压强升高，从出风口排出。于是，叶轮中心部分的压强降低，处于负压状态，形成吸力，吸风口处的气体源源不断地被吸入、排出，在整个抽风系统中造成负压，空气进入料层，使燃料燃烧，烧结过程得以进行。

一般要求风机容量大、风压高、运转特性稳定、耐热耐磨性能好。在选择风机风量和风压时，既要满足工艺要求，又要考虑建设投资和能耗，否则，盲目追求大风量、高负压，势必造成不应有的浪费。事实上，在一定的风机条件下，通过加强工艺操作和管理，努力改善料层透气性和抽风系统的密封性，是可以不断强化生产过程的，这样既可增产，又可低耗。

烧结抽风机处在温度高、含尘量大的恶劣条件下工作，叶轮磨损相当严重。这对于稳定正常生产和提高转子寿命都极为不利。提高转子寿命的主要措施如下。

（1）提高抽风除尘效率。废气的除尘效率越低，转子的寿命就越短。

（2）改进烧结工艺操作，减少原始粉尘量。改善混合料制粒；完善铺底料工艺；保证布料均匀；实行厚料层操作；稳定烧结操作制度；加强烧结机漏风部位的密封，防止大量粉尘抽入废气中。此外要合理选择和布置除尘设备，改进放灰清灰方式，严格控制烟气温度不低于露点，以防止除尘设备堵塞和风机叶片挂泥。

（3）改善转子材质。制造叶轮时，采用强度与耐磨性高的材质，或在叶片与叶轮易磨损处镶焊硬质合金（如碳化钨），提高其耐磨性。在动力消耗允许的条件下，适当增加叶片厚度，特别是易磨损部位的厚度，对提高转子寿命是有利的。

### 3.2.3.2 带式烧结机

国内外广泛采用的烧结设备是带式烧结机。随着高炉大型化，烧结设备的大型化趋势明显。目前德国和日本设计和生产 1000 $m^2$ 以上的烧结机，我国制造的各种型号的烧结机已经系列化。

带式烧结机本体主要包括传动装置、台车、真空箱、密封装置，如图 3-48 所示。

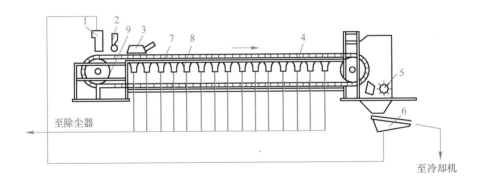

图 3-48　烧结机结构

1—铺底料布料器；2—混合料布料器；3—点火器；4—烧结机；5—单辊破碎机；
6—热矿筛；7—台车；8—真空箱；9—机头链轮

### A 传动装置

烧结机的传动装置，主要靠机头链轮（驱动轮）将台车由下部轨道经机头弯道，运到上部水平轨道，并推动前面台车向机尾方向移动。如图 3-49 所示，链辊与台车的内侧滚轮相啮合，一方面台车能上升或下降，另一方面台车能沿轨道回转。台车车轮间距 $a$、相邻两台车的轮距 $b$ 和链轮的节距 $c$ 之间的关系是 $a=c$，$a>b$。从链轮与滚轮开始啮合时起，相邻的台车之间便开始产生一个间隙，在上升及下降过程中，保持相当于 $a-b$ 的间隙，从而避免台车之间摩擦和冲击造成的损失和变形。从链轮与滚轮开始分离时起，间隙开始缩小，由于台车车轮沿着与链轮回转半径无关的轨道回转，因此，相邻台车运动到上下平行位置时，间隙消失，台车就一个紧挨着一个运动。

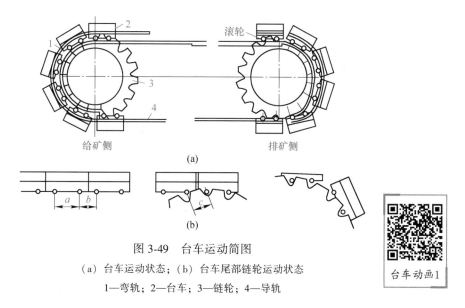

图 3-49　台车运动简图

（a）台车运动状态；（b）台车尾部链轮运动状态

1—弯轨；2—台车；3—链轮；4—导轨

台车动画1

烧结机头部的驱动装置由电动机、减速机、齿轮传动和链轮等部分组成，机尾链轮为从动轮，与机头大小形状都相同，安装在可沿烧结机长度方向运动的并可自动调节的移动架上，如图 3-50 所示。首尾弯道为曲率半径不等的弧形曲线，使台车在转弯后先摆平，再靠紧直线轨道的台车，以防止台车碰撞和磨损。移动架（或摆动架）既解决了台车的热膨胀问题，又消除了台车之间的冲击及台车尾部的散料现象，大大减少了漏风。

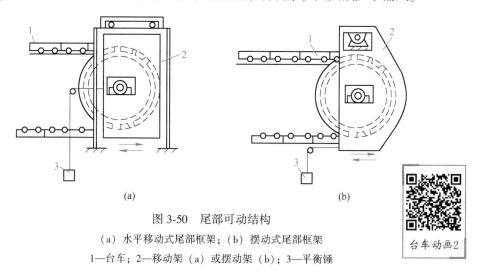

图 3-50　尾部可动结构

（a）水平移动式尾部框架；（b）摆动式尾部框架

1—台车；2—移动架（a）或摆动架（b）；3—平衡锤

台车动画2

旧式烧结机尾部多是固定的，为了调整台车的热膨胀，在烧结机尾部弯道开始处，台车之间形成一断开处，间隙为 200 mm 左右。此种结构由于台车靠自重落到回车道上，彼此之间因冲击而发生变形，造成台车端部损坏，不能紧靠在一起，增加漏风损失；同时使部分烧结矿从断开处落下，还需增设专门漏斗以排出落下的烧结矿。

### B　台车

带式烧结机是由许多台车组成的一个封闭式的烧结带，因此，台车是烧结机的重要组成部分。它直接承受装料、点火、抽风、烧结直至机尾卸料等烧结作业。烧结机有效烧结面积是台车的宽度与烧结机有效长度的乘积。一般的长宽比为 12~20。

　　台车由车架、栏板、滚轮、箅条和活动滑板（上滑板）五部分组成。台车两侧装有栏板，台车栏板由球墨铸铁制造，有整体栏板与分块栏板结构之分。分块栏板为防止相邻两块之间的漏风，在下栏板侧面开槽，压入特制的耐热石棉绳，有一定的密封效果。台车底是由箅条排列于台车架的横梁上构成的。两箅条间的间隙为 5~8 mm，其通风面积占总面积的 13%~21%。图 3-51 所示为国产 75 m² 烧结机台车。台车铸成两半，由螺栓连接。台车滚轮内装有滚柱轴承，车架上铺有三排单体箅条，箅条间隙 6 mm 左右，箅条的有效抽风面积一般为烧结机总面积的 12%~15%。

　　台车的结构形式有整体、二体及三体装配三种形式，如图 3-52 所示。通常宽度为 1.5~2 m 的台车为整体结构，宽度为 2~2.5 m 的台车为二体装配结构，宽度大于 3 m 的台车为三体装配结构。台车材质为铸钢或球磨铸铁。

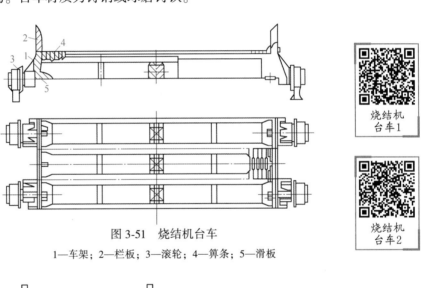

图 3-51　烧结机台车

1—车架；2—栏板；3—滚轮；4—箅条；5—滑板

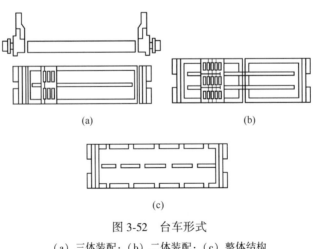

图 3-52　台车形式

（a）三体装配；（b）二体装配；（c）整体结构

烧结机台车1

烧结机台车2

烧结台车录像

在烧结过程中，台车在倒数第二个（或第三个）风箱处，废气温度达到最高值，在返回下轨道时温度下降。因此，台车在整个工作过程中，既要承受本身的自重、箅条的重力、烧结矿的重力及抽风负压的作用，又要承受长时间反复升降温度的作用。台车的温度通常在200~500℃之间变化，将产生很大的热疲劳。因此要求台车车架强度好，受热不易变形。箅条形式合理，既要使气流通过阻力小，又要保证抽风面积大，而且还要强度高、耐热耐腐。

台车寿命主要取决于台车车架的寿命。据分析，台车的损坏主要由于热循环变化，以及与燃烧物接触而引起的裂纹与变形。此外还有高温气流的烧损，所以建议台车材质采用可焊铸铁或钢中加入少量的锰铬等。

由于烧结机大型化，台车宽度不断加大，防止台车"塌腰"已成为突出的问题。为解决这个问题，从改善台车的受热条件出发，减少箅条传给台车车体的热量，可在台车车架横梁与箅条之间装上绝热片，如图3-53所示。绝热片与横梁间还留有3~5 mm的空气层。安装铸铁类材料的绝热片后，台车温度可降低150~200℃，从而减小由于温差引起的热应力。日本采用加钼的球墨铸铁制成绝热件与台车车架，效果很好。

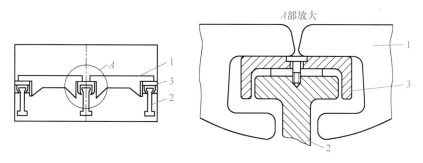

图3-53　绝热片
1—箅条；2—台车；3—绝热片

每一台车安有四个转动的车轮（滚轮），轮子轴是使用压下法将轴装在车体上的。车轮一般采用滚动轴承。轴承的使用期限是台车轮寿命的关键，其使用期限一般较短，主要原因是使用一段时间后，车轮的润滑脂被污染及流出，使阻力增大磨损加剧。现在用滑动轴承代替滚动轴承。

台车底是由箅条排列于台车架的横梁上构成的。箅条的寿命和形状对生产影响是很大的。一般要求箅条材质能够经受住激烈的温度变化，能抗高温氧化，具有足够的机械强度。制造箅条的材质主要是铸钢、铸铁、铬镍合金钢、高铬铸铁等。苏联和日本几乎全部采用25铬系材料，效果甚好，不但箅条寿命可达2~3年，而且通风面积也扩大了。我国沈阳重型机

现场台车本体箅条

械厂为130 m²烧结机制造的台车箅条采用稀土铁铝锰钢，经攀钢烧结厂实践，生产8个月没有检修和更换箅条。普通材质的箅条一般都短而宽，这种箅条能减少有效通风面积。目前箅条是向长、窄、材质好的方向发展，这对烧结生产有利。

　　算条的形状对烧结生产有影响。生产企业曾对图 3-54 所示的三种算条做了试验，一些数据见表 3-18。其中算条（c）阻力最小，为 98 Pa，风机压力损失仅为 1%。算条（a）和（b）阻力很高，相应为 931 Pa 和 735 Pa，风机压力损失为 8%～10%。

　　C　真空箱

　　真空箱装在烧结机工作部分的台车下面，风箱用导气管（支管）同总管连接，其间设有调节废气流的蝶阀。真空箱的个数和尺寸取决于烧结机的尺寸和构造。风箱结构分为两种：一种是从台车一侧抽出烧结烟气的风箱；另一种是从台车两侧抽出烧结烟气的风箱。

　　台车宽度在 3.0 m 及 3.0 m 以上的烧结机上，风箱分布在烧结机的两侧，风箱角度大于 36°。400 m² 以上的大型烧结机，多采用双烟道，用两台风机同时工作，如图 3-55 所示。

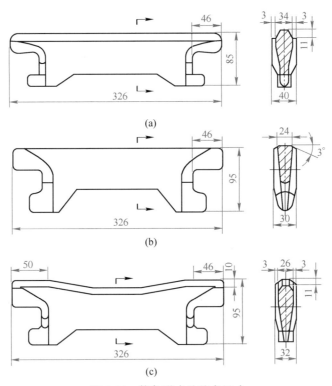

图 3-54　算条形式及基本尺寸

表 3-18　算条气体动力学特性

| 指　标 | 算　条 | | |
|---|---|---|---|
| | （a） | （b） | （c） |
| 算条宽度/mm | 40 | 30 | 32 |
| 当致密排列时算条间隙/mm | 6 | 6 | 6 |
| 实际间隙/mm | 9.3 | 7.1 | 8.3 |

| 指　标 | 算　条 | | |
|---|---|---|---|
| | （a） | （b） | （c） |
| 过滤速度 0.52 m/s 时，算条面阻力/Pa | 931 | 735 | 98 |
| 在算条上风机压力损失/% | 10.8 | 7.9 | 1.0 |
| 算条面阻力系数 | 8600 | 6800 | 910 |

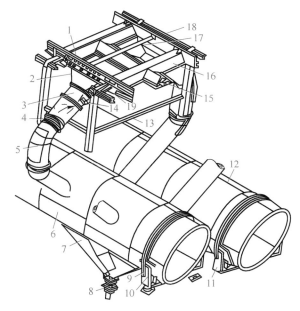

图 3-55　宝钢烧结风箱结构

1—纵向梁；2—风箱；3—风箱支管闸门；4—伸缩管；5—风管支管；6—脱硫系统降尘管；7—灰斗；
8—双层漏灰阀；9—加强环；10—自由支撑座；11—固定支撑座；12—非脱硫系统降尘管；13—骨架；
14—支管阀门开闭机构；15—中间支撑架；16—横梁；17—支持管；18—滑架；19—浮动防止梁

D　密封装置

台车与真空箱之间的密封装置是烧结机的重要组成部分。运行台车与固定真空箱之间的密封程度好坏，影响烧结机的生产率及能耗。风箱与台车之间的漏风大多发生在头尾部分，而中间部分较少，如图 3-56 所示。

新设计的烧结机多采用弹簧密封装置。它是借助弹簧的作用来实现密封的。根据安装方式的不同，弹簧式密封装置可分为上动式和下动式两种。

（1）上动式密封如图 3-57（a）所示。上动式密封就是把弹簧滑板装在台车上，而风箱上的滑板是固定的。在滑板与台车之间放有弹簧，靠弹簧的弹力使台车上的滑板与风箱上的滑板紧密接触，保证风箱与大气隔绝。当某一台弹性滑板失去密封作用时，可以及时更换台车。因此，使用该种密封装置可以提高烧结机的密封性和作业率。

（2）下动式密封如图 3-57（b）所示。下动式密封是把弹簧装在真空箱上，利用金属弹簧产生的弹力使滑道与台车滑板之间压紧。这种装置主要用于旧结构烧结机的改造上。本钢和首钢的实践表明，该密封装置比水压胶管密封的使用寿命长，可达一年或更长时间。

美国考伯公司生产的台车，采用 T 形落棒式密封，如图 3-58 所示。T 形落棒采用铸钢件，滑道采用工具钢。为防止灰尘对落棒的影响，把滑道和落棒做成倾斜形式。

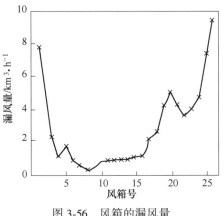

图 3-56　风箱的漏风量

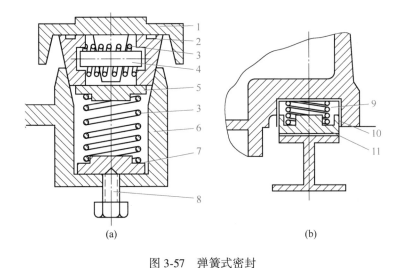

图 3-57　弹簧式密封

（a）在滑道上的金属弹性滑道；（b）在台车上的弹性滑道

1—弹性滑板；2，11—游动板；3，9—弹簧；4—固定销；5—上垫；

6—弹簧槽；7—下垫；8—弹簧螺钉；10—游板槽

烧结机首、尾风箱的密封，是防止漏风的重要环节。为了提高首尾风箱的密封性，国内外做了大量工作，提出了许多方案，如将两端的密封板装在金属弹簧上，靠弹簧力顶住隔板与台车底面保持紧密接触。但弹簧因反复受冲击作用和高温影响，弹性逐渐下降，密封效果随之降低。

新型烧结机采用四连杆重锤式密封衬板石棉挠性密封装置，如图 3-59 所示。机头设 1 组，机尾设 1~2 组，密封板由于重锤作用向上抬起，与台车横梁下部接触。密封装置与风箱之间采用挠性石棉板等密封，可进一步提高密封效果。这种靠重锤和杠杆作用浮动支撑的方式，由于克服了金属弹簧因疲劳而失去弹性的缺陷，因此避免了台车与密封板的碰撞，比弹性密封效果好。也有的工厂在首尾风箱两端加一个"死风箱"充填石棉水泥，使台车底面与充填物接触来达到密封目的。

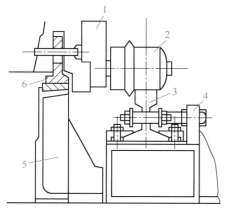

图 3-58 落棒式密封

1—台车体；2—车轮；3—导轨；

4—导轨底座；5—风箱；6—密封落棒

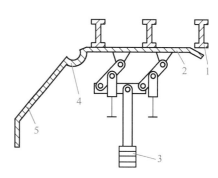

图 3-59 重锤连杆式密封

1—台车；2—浮动密封板；3—配重；

4—挠性石棉密封板；5—风箱

此外，德国鲁奇的双杠杆式烧结机头尾密封技术（见图 3-60）和秦皇岛新特的全金属柔磁性密封技术（见图 3-61）、鞍山蓬达柔性动态密封技术（见图 3-62 和图 3-63）、秦皇岛鸿泰摇摆涡流式柔性密封技术（见图 3-64）也有很好的密封效果。

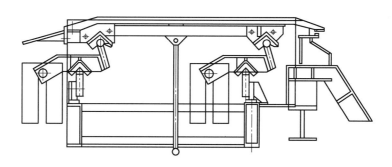

图 3-60 双杠杆式（德国鲁奇）烧结机密封

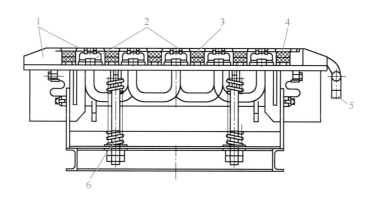

图 3-61 全金属柔磁性密封原理

1—耐磨板；2—水冷系统；3—磁铁压板；4—耐高温磁铁；5—水管；6—底部弹性调整系统

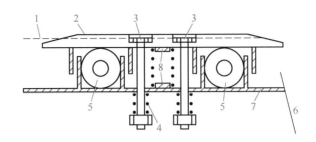

图 3-62　柔性动态密封装置断面

1—滑道；2—有效工作面；3—定位螺栓；4—弹簧；5—柔性动密封；6—风箱；7—底板；8—定位环

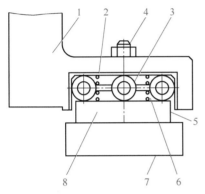

图 3-63　台车滑道柔性动密封装置横向断面

1—台车体；2—空气密封盒；

3—柔性密封装置；4—原定位螺栓；5—堵住漏风滑道；

6—弹簧；7—固定滑道；8—活动游板

图 3-64　摇摆涡流式柔性密封装置

1—涡流阻尼槽；2—合金材料制成的浮动板

### 3.2.3.3　带式抽风烧结机操作

烧结厂广泛采用带式烧结机进行抽风烧结。做好烧结机开车前的准备工作，严格按照开机、停机程序进行操作，并控制好烧结风箱的负压与烧结终点是烧结生产顺利进行的必要保证。

**A　开车前的准备**

(1) 机头、机尾的弯道内及台车运行轨道上应无障碍物。

(2) 台车上应无杂物，以免给下道工序造成堵塞料嘴或扯断皮带事故。

(3) 各轴承及减速机内油量要合乎标准，油路畅通。

(4) 各电器开关及操作手柄要良好，位置要正确。

(5) 检查完毕后，合上事故开关，通知内控可以启动。

**B　开停车手动与联锁的规定**

(1) 正常时烧结机及其他设备均参加系统联锁，一般不单独采取手动操作，只有在检修后试车或处理事故时，才单独手动操作。

(2) 高压鼓风机不参加联锁，需要时可单独开车、停车。

**C　开车、停车程序**

(1) 烧结机手动开、停程序。

1）开车：通知电工将电磁站的选择开关选到手动位置后，合上事故开关，按动开车按钮，电动机就开始运转。

2）停车：先将转差离合器调节器打到零位，然后按动停车按钮或切断事故开关，电动机停止运转。

（2）烧结机参加系统联锁的开、停程序。

1）开车及停车均由内控操作掌握，但遇到事故紧急停车时，可切断机旁操作箱上的事故开关。若不是紧急事故，未经内控或组长许可不能停车，但矿槽空料例外。

2）设备运转正常后，再逐渐调速。

D　带料生产

（1）点火及各项工作准备好后，通知内控联系有关岗位带料生产。

（2）当混合料经过点火器下面时应开大煤气，调节空气与煤气的比例，使点火温度满足要求。

（3）当混合料到达各风箱上部时，从 1 号风箱开始，根据要求，依次开启各风箱闸门，进行生产。

3.2.3.4　烧结过程中操作参数的确定与调整

混合料的烧结是烧结工艺中最关键的环节，在点火后直至烧结终了整个过程中，烧结料层中不断发生变化。为了使烧结过程正常进行，获得最好的生产指标，对于烧结风量、真空度、料层厚度、机速和烧结终点的准确控制是很重要的。

A　烧结风量和真空度

风是烧结作业赖以进行的基本物质条件之一，也是加快烧结过程最活跃积极的因素。

单位烧结面积的风量大小，是决定产量高低的主要因素。当其他条件一定时，烧结机的产量与料层的垂直烧结速度成正比，而通过料层的风量越大则烧结速度越快，因而产量随风量的增加而提高，见表 3-19。

表 3-19　风量大小对烧结产量的影响

| 风　　量 | | 抽风机前压力/Pa | 垂直烧结速度 | | 烧结机利用系数 | |
|---|---|---|---|---|---|---|
| m³/(m²·min) | % | | mm/min | % | t/(m²·h) | % |
| 80 | 100 | 8026 | 23.2 | 100 | 1.42 | 100 |
| 100 | 125 | 11250 | 30.4 | 131 | 1.90 | 134 |

但是风量过大，烧结速度过快，将降低烧结矿的成品率。这是因为风量过大会造成燃烧层快速推移，混合料各组分没有足够时间互相黏结在一起，往往只是表面黏结，生产量很高时，甚至有部分矿石其原始矿物组成也没有改变，结果烧结矿强度降低，细粒级增多。另外，由于风量增加，冷却速度加快也会引起烧结矿强度降低。

为了增加通过料层的风量，目前生产中总的趋势是在改善烧结混合料透气性的同时，提高抽风机能力，即增加单位面积的抽风量，改善烧结机及其抽风系统的密封性，减少有害漏风以及采取其他技术措施。

国内烧结机的漏风率一般在 40%~60%。也就是说，抽风消耗的电能仅有一半用于烧结，而另一半则白白浪费掉了。同时，漏风裹带着的灰尘对设备造成严重的磨损。因此，堵漏风是提高通过料层风量、提高烧结产量十分重要的措施。烧结机的漏风主要存在于台车与台车及台车与滑道之间，其次存在于烧结机首尾风箱，这两部分约占烧结机总漏风率的80%。此外，烧结机集气管、除尘器及导气管道也会漏风。当炉算条与挡板不全、台车边缘布不满料时，漏风率进一步加大。降低漏风的方法主要有：

（1）采用新型的密封装置；

（2）按技术要求检修好台车弹簧滑道；

（3）定期成批更换台车和滑道，台车轮子直径应相近；

（4）利用一切机会更换烧损严重的炉算条和破损的挡板；

（5）清理大烟道，减少阻力，增大抽风量；

（6）加强检查堵漏风；

（7）采取低碳厚料操作，加强边缘布料。

抽风烧结过程是在负压状态下进行的，为了克服料层对气流的阻力，以获得所需的风量，料层下必须保持一定的真空度。在料层透气性和有害漏风一定的情况下，抽风箱内能造成的真空度高，抽过料层的风量就大，对烧结是有利的。因此，为强化烧结过程，都选配较大风量和较高负压风机。

真空度的大小取决于风机的能力、抽风系统的阻力、料层的透气性及漏风损失的情况。当风机能力确定后，真空度的变化是判断烧结过程的一种依据。正常情况下，各风箱有一个相适应的真空度，如真空度出现反常情况，则表明烧结抽风系统出了问题。当真空度反常地下降时，可能发生了跑料、漏料、漏风现象，或者风机转子被严重磨损，管道被堵塞等；当真空度反常地上升时，可能是返矿质量变差、混合料粒度变小、烧结料压得过紧、含碳含水波动、点火温度过高以致表层过熔等。据此可进一步检查证实，采取相应措施进行调整，以保证烧结过程的正常进行。

随着烧结过程往下推移，料层的透气性和物料状态不断变化，因此，生产过程中对各风箱风量的控制是不一样的，借以保证混合料烧透烧好。例如，某360 $m^2$烧结机正常生产时烧结负压是15 kPa，其各风箱负压控制的分配情况见表3-20。1号、2号、3号风箱处于点火燃烧部位，此时需风量较少；4~20号风箱部位燃烧过程激烈进行，料层透气性较差，要求大风、高负压；最后21~24号风箱处，烧结过程即将结束，烧结料层透气性好，相应减小风量和负压，也可以防止烧结矿急冷而变脆。对风量和负压的控制是通过调节抽风机室各集气支管上的蝶阀来实现的。

表 3-20　360 $m^2$烧结机各风箱负压的分配情况

| 风箱号 | 1~3 | 4~20 | 21~24 |
|---|---|---|---|
| 负压控制百分比/% | 20~80 | 100 | 80 |

### B　料层厚度与机速

料层厚度直接影响烧结的产量、质量和固体燃料消耗。一般说来，料层薄，机速快，生产率高，但表层强度差的烧结矿数量相对增加，烧结矿的平均强度降低，返矿和粉末增加，同时还会削弱料层的"自动蓄热作用"，增加固体燃料用量，使烧结矿的 FeO 含量增高，还原性变差。采用厚料层操作时，烧结过程热量利用较好，可以减少燃料用量，降低烧结矿 FeO 含量，改善还原性，同时，强度差的表层矿数量相对减少，利于提高烧结矿的平均强度和成品率。但随着料层厚度增加，料层阻力增大，烧结速度有所降低，产量有所下降。如图 3-65 所示，在料层较薄时，生产率最高，而成品率较低；随料层增厚，成品率增加，但生产率又有所下降，而且在低真空度操作时，影响更明显。因此，合适的料层厚度，应与高

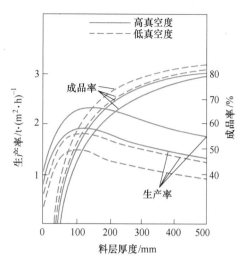

图 3-65　烧结生产率、成品率与料层厚度的关系

产优质结合起来考虑，根据烧结料层透气性和风机能力加以选定。漏风率低及烧结料层透气性好时，可增加料层厚度；反之，则选择薄一些。目前，料层厚度已达到 800 mm 以上。实践表明，采用厚料层、高负压、大风量三结合的操作方法，是实现高产优质的有效措施。

在烧结过程中，机速对烧结的产量和质量影响很大。机速过快，烧结时间过短，导致烧结料不能完全烧结，返矿增多，烧结矿强度变差，成品率降低。机速过慢，则不能充分发挥烧结机的生产能力，并使料层表面过熔，烧结矿 FeO 含量增高，还原性变差。为此，应根据料层的透气性选择合适的机速。合适的机速应当是在一定的烧结条件下保证能在预定的烧结终点，烧好烧透。影响机速的因素很多，如混合料粒度变细、水分过高或过低、返矿数量减少及质量变差、混合料成球性差、点火煤气不足、漏风损失增大等，就需要降低机速，延长点火时间，来保证烧结矿在预定终点烧好。

机速的调整要求稳定平缓，防止忽快忽慢，10 min 内调整次数不能多于 1 次，每次调整的范围不得大于 0.2 m/min。

### 3.2.3.5　烧结过程中燃料用量和粒度变化的判断与调整

燃料用量与粒度的判断是看火工的基本操作技能，可以从点火器处和机尾矿层断面判断，也可以根据仪表判断，如废气温度、主管负压。

A　燃料用量偏多时

（1）现象。

1）点火器处：台车移动出点火器后，表面保持红色的台车数比正常时增多。即使点火温度正常时，料面也会过熔发亮。

2）机尾断面：红层厚占全部料层的 1/2 以上，熔化厉害，使垂直烧结速度降低，烧结终点推迟，燃烧带往往达不到箅条，机尾卸矿时矿层断面冒火苗，高碱度烧结矿会出现强劲的蓝色火苗，烧结矿呈大孔薄壁结构，出现夹生矿或黏车严重。

3）仪表反映：最后风箱温度和主管温度高出正常水平，总管负压也升高。

（2）措施。在降低燃料配比的同时，可采取降低点火温度、减薄料层、加快机速等措施。黏车严重时，可以关小或关闭风机风门。

B 燃料用量偏小时

（1）现象。

1）点火器处：台车出点火器表面发暗，不出现红色料层，表面有浮灰、不结块或结块一捅就碎。

2）机尾断面：断面呈暗红色，且红层薄，断面松散孔小，卸矿灰尘大，严重时有"花脸"，烧结矿FeO含量降低。

3）仪表反映：废气温度下降，总管负压变化不大或下降。

（2）措施。在增加燃料配比的同时，可采取提高点火温度、增加料层厚度、减慢机速等措施。

C 燃料粒度大时

（1）现象。点火不均匀，机尾断面冒火苗，局部过熔，断面呈"花脸"，有黏台车现象。

（2）措施。及时与配料室联系，在提高燃料加工粒度的同时，可采取适当减少配碳量、提高料层或加快机速等措施。

混合料固定碳质量分数应控制在2.8%~3.2%，烧结矿FeO质量分数控制在10%以下。

燃料用量不合适时的异常现象见表3-21。

**表3-21 燃料用量不合适时的异常现象**

| 燃料用量 | 点火与料面 | 机尾断面 | 废气温度 | 主管负压 | FeO含量 |
|---|---|---|---|---|---|
| 偏高 | 离点火器台车的红料面向机尾延长，料面过熔并结壳 | 红层厚，熔化厉害，有大孔，冒火苗 | 上升 | 上升 | 升高 |
| 偏低 | 离点火器台车的红料面比正常时缩短，料面欠熔、有粉尘 | 红层薄，火色发暗，严重时有"花脸" | 降低 | 降低 | 降低 |

### 3.2.3.6 烧结终点的控制、分析判断与调整

控制烧结终点，就是控制烧结过程全部完成时台车所处的位置。准确控制终点风箱位置，是充分利用烧结机有效面积，确保优质高产和冷却效率的重要条件。如果烧结终点提前，则烧结面积未得到充分利用，同时使风大量从烧结机后部通过，破坏了抽风制度，降低了烧结矿产量。而烧结终点滞后时，必然造成生料增多，返矿量增加，成品率降低，此外没烧完的燃料卸入冷却机，还会继续燃烧，损坏设备，降低冷却效率。一般中小型烧结机的终点控制在倒数第二个风箱，大型烧结机的终点控制在倒数第三个风箱（机上冷却时例外）。这样既充分利用烧结机的有效抽风面积，又为终点滞后时留有烧透的余地。

烧结终点可根据以下反映判断。

（1）总管（大烟道）的废气温度应大于100℃，一般控制在110~150℃。但废气温

度还与漏风和空气温度有关，当漏风严重或冬天气温低时，总管废气温度在 100 ℃ 以下时，也可以烧好、烧透了，即要根据具体情况判断。要求烧结终点控制在机尾倒数第二个风箱。

（2）根据机尾末端三个风箱的废气温度的高低来判断，在终点处，废气温度最高，一般可达 300~400 ℃，前后相邻风箱的废气温度要低 20~40 ℃，如 360 m² 烧结机 22 号及 24 号风箱温度较 23 号风箱低 20~40 ℃，则 23 号风箱位置为烧结终点。终点前，通过料层的高温废气将热量传给冷料使废气温度下降到接近于冷料温度的水平，直到燃烧层接近炉算时，废气温度才急剧上升，而燃料燃烧完毕后，废气温度又立即下降。

（3）根据风箱负压高低来判断。负压由前向后逐步下降，与前一个风箱比，依次约低 1000 Pa。这是由于终点前的风箱上，料层还未烧透，而终点后的风箱上，烧结矿已处于冷却状态了。因此，若总管废气温度降低，负压升高，倒数 2 号、3 号风箱废气温度降低，最后一个风箱温度升高，三个风箱废气负压均升高，则表示终点延后；反之，总管温度升高，负压下降，倒数 2 号、1 号风箱废气温度下降，三个风箱的负压都下降，表示终点提前。

（4）从机尾矿层断面看：终点正常时，燃烧层已抵达铺底料，无火苗冒出，红色矿层小于 2/5，烧结矿断面整齐，底部无生料，又不黏大块。终点提前时，黑色层变厚，红矿层变薄；终点延后时则相反，且红层下沿冒火苗，还有未烧透的生料。

（5）从成品和返矿的残碳看：终点正常时，两者残碳都低而稳定；终点延后时，则残碳升高，以致超出规定指标。

发现终点变化时，应及时调节纠正，尽快恢复正常。其方法是：当终点位置移动不多时，调整布料厚度来控制烧结终点。当混合料透气性变化不太大时，以稳定料层厚度、调节机速来控制终点。若发现终点提前，应加快机速，若终点滞后，则减慢机速。但若透气性发生很大变化，仅靠调节机速难以控制终点，且影响烧结料正常点火时，则应调整料层厚度，再注意机速的适应，以正确控制终点。

## 问题探究

（1）烧结生产对点火作业有何要求？
（2）烧结点火器有哪些类型？
（3）烧结机点火器如何使用维护？
（4）带式烧结机由哪些部分组成？
（5）烧结过程中负压与真空度如何控制？
（6）烧结风量、负压、料层厚度对烧结生产有何影响？如何实现厚料层烧结？
（7）怎样判断与准确控制烧结终点？

## 任务 3.3 烧结除尘及节能减排

### 任务描述

为实现"碳达峰、碳中和"目标，国家及地方政府的"双碳"政策、环保政策推动力度空前，大大加快了钢铁行业污染治理的进程。烧结工艺普遍存在工序能耗高、烟气和污染物排放量大等问题，对炼铁系统的污染物和碳排放影响较大，其能耗占钢厂总体能耗的25%，颗粒物、二氧化硫和氮氧化物排放量分别占钢铁生产总排放量的43%、60%和48%。因此，烧结清洁生产是钢铁工业绿色制造的关键。

## 相关知识

烧结排放的污染物主要有粉尘、$SO_2$、$NO_x$、重金属、二噁英等。随着大气污染物治理问题的日益突出，烧结烟气污染物的治理越来越受到政府和行业的重视，烧结烟气污染物排放标准日趋严格，污染物治理也经历了由除尘、脱硫、脱硝单一控制技术向多污染物协同治理技术的发展过程。

### 3.3.1    除尘

#### 3.3.1.1    除尘工艺

工业通风除尘的任务是防止工业污染物（粉尘）对人体健康和环境的危害。工业通风除尘的主要对象是粉尘和输送粉尘的气体。

进入抽风系统的废气含有大量的粉尘，必须有效地捕集和处理，否则，管路系统将会堵塞，风机转子磨损，严重影响烧结（或球团）生产的正常进行，而且还会降低设备使用寿命，污染环境，造成资源浪费。

烧结厂是钢铁企业产生粉尘最多的地方。这些粉尘主要来自烧结中主烟道废气含尘，其次为机尾卸矿、破碎和筛分、返矿运输及冷却机排气等产生的粉尘。烧结抽风系统废气中的粉尘含量可达 $2\sim6$ g/m³，数量大（1 t 烧结矿为 $8\sim36$ kg）且粒度组成不均匀。因而，采用一次除尘或单一的除尘方式，均达不到废气允许排放的标准（不大于 150 mg/m³）。一般都采用两段除尘方式：第一段为降尘管，第二段采用其他除尘器，主要是多管除尘器，也有用旋风除尘器或静电除尘器的。

除尘就是从排出的气流中将粉尘分离出来，为此可利用各种不同的机理，其中主要有重力、离心力、空气动力、电力。

（1）重力。气流中的尘粒可以依靠重力自然沉降，从气流中分离出来。该机理只适用于粗大的尘粒。

（2）离心力。含尘气流做圆周运动时，由于惯性离心力的作用，尘粒和气流会产生相对运动，使尘粒从气流中分离。该机理主要用于 10 μm 以上的尘粒。

（3）空气动力（过滤）。含尘气流在运动过程中受到物体的阻挡（如挡板、纤维、水滴等）时，气流要改变方向进行绕流，细小的尘粒会随气流一起运动。粗大的尘粒有较大的惯性，会脱离气流，保持自身的惯性运动，这样尘粒就和物体发生碰撞，这种现象称为惯性碰撞。惯性碰撞是过滤式除尘器、湿式除尘器和惯性除尘器的主要除尘机理。

（4）电力（静电力）。它是用电能直接作用于含尘气体，除去粉尘使空气净化。利用电力除尘的设备通常称为电除尘器。

### 3.3.1.2 除尘设备

#### A 降尘管

烧结机烟道、
降尘管

降尘管是连接风箱和抽风机的大烟道。它有集气和除尘的作用。降尘管是由钢板焊制成的圆形管道，内有钢丝固定的耐热、耐磨保温材料充填的内衬，以防止灰尘磨损和废气降温过多。降尘管中的废气温度应保持在120~150 ℃，以防水汽冷凝而腐蚀管道。为了提高除尘效果，风箱的导风管从切线方向与之连接。

降尘管属于重力惯性除尘装置。废气进入降尘管、流速降低，并且流动方向改变，大颗粒粉尘借重力和惯性力的作用从废气中分离出来，并进入集灰管中。粉尘在降尘管中的沉降与粒度和密度有关。在密度相同的情况下，粉尘的颗粒越大沉降速度越快。在粉尘颗粒粒度相同而密度不同时，密度大的颗粒沉降速度快，密度小的沉降慢。因此，降尘管除尘效率与其截面积和废气流速有关，截面积大，流速低，降尘效率高。为此，要求把大烟道直径扩大，以降低气流速度，但直径过大不仅造价高，而且配置困难。因此，有的大型烧结机设置两根变径降尘管（如宝钢 450 m² 烧结机），机尾端管径小，机头端管径大，以使气流速度逐步降低，有利于除尘。一般情况下，大烟道截面积应能保持废气流速在 9~12 m/s。大烟道降尘效率通常为 50% 左右。

实践表明，粉尘沿烧结机长度的各个风箱分布是不均匀的，靠近烧结机头部及尾部的几个风箱吸尘量最大。鞍钢一烧测定结果是机头机尾各两个风箱的降尘量为降尘管总降尘量的 79%~87.6%。造成这一现象是因为烧结机头部抽风量大，而烧结过程将结束时，烧结矿透气性好，通过的风量也大的缘故。因此，在大烟道与二次除尘之间增设降尘管，或在靠近机头机尾的几个风箱与大烟道之间增设辅助除尘器，都有良好的效果。图 3-66 所示为大烟道与第一号风箱之间辅助除尘装置，这种除尘设备除尘效率可达 80%。

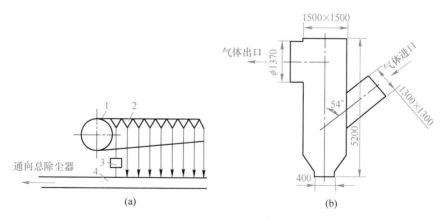

图 3-66 辅助除尘器

（a）烧结机；（b）辅助除尘器示意图

1—烧结机；2—风箱；3—辅助除尘器装置；4—大烟道

#### B 排灰装置

集灰管的密封性对除尘效果影响很大，若漏风，已降沉的灰尘会重新浮起，带入废气中。可采用结构先进的双层卸灰阀的干式排灰系统。双层卸灰阀分为两种结构。一种上层阀体为圆锥形，下层阀体为平板形，这种结构密封性差一些，但耐热性能好，用在烧结机头、尾部的降尘管下。另一种上、下阀体都是平板形，这种结构耐热性比锥形阀体稍差，但密封性好，用在烧结机中部降尘管下。双层卸灰阀的排灰过程分两步进行：第一步，开启上层阀，下层阀保持关闭，积灰从大烟道进入阀体内部的灰仓；第二步，关闭上层阀，开启下层阀，灰仓中的灰从阀体内排出，完成一个排灰过程。过程中，始终有一层阀门处于关闭状态，阻止空气在灰箱排灰过程中进入大烟道。

C　旋风除尘器

旋风除尘器主要由进气管、圆柱体、圆锥体、排气管和排灰口组成，如图 3-67 所示。

当含尘废气由切线方向引入除尘器后，沿筒体向下做旋转运动，尘粒受离心力作用抛向筒壁失去动能，沿锥壁下落到集灰斗；旋转气流运动到锥体底部受阻，再从中心返回上部，由中央排气孔导出，达到两者分离的目的。

D　多管除尘器

多管除尘器由一组并联除尘管（即旋风子）组成，如图 3-68 所示，其除尘原理与旋风除尘器基本相同，废气经除尘器侧壁上的进气口进入，然后分配进入各个旋风子，流经导向螺旋（或导向叶片），产生旋转，除掉灰尘。多管除尘器与旋风除尘器主要不同之处在于产生废气旋转的方式不同。国内各厂多管除尘器旋风子直径一般为 250 mm 或 254 mm，每个旋风子每小时处理废气量以 $650 \sim 750$ m$^3$ 为宜，多管除尘器阻力损失通常为 $900 \sim 1200$ Pa，除尘效率为 $70\% \sim 90\%$。表 3-22 为国内各厂烧结机配用的多管除尘器技术条件。

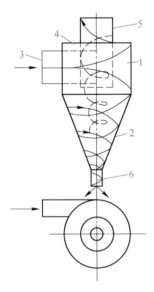

图 3-67　旋风除尘器

1—筒体；2—锥体；3—进气管；4—顶盖；

5—中央排气管；6—灰尘排出口

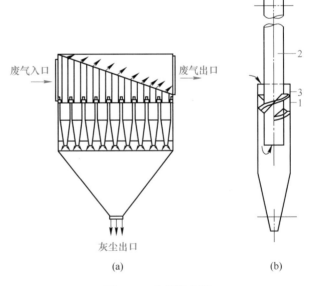

图 3-68　多管除尘器

（a）多管除尘器总图；（b）单个除尘管图

1—旋风子；2—导气管；3—导气螺旋

表 3-22 多管除尘器技术条件

| 烧结面积/m² | 13 | 18 | | 24 | 50 | | 75 | 90 | 130 |
|---|---|---|---|---|---|---|---|---|---|
| 旋风子内径/mm | 250 | 254 | | 250 | 250 | | 254 | 254 | 254 |
| 多管个数/个 | 100 | 120 | | 120 | 288 | | 486 | 540 | 900 |
| 抽风机风量/m³·min⁻¹ | 1250 | 1250 | 1600 | 1600 | 2500 | 3500 | 6500 | 6500 | 12000 |
| 单管负荷/m³·min⁻¹ | 12.5 | 10.4 | 13.3 | 13.3 | 8.7 | 12.1 | 13.4 | 12.0 | 13.2 |
| 除尘器进口风速/m·s⁻¹ | | 5.1 | 6.5 | 6.5 | 4.6 | 6.4 | 13.4 | 12.0 | 12.9 |

影响除尘效率的因素有以下几种。

(1) 气流分布的均匀性。含尘废气从断面较小的大烟道集气管突然进入断面较大的除尘器，必然引起气流分布不均匀，造成部分气流集中，降低除尘效率，一般在除尘器入口处安装导流板，使各区域气流分布均匀。

(2) 提高除尘器的密封性，防止漏风。当漏入的风量占总烟气量 3% 时，除尘效率会下降 50%；当漏风量为总烟气量的 8% 时，除尘效率为零。因此，必须检查多管除尘器的漏风情况。

(3) 排尘系统堵塞，不能及时将已沉下的灰尘放出。这些灰尘堵塞气流通道，在气流通过时重新把它们抽起带走不仅降低了除尘效率，而且还会影响抽风机寿命。

(4) 保证多管除尘器正确安装。多管除尘器的灰尘可与降尘管的灰尘共同由水封拉链运输，或者采用圆筒混料机润湿后由皮带运走。

### E 电除尘器

电除尘器是一种高效除尘设备，除尘效率可达 97%~98%，被除去的灰尘粒度可小至 0.1~1 μm。

电除尘器由电极、振打装置、放灰系统、外壳和供电系统组成。负电极为放电极，用钢丝、扁钢等制作成芒刺形、星形、菱形等尖头状，组成框架结构，接高压电源；正极接地为收尘极，用钢管或异型钢板制成，吊于框架上。

电除尘器的除尘原理是：在负极加以数万伏的高压直流电，正负两极间产生强电场，并在负极附近产生电晕放电。当含尘气体通过此电场时，气体电离形成正、负离子，附着于灰尘粒子表面，使尘粒带电，由于电场力的作用，荷电尘粒向电性相反的电极运动，接触电极时放出电荷，沉积在电极上，使粉尘与气体分离。

由于气体是在负极附近电离，电离产生的负离子在飞向正极时，距离较长，与尘粒碰撞机会多，荷电的尘粒多，因而收尘极上沉积的灰尘就多；相反，飞向负极的正离子经过的路程短，附着的灰尘就少。因此，灰尘主要靠正极收集。定时振打收尘极，灰尘便落入集灰斗中。

静电除尘效率高，虽然除尘器投资较高，但是动力费用低，综合而论是经济实用的。图 3-69 为卧式电除尘器。

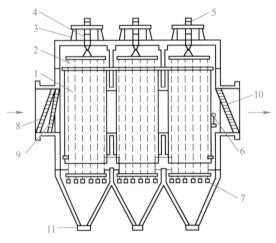

电除尘器

图 3-69 卧式电除尘器

1—电极板；2—电晕线；3—瓷绝缘支座；4—石英绝缘管；
5—电晕线振打装置；6—阳极板振打装置；7—电晕线吊锤；
8—进口第一块分流板；9—进口第二块分流板；10—出口分流板；11—排灰装置

**F 袋式除尘器**

袋式除尘器采用多孔滤料制成的滤袋将颗粒物从烟气中分离。滤袋由除尘器箱体上部支撑垂直吊挂。烧结球团颗粒物污染治理所用袋式除尘器主要采用滤袋外表面捕集颗粒物，并采用压缩空气脉冲喷射式清灰方法。袋式除尘器根据大小不同，一般采用多个袋室，每个袋室中布置有几十到几百个滤袋。图 3-70 为袋式除尘器设备结构示意图。袋式除尘包含过滤收尘和清灰两个过程。过滤收尘是把尘粒从气流里分离出来，清灰是把已收集的尘粒从滤袋上清除下来。通过新型滤料开发、过滤风速控制和智能喷吹等技术改进，袋式除尘器能够长期稳定实现处理后的烟气颗粒物排放浓度不高于 10 g/m，达到超低排放要求。

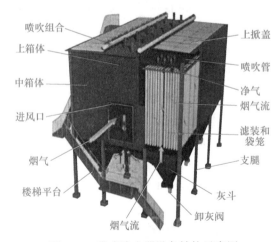

图 3-70 袋式除尘器设备结构示意图

### 3.3.2　节能措施

#### 3.3.2.1　降低固体燃料的消耗

固体燃料在烧结工序能耗中所占比例最大，达 75%~80%。降低固体燃料消耗的措施有以下几个方面。

（1）控制燃料的粒度及粒度组成。

（2）改善固体燃料的燃烧条件。

（3）厚料层烧结。料层增厚，由于烧结矿层的"自动蓄热作用"得到充分发挥，因此烧结料的配碳量减少。有资料表明，当燃料层处于料面以下 180~220 mm 时，蓄热量仅占燃烧层总热收入的 35%~45%，而在距料面 400 mm 的位置，此值增大到 55%~60%。此外，由于燃料用量减少，碳燃烧更加完全；料层氧化性气氛加强，促成磁铁矿的氧化和低熔点铁酸钙的形成，也有利于固体燃料和总热耗量的减少。不仅如此，厚料层烧结还能提高烧结矿强度，降低 FeO 含量，改善其还原性。表 3-23 列出料层厚度与烧结矿矿物组成及强度的关系。

（4）小球烧结。采用圆盘或圆筒造球机将混合料制成适当粒度的小球（3~8 mm 或 5~10 mm），然后在小球表面再滚上部分固体燃料（焦粉或煤粉），布于台车上点火烧结的方法，称为小球烧结。此法的燃料添加方式是以小球外滚煤粉为主（70%~80%），小球内部仅添加少量煤粉（20%~30%）。

**表 3-23　料层厚度与烧结矿矿物组成（质量分数）及强度的关系**

| 序号 | 料层厚度/mm | 转鼓指数（>5 mm）/% | 玻璃质/% | 铁酸钙/% | 配碳量/% |
|---|---|---|---|---|---|
| 1 | 200 | 70.3 | 15 | 3 | 3 |
|  | 400 | 74.0 | 12 | 6 | 3 |
| 2 | 240 | 78.0 | 20~22 | 7 | 4.26 |
|  | 280 | 82.0 | 8~10 | 15~20 | 3.75 |
| 3 | 225 | 78.0 | 11 | 2 | 2 |
|  | 300 | 81.4 | 5 | 8 | |
| 4 | 280 | 79.85 | 2 | 9 | 7.0[①] |
|  | 320 | 81.15 | 2 | 16 | 6.0 |

①为无烟煤。

小球料粒度均匀，强度好，粉末少，故烧结料层的原始透气性及烧结过程中透气性都比普通烧结料好，阻力小，可在较低的真空度下实行厚料层烧结，产量高，质量好，能耗和成本降低；加上采用了燃料分加技术，使固体燃料分布合理，燃烧条件改善，降低了固体燃料消耗。

（5）热风烧结。烧结机点火后，用 300~1000 ℃的热风或热废气进行烧结的铁矿石烧结工艺。热风烧结使料层上部烧结温度提高、液相量增加，同时液相黏度降低，有利于矿物充分结晶，玻璃相含量减少，从而提高烧结整体的成品率及烧结矿强度。此外，以热风代替冷风，使抽入空气与热烧结层的温差减小，降低冷却速度，减小热应力，促使烧结矿的强度提高。热风烧结可以降低固体燃料消耗，减少过熔，降低 FeO 含量，从而提高烧结矿的还原性。当使用 1000 ℃ 热风烧结时，固体燃料可节约 20%~30%，总热量消耗减少 10%~13%，烧结矿冶金性能改善，粉末量大大减少。但是热风烧结使烧结速度下降，因而在料层透气性没有改善条件下产量要下降。

热风来源是热风烧结生产的关键。根据热风产生的方法不同，热风烧结可分为热废气、热空气和富氧热风烧结三种。其中冷却机余热利用较易实现。冷却机高温段的冷却空气一般为 250~350 ℃，最高可达 370 ℃，把这部分空气用来烧结，其温度完全可达到 200~300 ℃，从而提高烧结过程的热利用率，又不需另建加热装置，这是热风烧结发展的方向。鞍钢新烧两台 265 m² 烧结机，采用鼓风环冷机二段的热废气进行烧结，掺入冷风调整与稳定后的热废气温度约为 252.5 ℃，热风用量为 $219.4 \times 10^3$ m³/h。工业试验表明，在保证烧结矿强度、返矿率基本不变下，矿石 FeO 含量降低 1.2%，还原度提高 3.0%。

通常热风烧结可以节约固体燃料 10%~30%。当超过此值时，烧结矿强度显著变差。因为热风带入的外部热量主要用来加热上部料层，而烧结料中的固体燃料的热量却可以加热整个料层。因此，在热风带入热量很大和固体燃料节约很多的情况下，下部料层燃料温度可能降低，使烧结矿的强度变差。

### 3.3.2.2    降低电耗

可采取以下措施降低电耗：

(1) 减小设备漏风率；

(2) 减少大功率设备的空转时间；

(3) 采用节能变频调速。

### 3.3.2.3    降低点火热耗

可采取以下措施降低点火热耗：

(1) 采用新型节能点火器；

(2) 严格控制点火温度与点火时间。

### 3.3.2.4    烧结余热回收利用

可采取以下措施回收利用烧结余热：

(1) 回收冷却机高温段热废气，采用蒸汽发生装置生产蒸汽；

(2) 利用环冷机的低温烟气（100~150 ℃）预热混合料；

(3) 热风烧结；

(4) 余热发电。

### 3.3.3    减排措施

#### 3.3.3.1    烧结烟气的脱硫脱硝

钢铁冶炼中约有 48% 的 $NO_x$ 和 60% 的 $SO_2$ 来自烧结工艺，它们是大气主要污染物之一，其排放严重影响人类的生存环境和经济发展。我国烧结烟气净化起步较晚，但随着环保标准的提升，脱硫脱硝协同治理技术应运而生。

烧结除尘过程脱硫脱硝

目前，烟气联合脱硫脱硝技术主要有活性炭法、选择性催化还原法（SCR）、循环流化床法联合脱硫脱硝法、半干喷雾脱硫脱硝法、高能辐射-化学脱硫脱硝法、奥钢联 MEROS 烟气净化技术。

太钢 450 m² 烧结机于 2006 年建成投用，烟气量为 140 万立方米/h，年排放 $SO_2$ 约 9800 t、$NO_x$ 3800 t、粉尘 1200 t，目前主要采用活性炭法脱硫脱硝及制酸一体化装置进行烧结烟气的脱硫脱硝。

### A　活性炭法烟气净化技术

活性炭法烟气净化技术具有多污染物协同去除效率高、能源介质利用率高、运行安全稳定、副产物可资源化利用的优点，并能实现超大烟气量、重污染的烧结烟气净化及超低排放。活性炭在制备过程中经过碳化活化工序，其表面粗糙不平，孔隙广泛分布。

硫氧化物大多为 $SO_2$，可通过物理吸附和化学吸附来脱除。首先，$SO_2$ 通过吸附作用力，从气相移动到活性炭粒子表面进行捕集（即物理吸附）；随后，$SO_2$ 在活性炭细孔内氧化生成 $SO_3$，并与吸附 $H_2O$ 发生反应成为 $H_2SO_4$ 进行捕集。

活性炭脱除氮氧化物原理，是以活性炭为催化剂、$NH_3$ 为还原剂的选择性催化还原反应（SCR）。在反应过程中，活性炭作为催化剂可以有效吸附 $NH_3$，降低了 $NO_x$ 与 $NH_3$ 的反应活化能，从而降低反应温度，提高反应效率。$NH_3$ 选择性地和 $NO_x$ 反应生成 $N_2$ 和 $H_2O$。活性炭在烟气温度 140 ℃ 时脱硝率即可达到 80% 以上。由于 $SO_2$ 和 $NO_x$ 在炭基材料表面上存在竞争吸附，同时 $SO_2$ 的偶极矩大于 $NO_x$，所以 $SO_2$ 脱除反应一般优先于 $NO_x$ 的脱除反应，当 $SO_2$ 浓度较低时，$NO_x$ 脱除反应占主导地位。

### B　SCR 脱硝技术

SCR 脱硝技术即选择性催化还原反应（SCR）脱硝。SCR 脱硝工艺的原理是在催化剂的作用下，还原剂（液氨）与烟气中的氮氧化物反应生成无害的氮和水，从而去除烟气中的 $NO_x$。选择性是指还原剂 $NH_3$ 和烟气中的 $NO_x$ 发生还原反应，而不与烟气中的氧气发生反应。从烧结烟气实际排烟温度来看，能够直接匹配现有脱硫工艺实现稳定脱硝的低温（<200 ℃）甚至超低温（<150 ℃）SCR 工艺是实现烧结烟气脱硝超低排放最有前景的发展方向之一。烧结烟气低温 SCR 脱硝具有能耗低、适应性强、维护成本低、使用寿命长等优点。

### C　组合式脱硫脱硝技术

组合式脱硫脱硝技术即烟气联合脱硫、脱氮，是近年来国内外竞相研制和开发的新型烟气净化工艺，它的技术和经济性明显优于单独脱硫和单独脱氮技术，因此，是一种更有发展前途和推广价值的新一代烟气净化技术。当今国内外广泛使用的脱硫脱硝一体化技术主要有湿式烟气脱硫和选择性催化还原或选择性非催化还原技术脱硝组合、活性炭法+SCR 技术、半干法脱硫+SCR 技术等。

### 3.3.3.2　烧结烟气的二噁英治理

烧结过程中伴随有极微量排放的 POPs 类（二噁英、呋喃、多氯联苯、六氯苯、多氯萘等）副产物的产生、排放及污染问题。二噁英类化合物是多氯代二苯并二噁英和多氯代二苯并呋喃的总称，是目前已知毒性最大的化合物之一，难降解、易于生物富集。因此，研究如何去除烧结烟气中的二噁英是非常必要的。

烧结烟气中二噁英的浓度很低，采用烟气末端治理方法控制二噁英较困难，因此控制二噁英的产生成为研究的重点。

烟气中的氯是生成二噁英的重要因素，降低烧结原料中氯的来源，是减少二噁英排放的有效途径。铜、重金属对生成二噁英有催化作用，选择铜、重金属含量低的烧结原料，是减少二噁英排放的主要措施。

## ⁇ 问题探究

（1）烧结过程中的粉尘主要产生于哪里？

（2）烧结过程中粉尘的危害有哪些？

（3）简述各种除尘方法的机理。

（4）降尘管的除尘机理是什么，有什么作用？

（5）影响降尘管除尘效率的因素有哪些？

（6）降尘管卸灰方式有哪些，各有什么特点？

（7）影响旋风除尘器除尘的因素有哪些？

（8）多管除尘器的除尘机理是什么，影响其除尘效率的因素有哪些？

（9）简述电除尘器的组成和除尘机理。

（10）烧结节能减排的措施有哪些？

## ⊞ 知识技能拓展

### 双层预烧结新工艺

双层预烧结即双层点火烧结，先铺装下层料后点火烧结，然后再铺装上层料在上层点火烧结。由于在烧结料层中有两个燃烧带同时移动，因此在理论上，烧结时间可大幅缩短，烧结矿的产量可显著提高，此外抽入的空气得以充分利用，可大幅节省风量。双层烧结工艺可改善高磁铁矿配比下烧结料层透气性差、利用系数低的问题。其技术原理是：在烧结过程中，烧结料层划分为六个带，分别是过湿带、干燥带、预热带、燃烧带、熔化带和烧结矿带，在这六个带中烧结矿带的阻力最小。先铺装的下层料经预烧结后形成的烧结矿带，使得料层透气性得到改善，烧结利用系数大幅提高。该新工艺的实施在国内外烧结行业是一项颠覆性的创新，代表超厚料层铁矿石烧结的发展方向。该工艺不仅可以显著提高烧结矿产量，还可以大幅度降低氮氧化物和碳氧化物的排放量。高炉使用双层预烧结新工艺的烧结矿，顺行情况良好，高炉产量及风量与基准期基本一致。

但新工艺在某些工艺参数和工序上尚需继续完善。在双层烧结生产时，易存在下层烧结带助燃氧气量不够的问题，会严重影响下部烧结矿的质量。为解决该问题，提出了"分段供氧、富氧烧结"的解决方案，结果证明当在烧结杯顶部料层喷入氧气含量为25%的富氧空气时，下层烧结带可实现良好燃烧生产，不会对烧结矿的质量指标造成负面影响。该新工艺丰富了超厚料层烧结的技术与理论体系，为超厚料层烧结技术在国内广泛应用，推进烧结行业优质、高效、清洁发展提供了技术支撑。

## 安全小贴士

（1）烧结作业操作属于高温操作，要穿戴好劳保用品，防止在操作现场被烧伤烫伤。

（2）设备重启前需得到岗位工现场确认回复后方可启动设备。

（3）发现故障和隐患应马上处理和报告，防止故障和隐患的扩大。

（4）保持室内设备和环境的整齐，不许有积尘，室内不允许堆放妨碍操作和通行的杂物。

# 实训项目3　烧结作业操作

## 工作任务单

| 任务名称 | 点火烧结操作 | | |
|---|---|---|---|
| 时　间 | | 地　点 | |
| 组　员 | | | |
| 实训意义 | 通过实训室的烧结杯试验，模拟烧结现场的抽风烧结过程，依次进行混料、布料、点火工序，完成烧结作业操作。 | | |
| 实训目标 | （1）观察不同配碳及碱度、不同原料搭配等工艺条件变化对烧结矿产质量的影响；<br>（2）通过实验巩固已学的烧结理论；<br>（3）学习写报告、分析整理数据。 | | |
| 实训注意事项 | （1）严格遵守实训场所的安全操作规程和规章制度；<br>（2）点火器上的阀门及参数设置好后，禁止随意改动；<br>（3）预热时间到，马上关断煤气罐的总阀；<br>（4）点火器熄火后，风机继续向下吹风冷却设备（时间一般设定为5 min）。 | | |
| 实训设备 | <br>点火与烧结杯装置实物图<br>1—烧结布料器；2—点火器<br><br><br>烧结实验装置示意图<br>1—点火煤气；2—助燃风机；3—尾气温度传感器；4—烧结杯；<br>5—除尘器；6—主抽风机；7—负压传感器；8—点火器 | | |

| | |
|---|---|
| 实训<br>操作过程 | （1）混合料的称量。将混合料在电子秤上称量，并将料斗中的全部湿混合料加 1 kg 测水用料，记为 $M_{混}$。使装料斗中的料保持在 80 kg 左右。<br><br>（2）检测混合料水分。将已取好称好的混合料 1 kg，放入烘箱中，在 105 ℃±5 ℃ 的温度下干燥 4 h，冷却后称剩余量，计算混合料水分。<br><br>（3）烧结杯底部清理。清除密封圈的灰尘和杂物，同时清理烧结杯底部的炉箅子，尽量确保其孔洞畅通。<br><br>（4）烧结杯预热。先测量烧结杯炉箅子到烧结杯口的高度，记为 $H_0$；放掉管路中多余的煤气，将点火器旋转到点火位置；点击"自动预热"，点火温度达到 600 ℃ 时，开始为烧结杯预热（预热时间 2~3 min）。<br><br>（5）装铺底料。在烧结杯底部首先加入 3 kg 粒度为 10~12.5 mm 的烧结矿作为铺底料铺平，测量料面高度记做 $H_1$，铺底料高度 $H_铺 = H_0 - H_1$。<br><br>（6）装料斗到位。通过行车将装料斗运至烧结杯的正上方，缓慢下放装料斗到恰当位置，料斗底部会自动打开。<br><br>（7）装料。称量余料，记为 $M_余$。将烧结杯内的原料进行人工刮平和压实。测定料面到烧结杯口的高度记做 $H_2$，料层高度 $H_料 = H_1 - H_2$。<br><br>（8）点火烧结。设置点火温度（1050 ℃±30 ℃）和点火时间（2 min 左右），点击"自动烧结"。烧结过程中负压调至 10 kPa 左右。 |

实训数据记录

烧结工艺参数

| 烧结杯内混合料重 /kg | 混料水分 /% | 点火温度 /℃ | 点火负压 /Pa | 烧结负压 /Pa | 料层高度 $H$/mm | | |
|---|---|---|---|---|---|---|---|
| | | | | | $H_1$ | $H_2$ | $H_1-H_2$ |
| | | | | | | | |

烧结废气温度及抽风负压记录

| 时间/min | 4 | 8 | 12 | 16 | 20 | 24 | 28 |
|---|---|---|---|---|---|---|---|
| 废气温度/℃ | | | | | | | |
| 负压/Pa | | | | | | | |
| 时间/min | 32 | 36 | 40 | 44 | 46 | | |
| 废气温度/℃ | | | | | | | |
| 负压/Pa | | | | | | | |

实验结果分析

（1）判断烧结终点：

（2）计算垂直烧结速度并分析影响因素：

垂直烧结速度（mm/min）= 料层高度/烧结时间 = $H_料/T$

| 考核评价 | 专业实训任务评价 | | | |
|---|---|---|---|---|
| | 评分内容 | 标准分值 | 小组评价（40%） | 教师评价（60%） |
| | 出勤、纪律（10%） | 10 | | |
| | 操作过程（20%） | 20 | | |
| | 数据记录（40%） | 40 | | |
| | 结果分析（30%） | 30 | | |
| | 任务综合得分 | | | |

 **烧结矿成品处理**

项目4 课件

 **思政课堂**

### 责任重于山

人最宝贵的是生命。只有生命才会创造奇迹。没有生命，一切无从谈起。安全责任，就是生命的保护神！安全系于责任，责任重于泰山。失去了责任，随之而来的可能就是哭声、是血泪，是家庭的破碎，是企业的泥潭，是社会无法承受之重。责任多一分，隐患少十分。

某钢铁公司烧结厂职工冒险进入料仓底部清料，仓壁黏料塌落埋压人事故经过如下。

2006年10月14日下午，某烧结厂第三烧结车360 m² 烧结机因环冷机突发故障抢修，丁班工长晁某根据车间主任助理程某安排，交代看火组副组长杨某、原料组组长王某临时组织人员清理机头料仓，并要求二人负责本组人员的安全监护。15点50分，杨某、王某、孙某等人开始从料仓上面用风管清料。16点40分，程某从环冷机出来到各岗位了解情况，上到机头料仓时，看到孙某、杨某等人正在风管捅料，一些人未戴口罩，便要求未戴口罩人员去拿口罩，并询问料仓情况。因黏料太硬，风管已经扎扁了还清不下去，程某问孙某、杨某等人遇到类似情况有没有更好的处理办法，孙某、杨某回答："可以钻到里面清理更好一点"。于是程某安排孙某去拿安全带，自己和杨某一块找到梯子，程某到厕所方便，杨某把梯子扛到料仓底下，自己首先从活页门处钻了进去，孙某也跟着钻了进去，随后从楼上下来的王某将梯子及工具递进料仓，杨某站在梯子上清东侧黏料，孙某清西侧底下黏料。17时20分，仓壁黏料塌落，将孙某埋压，现场人员将其救出，经职工总医院全力抢救，于19时30分抢救无效死亡。事故原因：

（1）看火组副组长杨某、看火工孙某违反清仓规定，从料仓底部进入仓内违章冒险作业，是造成本次事故的直接原因；

（2）车间主任助理程某，违章指挥，纵容职工违章冒险作业，是造成本次事故的主要原因。

（3）烧结职工安全教育不到位，安全措施制定不详细，职工安全意识差，存在违章冒险作业。

责任重于山，许多安全事故的发生，并不在于制度的缺失，而是在于责任意识的淡薄，在于管理安全工作的不到位，将责任落实工作作为主题，可谓是切中要害。

## 思政探究

请思考产品质量与企业发展及个人发展的关系。

## 项目背景

烧结矿成品处理是把冷却后的烧结矿经破碎和筛分，使烧结矿无过大的粒度（我国要求粒度大于 50 mm 的不超过 10%，国外普遍要求粒度为 35~40 mm 的不超过 10%）和过小的粉末（粒度小于 5 mm 的不超 5%）。运往高炉的成品烧结矿要求粒度均匀，而且强度有保证。在整粒过程中，经破碎、筛分和落差转运将大块中未黏结好的和有裂纹的料破碎和筛除，经整粒后的烧结矿粒度均匀，粉末减少，高炉料柱透气性得到改善，有利于高炉顺行，也为高炉进一步强化创造了条件，从而使高炉生产的产量增加，利用系数提高，焦比下降。

## 学习目标

知识目标：

(1) 了解烧结矿成品处理的目的；
(2) 掌握烧结矿成品处理的工艺流程；
(3) 掌握环冷机工作原理、设备性能、结构；
(4) 了解烧结矿整粒的概念与工艺；
(5) 了解烧结矿表面处理工艺；
(6) 了解烧结机余热回收原理、方法。

技能目标：

(1) 会判断烧结矿的冷却效果，并能够根据不同情况来调整冷却效果；
(2) 掌握判断烧结矿质量的方法；
(3) 掌握烧结矿质量检测的方法；
(4) 掌握球团矿质量检测的方法。

德育目标：

(1) 培养学生树立产品质量意识；
(2) 培养学生具有环保意识；
(3) 培养学生的工匠精神。

## 任务 4.1 烧结矿的破碎与冷却

## 任务描述

从烧结机尾翻卸下的烧结矿，夹带未烧透和未烧结的原矿粉，且烧结矿块度大、温度高，对输送、储存和高炉生产有不良影响，因此必须对烧结矿进行破碎、冷却、筛分整粒处理才能用于高炉生产。

## 相关知识

### 4.1.1 烧结矿成品处理的作用

烧结矿成品处理对于提高烧结矿的质量、减少入炉粉末、实现增铁节焦都有重要意义。烧结矿从烧结机尾卸下，其温度高（700~800 ℃）；粒度不均匀，部分大块超过200 mm，甚至达 300~500 mm；矿物组成也不尽相同，大块烧结矿中还夹杂着未烧好的矿粉或生料。若对这些烧结矿不进行加工处理就直接加入高炉，将会对高炉冶炼造成不良影响。温度高的烧结矿不但运输困难，污染环境，恶化劳动条件，而且影响炉顶设备的使用寿命，同时会导致高炉料柱透气性差，煤气流分布不均匀，不利于提高冶炼强度，更不利于高炉大型化的发展。烧结矿成品处理改善了烧结矿质量，为高炉使用"精料"打下了基础，有利于高炉利用系数的提高及焦比的降低。因此，烧结矿成品处理具有重要意义。

### 4.1.2 烧结矿成品处理的工艺流程

烧结矿处理流程有热矿处理和冷矿处理两种，如图 4-1 所示。热矿处理是将热烧结矿经机尾破碎筛分后，进入冷却设备进行冷却，经二次筛分后，成品矿再进入高炉矿槽。也有的厂家在烧结矿冷却后采用二次破碎、多段筛分，进一步整粒的流程。国内外大多数烧结矿粉末量少的炼铁厂，都是因为实现了烧结矿的冷却和整粒。热破碎设备普遍采用剪切式单辊破碎机，热筛分设备多采用筛分效率高的热矿振动筛。热矿振动筛能有效地减少成品矿中的粉尘，降低冷却过程中的烧结矿层阻力和扬尘，同时，所获得的热返矿可改善烧结混合料的粒度组成和预热混合料，利于提高烧结矿的产品质量；但因长期处于高温多尘

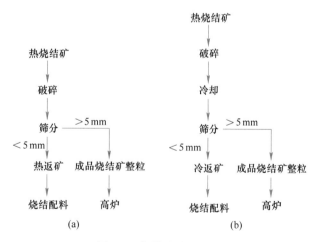

图 4-1　烧结矿处理流程
（a）热矿处理法；（b）冷矿处理法

环境下工作，磨损严重，事故较多，严重影响烧结机的作业率。因此，近年来设计投产的大型烧结机取消了热矿筛，烧结矿自机尾经单辊破碎机破碎后直接进入冷却机冷却。这种热烧结矿直接破碎后冷却、筛分、整粒的方法就是冷矿处理法。

### 4.1.3　烧结矿热破碎和热筛分

从烧结机机尾卸下的烧结矿，由于粒度大，不经破碎处理不利于冷却，也不符合高炉对原料粒度的要求，而且大块料在运输中易在矿槽或漏斗内卡塞和损坏胶带。

使用广泛的烧结矿破碎设备是剪切式单辊破碎机，其结构包括箱体、齿辊、破碎齿、算板、保险装置等主要部分，如图 4-2 所示。

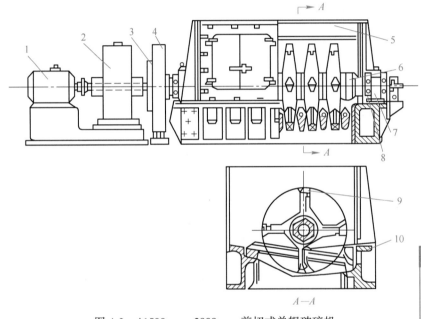

图 4-2　φ1500 mm×2800 mm 剪切式单辊破碎机
1—电动机；2—减速机；3—保险装置；4—开式齿轮；5—箱体；
6—齿辊；7—冷却水管；8—轴承；9—破碎齿；10—算板

（1）箱体。它由前臂、后臂、左右侧板、左右算板组、中间壁板组及衬板组成。

（2）齿辊。它通过主轴两端水冷轴承水平地安放在箱体上，辊轴安装齿辊的部分加工成外六面体，齿轴套于辊轴的六面体上，主轴中心加工通孔，以便通水冷却。

（3）破碎齿。每个齿辊设有 4 个破碎齿，每个破碎齿端都镶有齿冠。

（4）算板。算板水平安装在破碎机的下面，上部设有耐磨衬板。

剪切式单辊破碎机具有效益高、破碎粒度均匀、粉矿少、结构简单和重量轻等优点，是较好的热烧结矿破碎设备。

耐热振动筛用来筛分 800~1000 ℃ 的烧结矿，筛分后热烧结矿送往冷却机冷却。

耐热振动筛由振动器、筛箱、弹簧等组成，如图 4-3 所示。筛箱是筛子的运动部件，由筛框、筛板、横梁、侧板所组成。筛子的基本工作原理是，振动器上两对偏心块在电动机带动下，做高速相反方向旋转，产生定向惯性力传给筛箱，与筛箱振动时所产生的惯性力相平衡，从而使筛箱产生具有一定振幅的直线往复运动。筛面上的物料，在筛面的抛掷作用下，以抛物线运动轨迹向前移动和翻滚，从而达到筛分的目的。

耐热振动筛筛分效率高，设备结构简单，由于采用了二次减振梁，对基础的动负荷较小。但是筛子长期处于高温粉尘条件下工作，遭受连续运动的冲击和振动，筛子本体容易变形、振裂，助振器轴承容易损坏，筛子易过度磨损。因此，国产耐热振动筛筛板选用铬锰氮耐热铸钢，筛框为 14 锰钼钒硼加稀土低合金钢，性能较好，能满足生产要求，而造价比镍铬耐热钢降低 70% 以上。

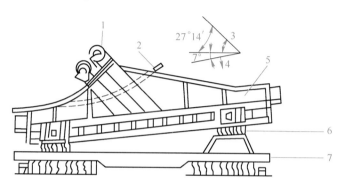

图 4-3　耐热振动筛构造

1—振动器；2—隔热水包；3—振动方向；4—物料运动方向；5—筛箱；6—弹簧；7—底架

由于耐热振动筛在使用中难免会出现一些故障，影响烧结机的生产率，因此国内外有些烧结厂已取消耐热振动筛。经单辊破碎机破碎后的烧结矿直接进入冷却机，只要把冷却机的风量增加 15%～20%，即可获得与有热振动筛时同样的冷却效果。

### 4.1.4　烧结矿冷却

烧结矿从烧结机尾翻卸下后平均温度达 700～800 ℃，高温烧结矿如果不进行冷却，输送、破碎整粒和储存都很困难，必须将烧结矿冷却到 120 ℃以下，保护皮带机不被烧损烧坏，才能输送到高炉工序，其主要原因如下。

（1）烧结矿冷却后，便于进一步破碎筛分，整顿粒度，实现分级，并降低粉末，达到"匀、净、小"的要求，可以提高高炉料柱的透气性，为高炉冶炼提供粒度均匀的烧结矿，为强化高炉冶炼创造条件。降低焦比，提高生铁产量，冷矿通过整粒，还便于分出粒度适宜的铺底料，实现较为理想的铺底料工艺，改善烧结过程。

（2）高炉使用经过整粒的冷烧结矿，炉顶温度降低，炉尘吹损减少，有利于炉顶设备的维护，延长其使用寿命，并为提高炉顶煤气压力、实行高压操作提供了有利条件，且降低炉顶温度，强化高炉冶炼。由于炉顶压力提高，有利于炉况稳定顺行，故使用冷烧结矿是很有必要的。

（3）采用冷矿可以直接用皮带运输机运输，从而取消大量机车、运矿车辆及铁道线路，占地面积减少，厂区布置紧凑，节省大量设备和投资；烧结矿用皮带运输，甚至直接向高炉上料，容易实现自动化，增大输送能力，更能适应高炉大型化发展的要求。

（4）使用冷烧结矿可以改善烧结厂和炼铁厂的厂区工作环境。

烧结矿的冷却方式可分为机上冷却和机外冷却。机上冷却是将烧结机延长后，直接在烧结机的后半部进行烧结矿的冷却，烧结段和冷却段各有独立的抽风系统。机外冷却则是在烧结机以外设置专门的冷却设备，如带式冷却机、盘式冷却机、环式冷却机等。日本是采用机外冷却的国家，拥有世界上最大的带、盘、环式冷却机，生产率高，能耗低，质量好。

烧结矿进行冷却时，冷却方法选择合适与否，对冷烧结矿生产影响很大。合适的冷却方法应该保证：烧结矿质量（主要指强度）少受或不受影响，尽可能减少粉化现象；冷却效率高，以便在较短的时间内达到预期的冷却效果；经济上合理。

烧结矿的冷却方法有打水冷却、自然通风冷却和强制通风冷却。打水冷却具有冷却强度大、效率高和成本低的优点，但因急冷使烧结矿强度大大降低，尤其对熔剂性烧结矿，遇水产生粉化的情况更为严重，并且难以再行筛分。自然通风冷却效率低，冷却时间长，占地面积大，环境条件恶劣。目前广泛采用的是强制通风冷却。强制风冷又有抽风冷却和鼓风冷却两种。抽风冷却采用薄料层（$H < 500$ mm），所需风压相对要低（600~750 Pa），冷却时间短，一般经过 20~30 min，烧结矿可冷却到 100 ℃左右；但所需冷却面积大，风机叶片寿命短，且抽风冷却第一段废气温度较低（150~200 ℃），不便于废热回收利用。鼓风冷却采用厚料层（$H > 500$ mm），冷却时间较长，冷却面积相对较小，冷却后热废气温度为 300~400 ℃，便于废热回收利用；但所需风压较高，一般为 2000~5000 Pa。总的看来，鼓风冷却优于抽风冷却，在新建的烧结厂中，抽风冷却已逐渐被取代。

在保证烧结矿烧好烧透的基础上，改善烧结矿的粒度和粒度组成，可提高强制风冷的冷却效果。当烧结矿温度一定时，在一定冷却时间内，冷却效果主要取决于烧结矿的粒度、粒度组成、冷却风量和风速。根据计算，所需的冷却风量按每吨烧结矿计，鼓风冷却为 2000~2200 m³（标态），抽风冷却为 3500~4800 m³（标态）。风量一定时，烧结矿的粒度显得更为重要。研究表明，在一定的冷却设备、冷却风量、料层厚度等条件下，烧结矿从初始温度（700~800 ℃）冷却到要求温度（100 ℃）所需的最少时间，可按式（4-1）计算。

$$\tau = 0.15kd \tag{4-1}$$

式中　$\tau$——冷却时间，min；

　　　$k$——系数，按筛分效率高低可取 1~1.2；如小于 8 mm 的烧结矿为零，则 $k$ 为 1；

　　　$d$——烧结矿的粒度上限，mm。

从式（4-1）可知，烧结矿缩小上限，筛出粉末，则冷却时间缩短。因此，冷却前对大块烧结矿进行破碎是必要的。要使烧结矿在 20~30 min 内冷却到要求温度，烧结矿应破碎到 150 mm 以下。同时破碎后还应进行筛分，改善其粒度组成，尽管减少粉末（<5 mm）含量，以免堵塞气流通道，导致冷却矿层透气性降低和气流分布不均，影响风的利用和冷却效果。此外，要保证冷却效果，还应使冷却机上布料均匀。

### 4.1.4.1 环式冷却机

环式冷却机由机架、导轨、扇形冷却台车、密封罩及卸矿漏斗等组成，根据通风方式不同，可分为鼓风环式冷却机和抽风环式冷却机两大类。二者各有优缺点，总体鼓风环式冷却机优于抽风环式冷却机，广泛采用鼓风环式冷却机。

（1）鼓风环式冷却机利用冷却风机的强制鼓风作用，通过风箱从台车底部将冷空气鼓入烧结矿层，通过冷空气与热烧结矿层的热交换达到冷却目的，形成的高温热废气回收进行余热利用，低温热废气通过排气烟囱排入大气。

鼓风环式冷却机的优点：冷却风机在冷状态下运行，风机吸入的空气含尘量小，风机叶轮磨损较小；耗电量少，容易维修；采用厚料层低转速，冷却时间长，冷却面积相对小，一般冷烧比为 0.9~12，占地面积小，冷却效果好；高温段热废气温度高，可余热回收利用。

钢铁生产中，烧结能耗占 10%~20%，仅次于炼铁。烧结生产中，烧结机尾风箱烟气显热和鼓风环式冷却机热废气潜热约占全部烧结热输出的 50%，其中鼓风环式冷却机热废气潜热约占全部热输出的 1/3，是余热回收的重点，可通过以下途径回收利用该部分热能：

1）设置蒸汽发生装置，回收鼓风环式冷却机高温段热废气制取蒸汽，产生的蒸汽并入公司管网，也可就地用于预热烧结料提高料温；

2）设置余热发电装置，回收鼓风环式冷却机高温段热废气用于发电；

3）利用鼓风环式冷却机高温段热废气的热差原理，通过热风管排到烧结机点火保温炉或点火炉后的热风罩内进行热风烧结。

鼓风环式冷却机的缺点：冷却风机所需风压较高，必须选用密封性能好的密封装置；冷却风量大，风速快，气流含尘量高，环境粉尘量大。

（2）抽风环式冷却机利用冷却风机的强制抽风作用，在台车料层上方产生负压将冷空气吸入烧结矿层，通过冷空气与热烧结矿层的热交换达到冷却目的，形成的热废气通过各自的烟囱排入大气。

抽风环式冷却机的优点：有效抽风面积大，设备利用率高；冷却风机密封回路简单，维修费用低，且风机功率小，可以用大风量进行热交换，缩短冷却时间，环境粉尘量小。

抽风环式冷却机的缺点：冷却风机在含尘量较大、气体温度较高的条件下工作，风机叶片磨损大使用寿命短，电耗高，冷却面积相对大，一般冷烧比为 1.25~1.5，占地面积大；高温段热废气潜热低，不利于余热回收利用。抽风环式冷却机如图 4-4 所示。

传动装置由电动机、摩擦轮和传动架组成。传动架用槽钢焊接成内外两个大圆环，每个台车底部的前端有一个套环，将台车套在回转传动架的连接管上。后端两侧装有行走轮，置于固定在内外圆环间的两根环形导轨上运行。外圆环上焊有一个硬质耐磨的钢板摩擦片，该摩擦片用两个铸钢摩擦轮夹紧，当电动机带动摩擦轮转动时，供二者间摩擦作用，使传动架转动而带动冷却台车做圆周运动。台车底部安装有百叶窗式算板和铁丝网，上部罩在密封罩内。在环形密封罩上等距离设置三个烟囱，内安装轴流式抽风风机。

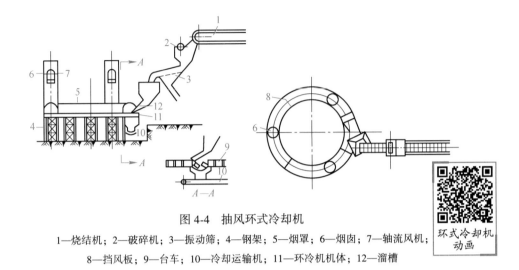

图 4-4　抽风环式冷却机

1—烧结机；2—破碎机；3—振动筛；4—钢架；5—烟罩；6—烟囱；7—轴流风机；
8—挡风板；9—台车；10—冷却运输机；11—环冷机机体；12—溜槽

　　按台车运行方向，卸矿槽在烧结机尾部给矿点的前面位置。卸矿槽上的导轨是向下弯曲的。热烧结矿经热矿筛的给矿装置给入台车，台车运动的过程中，受到从台车下经百叶窗式箅条抽入的冷风冷却，当台车行至曲轨处时，后端滚轮沿曲轨下行，台车尾部向下倾斜 60°，在继续向前运行过程中，将冷却后的烧结矿卸入漏斗内。卸完后，又走到水平轨道上，重新接受热烧结矿。如此循环不断，工作连续进行。环冷机卸矿和装矿过程如图 4-5 所示。

　　环式冷却机是一种比较好的烧结矿冷却设备，其优点如下：

　　（1）冷却效果好，在 20~30 min 内烧结矿温度可降到 100~150 ℃；

　　（2）台车无空载运行，提高了冷却效率；

　　（3）运行平稳，静料层冷却过程中烧结矿不受机械破坏，粉碎少；

　　（4）料层薄，一般为 250~300 mm，阻力损失少，不超过 600 Pa，冷风通过料层的流速低，为 1.5 m/s 左右，因此烟气含尘量少，据测定为 0.02~0.05 g/m³，故抽风冷却过程不需要除尘；

　　（5）结构简单，维修费用低。

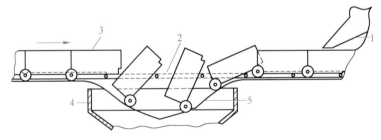

图 4-5　环冷机卸矿和装矿过程

1—溜槽；2—传动架；3—台车；4—矿槽；5—弯形轨道

　　鼓风式环冷机与抽风式环冷机的区别，在于冷空气是鼓风机从台车底部鼓入，通过热烧结矿层加热后从烟罩排出。因此，台车需设置风箱和空气分配套，风箱与台车底部需严格密封。

与抽风式相比，鼓风环式冷却机具有以下优点。

（1）料层厚度大，料层厚度一般为 800~1500 mm，冷风利用效率高、冷却面积小，冷却面积和烧结面积之比一般为 0.8~1.2（抽风时为 1.2~1.5）。因而，在相同处理能力下冷却面积可大大缩小，故设备重量轻，投资少。

（2）可采用直接装料法，即烧结矿经单辊破碎机破碎后可不经筛分直接装入冷却机。

（3）冷却风机所通过的空气是常温的，不带粉尘的空气，因而只需采用普通风机，风机磨损小，寿命长。

（4）由于料层厚，所以废气温度高，第一冷却段排出的冷却废气温度可达 400 ℃以上（抽风环式冷却机的废气温度为 200 ℃左右），因而余热回收效率高。

由于鼓风环式冷却机具有以上优点，目前在世界上得到广泛的应用。国内部分鼓风环式冷却机技术参数见表 4-1。

**表 4-1　国内部分鼓风环式冷却机的技术参数**

| 有效冷却面积/m² | 处理能力/t·h⁻¹ | 环中心直径/m | 配套烧结机规格/m² | 电机功率/kW | 台车 | | 冷却风机 | | 冷却时间/min | 排矿温度/℃ |
|---|---|---|---|---|---|---|---|---|---|---|
| | | | | | 宽×高/m×m | 料层厚度/m | 风量/m³·min⁻¹ | 风压/Pa | | |
| 460 | 1150 | 46.1 | 450 | 15 | 3.5×1.5 | 1.5 | 9200 | 4117.7 | | <150 |
| 280 | 565 | 33 | 265 | 15 | 3.2×1.5 | 1.4 | 5133 | | 43~130 | <100 |
| 140 | 300 | 22 | 130 | 11 | 2.8×1.5 | 1.4 | 2600 | | 48~144 | <150 |

#### 4.1.4.2　带式冷却机

带式冷却机是一种带有百叶窗式通风孔的金属板式运输机，如图 4-6 所示。它由许多个台车组成，台车两端固定在链板上，构成一条封闭链带，由电动机经减速机传动。工作面的台车上都有密封罩，密封罩上设有抽风（或排气）的烟囱。

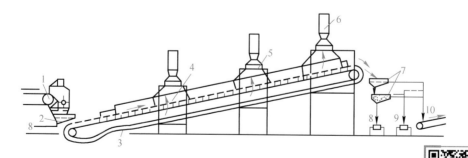

图 4-6　带式冷却机

1—烧结机；2—热矿筛；3—冷却机；4—排烟罩；5—冷却风机；6—烟囱；
7—冷却筛；8—返矿；9—底料；10—成品烧结矿

热烧结矿自链带尾端加入台车，靠卸料端链轮传动，台车向前缓慢地移动，借助烟囱中的轴流风机抽风（或自台车下部鼓风）冷却，冷却后的烧结矿从链带头部卸落，用胶带运输机运走，带式冷却机具有如下特点：

（1）烧结矿边冷却边运输，适于多台布置，有利于老厂改建，增添冷却设备；

（2）冷却效果较好，热矿由 700~800 ℃ 冷却到 100 ℃，冷却时间一般为 20~25 min；

（3）料层薄，一般为 250~350 mm，因此阻力小，而且抽风冷却过程不需要除尘；

（4）烧结矿为静料冷却，冷却过程不受机械磨损与碰撞，因而粉碎少。

带式冷却机也是国内外广泛采用的一种烧结矿冷却设备。国外最大带冷机有效冷却面积达 780 m²（配 600 m² 烧结机）。国内从 20 世纪 70 年代初开始采用带式冷却机，现已有多种规格的带冷机投入运行。部分带式冷却机主要技术性能见表 4-2。

**表 4-2　国内部分带式冷却机主要技术性能**

| 冷却机型号 | 配套烧结机面积/m² | 有效冷却面积/m² | 冷却能力/t·h⁻¹ | 台车速度范围/m·min⁻¹ | 料层厚度/m | 冷却机倾斜角/(°) | 进/出料温度/℃ | 传动电机功率/kW·h | 风机 | | 台车宽度/m |
|---|---|---|---|---|---|---|---|---|---|---|---|
| | | | | | | | | | 风量×台数/(m³·min⁻¹)×台 | 风压/Pa | |
| 30 | 18 | 32.6 | 32 | 2.54~0.51 | 0.15~0.25 | 12 | 750/<160 | 13 | 2250×2 | −600 | 1.5 |
| 40 | 24 | 42.5 | 42 | 2.54~0.51 | 0.15~0.25 | 12 | 750/<160 | 13 | 2250×3 | −600 | 1.5 |
| 60 | 36 | | 64 | 0.15~0.25 | | 4°15′ | 750/<160 | 13 | 2250×4 | −600 | 1.5 |
| 120① | 105 | 120 | 210 | 0.3~0.9 | 1.2±0.05 | 4°58′ | 700~850/<150 | 101.24 | 99500×5 | +3760 | 3.0 |

①鼓风带式冷却机，其余均为抽风带式冷却机。

带式冷却机有冷却兼运输和提升的优点，可减少冷矿输送胶带，适合于多台布置，但空行程多，需要较多的特殊材质。而环式冷却机台车面积利用充分，无空载行程，但占地面积宽，不适于两台以上的布置。

### 4.1.4.3　振动式冷却机

振动式冷却机兼有运输、筛分、冷却三种作用，其结构如图 4-7 所示。整个冷却机支撑在两排可振动的支撑柱 7 上，经由电动机 4 带动偏心轴皮带轮 3，使主弹簧 5 振动并带动其他缓冲弹簧 6 一起振动，结果使整个冷却机振动。主动弹簧与机体运输方向构成一定的夹角，使机体按一定方向做简谐振动。装入机体内的热烧结矿在机体振动下连续向前跳动，并通过筛板分成成品烧结矿和返矿两个级别，筛板下面鼓入的冷空气穿过跳动着的料层，使烧结矿冷却。废气通过机罩 2 上的排气管排入大气。

振动式冷却机冷却效果好，烧结矿由 750 ℃ 冷却到 100 ℃ 仅需 6~10 min，筛分效率高，冷却前不需要设振动筛（但有固定筛），成品烧结矿中小于 8 mm 的含量不超过 5%，振动式冷却机为鼓风冷却，因此冷却风量小，大约为 3000 m³/t。

振动式冷却机设备工作参数调整困难，易出现断弹簧和弹簧轴以及机体开裂等事故，只能与小型烧结机配套使用。

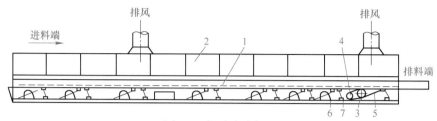

图 4-7 振动式冷却机

1—机体；2—机罩；3—偏心轴皮带轮；4—电动机；5—主弹簧；6—副弹簧（缓冲弹簧）；7—支撑柱

#### 4.1.4.4 烧结机上冷却系统

机上冷却不需单独配置冷却机，只是把烧结机延长，前段台车用作烧结，后段台车用作冷却，分别称为烧结段和冷却段。两段各有独立的抽风系统，中间用隔板分开，防止互相窜风。强制送入的冷风穿过料层，进行热交换。冷却后的烧结矿从机尾卸下，热废气经除尘后从烟道排出。机上冷却有如下特点：

（1）工艺流程简单，工艺布置紧凑；

（2）由于冷却机就是烧结机的延长部分，不另设专门的冷却设备，只增加一台冷却用风机，设备简单，维修工作量少；

（3）烧结矿成品率比其他机外冷却高 5%~10%；

（4）机上冷却后，烧结矿不经破碎，而且转运次数少；

（5）烧结矿强度好，粒度较均匀。

与机外冷却相比，机上冷却投资高，设备损耗大，电耗高，生产控制较困难，因此国内有的烧结厂又把冷却段改为烧结段。

### 4.1.5 烧结矿冷却效果的判断与调整

烧结矿冷却后的温度应低于 150 ℃，这样才能保证在运输的过程中不烧坏运输机的胶带。烧结矿冷却效果的判断方法如下。

（1）看烧结矿表面的颜色，冷却温度小于 150 ℃时，烧结矿表面颜色是褐色的，没有冷却下来的烧结矿表面还有暗红色，判断时要以绝大部分烧结矿的颜色进行判断。一般来说，达到冷却效果的烧结矿中只有少数大块中有未冷却下来的暗红色，这些都是烧结块比较大而冷却时间不足导致的。如果红块较多时，则说明冷却效果不好，可以根据实际情况采取适当的措施。

（2）看不烧皮带。

（3）出料口废气温度小于 150 ℃，出料口料层静压控制在一定范围。

冷却机的冷却效果受烧结矿的粒度组成、冷却机台车上烧结矿料层厚度、台车上的铺料状况、冷却时间、风量等因素影响。烧结过程的终点控制对冷却有较大的影响，若烧结矿未烧透，残留的固体燃料将在冷却过程中进行"二次燃烧"，大大降低冷却效果。烧结矿的粒度越大，越不均匀，烧结矿冷却难度越大，这是因为大块烧结矿的导热性能差，粒度不均匀，料层的透气性差，影响烧结矿冷却效果。

当烧结矿大块多时，冷却速度取决于热传导速度。可以适当提高烧结矿层的厚度、减慢机速，以使烧结矿冷却时间延长。

当烧结矿粒度小时，冷却速度取决于热对流速度。在这种情况下，一是应降低料层，提高机速，减少烧结矿的冷却时间；二是减少鼓风机运转台数。

在冷却机上铺料要均匀，铺料不均匀时要及时查找原因。如果是给料机有问题，要及时检修处理；如果是漏斗下料产生问题，则必须处理下料点。总之，在生产中要杜绝布料不均的现象，因为空气易从阻力最小处通过，造成"风短路"，冷却效果下降。

### 4.1.6 烧结余热回收

作为能源密集型的冶金生产工业占据全国能源总消耗量的 16% 左右，与之相关的余热余压回收等节能减排措施备受关注。烧结工序是冶金全流程生产的前端，约占企业能源总消耗量的 9% ~ 12%，是冶金企业节能减排的重点。纵观烧结生产全过程，总热量占比 50% ~ 60% 的烧结矿显热是在冷却机上被鼓风冷却排出，这部分热废气的温度因冷却位置的不同而不同，平均温度在 250 ℃左右，占比烧结工序总能耗的 29%，如果能够充分利用这些在冷却机上被释放的热量，将是烧结工序提高能效和降低能耗的极好途径。

自烧结机机尾落下的烧结矿温度较高，有 700 ~ 800 ℃，需要冷却到 120 ℃以下，大部分烧结厂采用环式冷却机对烧结矿进行冷却。由于环式冷却机是通过鼓风机将冷空气经风管穿过台车进入热烧结矿料层并与之进行热交换，使热烧结矿逐渐得到冷却，因此就会产生大量环式冷却机热废气，其含尘浓度为 300 ~ 80 mg/m³。

国内冶金企业对环式冷却机余热的利用，大部分只选择了环式冷却机中高温区 300 ℃以上的热废气，其回收利用方式主要分为以下三种：

（1）将热废气用于热风点火助燃，或通入机头混合料仓预热混合料，达到降低烧结固体燃料消耗的目的，此法虽然简单有效，但对热废气的利用率极低，且能被利用的热废气量不到总废气量的 10%；

（2）通过换热装置或余热锅炉将热废气用于生产蒸汽，并入厂区蒸汽总管网，代替一部分的燃料锅炉，利用此种方式的冶金企业不多；

（3）通过余热锅炉产蒸汽后进行发电，该方式可利用约 40% 的环式冷却热废气，能够使全厂热效率达到 20%，为大多数冶金企业所采用。

300 ℃以下的低温区环式冷却热废气再利用方法如下。

（1）用于热风烧结。将环式冷却机上经过除尘后的低温热废气通过风机引入位于点火炉后的烧结机密封罩内进行烧结的方法，在环式冷却机和多管除尘器之间设尘气蝶阀；设计的多管除尘器可去除环式冷却热废气中携带的粉尘，以减轻后续设备及管道的磨损，同时可净化环式冷却机附近的工作环境，而多管除尘器内的除尘灰通过双层卸灰阀卸到配料胶带机上再次参与配料；烟气分配器与烧结机台车密封罩相连，可将由环式冷却回热风机引出的热风均匀分布到烧结机台车表面。

（2）用于热风点火。采用热风点火工艺，将环式冷却机低温热废气（150~300 ℃）经过净化后作为点火助燃空气使用，可减少投资及高炉燃气用量。研究表明，环式冷却机低温热废气主要成分为 $N_2$（约占 79%），其次为 $O_2$（约占 16%），再就是 CO 和 $CO_2$ 等（约占 5%），与空气成分非常相似，作为点火助燃空气完全满足要求。此外，具有 150~300 ℃温度的环式冷却机低温热废气，无须预热即能保证高炉燃气正常使用，还可大幅提高燃气的使用效率，节省固体燃料用量。

（3）用于烟气循环。烟气循环烧结工艺因对烧结过程产生的热废气重复利用度高受到重视，其回收烟气中的显热和潜热具有很好的效果，不但可以提高烧结烟气的热利用率，而且能降低固体燃料消耗，减少烟气外排量，提高粉尘、$SO_2$ 和 $NO_x$ 处理浓度，还使得脱硫、脱硝的投资及运行成本得到降低，起到了一定节能减排效果。

（4）用于火车解冻库辅助热源。北方的冶金企业为了应对冬季火车车厢内物料被冻板结现象，大都采用设置解冻库的方式来解决该问题，随着对环式冷却热废气有了崭新认识后，环式冷却机低温热废气已被选为辅助热源，甚至将环式冷却机高温热废气送到火车解冻库作为单一热源，或将高温热废气经余热利用后再送往解冻库作为热源。因环式冷却机热废气作为火车解冻库热源利用的方式受地域和季节限制，为了提高热利用效率，最佳方案是无论选取环式冷却机低温段热废气还是高温段热废气，或者是高温段热废气经余热利用后，都应设置切换阀，在冬季需要时将热废气送往解冻库用于物料解冻，在不需解冻物料的时候，可将这部分热废气另作他用。同时，在输送热废气至解冻库的路上，宜采用除尘及管道自沉降措施，可起到回收粉尘和保护环境的作用。

（5）用于烘干块矿。为了用好块矿，冶金企业针对块矿含粉率和水分控制采取了一系列措施，比如将高炉热风炉产生的热废气引至高炉料仓用于烘干块矿，或者在块矿堆场设置块矿烘干筛分系统等。鉴于此，将环式冷却机热废气用于烘干块矿这一思路是可行的，可选取环式冷却机低温段热废气、高温段热废气，或者是高温段热废气经余热利用后的烟气，将其输送至高炉料仓或块矿堆场用于块矿烘干，目前该方法已在某 1800 $m^3$ 高炉得到应用，具有良好的经济效益和节能环保效益，值得借鉴。

### ? 问题探究

（1）烧结矿成品处理的流程是怎样的？
（2）烧结矿机外冷却的特点是什么？
（3）环冷机由哪些部件组成？
（4）烧结矿冷却效果如何判断？
（5）烧结矿粒度过大或过小时，如何调整才能达到较好的冷却效果？

## 任务 4.2 烧结矿整粒

### 任务描述

经冷却的烧结矿进行冷破碎和多级筛分，控制烧结矿上下限粒度，并按需要进行粒度分级，以达到提高烧结矿质量的目的。

筛分整粒是实现烧结铺底料工艺的首要条件。筛分整粒的主要目的是降低烧结矿上限粒度，筛除小于5 mm粉末，获取铺底料。对烧结矿进行分级筛分，按粒度组成分为成品烧结矿、铺底料和返矿。成品烧结矿输出到高炉，铺底料送烧结机铺底起到保护炉条、改善底部烧结料透气性的作用，返矿返回配料室重新参与配料。筛分整粒包括冷破碎和多级筛分。

## 相关知识

### 4.2.1　烧结矿整粒的工艺与设备

"精料"是高炉强化冶炼和增铁节焦的重要方法，而烧结矿的整粒则是高炉"精料"的主要措施之一。高炉对原料粒度要求的提高，促进了烧结矿整粒技术的发展，也使烧结矿的整粒工艺得到了完善。

筛分整粒包括冷破碎和多级筛分。

冷破碎控制烧结矿的上限不大于50 mm（许多厂因烧结矿粒度大多小于50 mm，不设冷破碎），消除过大块粒级，使成品烧结矿各粒级趋于合理。

大块烧结矿影响高炉布料产生偏析，高炉料柱透气性分布不均，同时在运转过程中会继续产生粉末。

大块烧结矿经筛分整粒处理和多次落差转运，磨掉和筛除大块中黏结不够牢固的颗粒，转鼓强度有所提高。

经筛分整粒后的成品烧结矿粒度均匀，减少粉末量，尤其减少小于10 mm粒级，提高转鼓强度，减小高炉气流阻力，改善料柱透气性，为强化高炉冶炼创造良好原料基础，减少高炉炉尘量，保护炉顶设备，同时减少崩料次数，利于高炉顺行，增铁节焦。

#### 4.2.1.1　整粒工艺

烧结矿整粒包括冷却后烧结矿的破碎和筛分。冷矿破碎是将大块的成品烧结矿进一步破碎至50 mm以下，有效地控制成品矿粒度组成范围。冷矿筛分是进一步除去烧结矿中的粉末，并分出铺底料。

我国近年新建、改建、扩建和设计的大中型烧结机都采用了烧结矿整粒工艺。烧结矿整粒可以获得合格的烧结机铺底料，有利于环境保护。据测定，没有采用铺底料的老烧结机，机头除尘器前的烟气含尘浓度一般高达 $2 \sim 5 \ \mathrm{g/m^3}$；而有铺底料的只有 $0.5 \sim 1.0 \ \mathrm{g/m^3}$。此外，采用铺底料，混合料可以充分烧透，提高烧结矿和返矿的质量，减少炉箅条消耗，延长主抽风机转子和主除尘系统使用寿命。烧结矿整粒后，成品烧结矿粒度均匀，粉末少。国内某烧结厂采用整粒工艺后，出厂成品烧结矿中小于5 mm的粉末占比由原先的12.28%降至7.5%，而 $10 \sim 25 \ \mathrm{mm}$ 的粒度占比提高了5.17%，高炉焦比降低了7.31 kg/t，生铁产量增加5.5%。

过去，我国很多烧结机都采用烧结矿冷破碎和四次筛分的流程（见图4-8），日本很多烧结机也都采用这种流程。随着低温低氧化亚铁烧结工艺的不断发展，成品矿大块逐渐减少，有的厂把双齿辊破碎机间隙调大，使其不起作用，有的干脆拆除不用。此后，新建和改、扩建的大中型烧结机一般都不用冷破碎设备，仅设三段冷筛分工艺，如图 4-9 所示。上述两种流程能够较合理地控制烧结矿上、下限粒度和铺底料粒度，成品粉末少，检修方便，布置整齐，是较好的流程。现在又有很多烧结机，采用的是三段冷筛分工艺的改良型，即先分出小粒度的烧结矿进三次振动筛（见图 4-10），这样就减轻了二次振动筛的工作量，提高了其筛分效率。

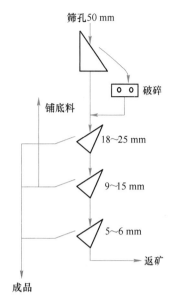

图 4-8　采用固定筛和单层振动筛
作四段筛分的流程

### 4.2.1.2　整粒设备

烧结矿的整粒设备主要包括双齿辊破碎机和冷矿振动筛。

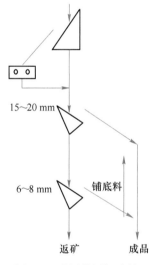

图 4-9　采用单层振动筛
作三段筛分的流程

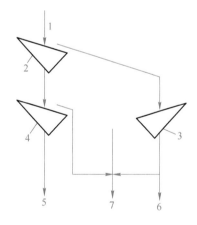

图 4-10　采用单层筛作三段筛分的流程（改良型）
1—0~150 mm；2—一次振动筛，筛孔 10~20 mm；
3—二次振动筛，筛孔 16~20 mm；4—三次振动筛，筛孔 5 mm；
5—返矿；6—铺底料；7—成品

### A　双齿辊破碎机

冷烧结矿破碎一般采用双齿辊破碎机，它具有如下优点：
（1）破碎过程的粉化程度小，成品率高；
（2）构造简单，故障少，使用、维修方便；
（3）破碎能量消耗少。

对辊破碎机

双齿辊破碎机安装在一次筛分机与二次筛分机之间，由电动机通过减速机驱动固定辊转动，再通过安装在固定辊端头的连板齿轮箱中的连板和齿轮使固定辊与活动辊做相向旋转。当物料经加料斗进入两辊之间时，由于辊子做相向旋转，在摩擦力和重力作用下，物料由两辊之间的齿圈咬入破碎腔中，并在冲击、挤压和磨削的作用下破碎。破碎后的成品矿自下部料斗口排出。

B　振动筛

振动筛1

振动筛是工业上使用最广泛的筛子，多用于筛分细碎物料。它利用筛网的振动来进行筛分。烧结矿整粒常用的筛分设备是圆振动筛（自定中心振动筛、惯性振动筛）与直线振动筛。

a　惯性振动筛

惯性振动筛是分出冷返矿常用的筛分设备之一，其结构如图 4-11 所示。偏重轮和皮带轮都是在主轴上的，而重块是在偏重轮上的。只要调整重块在偏重轮上的位置，就能够产生不同大小的离心惯性力，从而让筛子的振幅随之发生改变。惯性振动筛的主轴借助两个滚动轴承固定在倾斜安装的筛箱上，倾斜角度为 15°~30°，在这个区间内物料在筛面上能更好地运动。

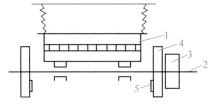

图 4-11　惯性振动筛
1—筛箱；2—轴；3—皮带轮；
4—飞轮；5—飞轮配重

惯性振动筛的工作原理是电动机通过皮带轮使主轴旋转，固定在主轴的飞轮上装有偏心块，便产生离心惯性力，使筛箱产生振动。筛框的运动轨迹为椭圆，筛上物料受筛面向上运动的作用力而被抛起，前进一段距离后，再落回筛面。如此反复进行，在从给料端向排料端运动的过程中完成筛分。通过改变配重的重量和位置可以调节振动筛的振幅。

惯性振动筛具有振幅调整方便、设备结构简单、传给支撑的振动小等特点。但是需要指出的是，惯性振动筛作业时，由于皮带轮在空间范围内做圆周运动，导致皮带一会儿变松，一会儿变紧，电动机的负荷则忽大忽小，这种波动不仅会缩短电动机的使用寿命，还会使皮带的老化程度加剧。为了让这些不利因素影响最小化，惯性振动筛的振幅往往不能太大，

振动筛2

故而惯性振动筛用来筛分中、细粒级的碎散物料效果是最好的，所筛物料的最大块粒度宜在 100 mm 以下。振动器结构复杂，振动的振幅取决于载荷，影响筛分效率。

b　直线振动筛

直线振动筛也是采用惯性激振器来产生振动的。激振器有两个轴，每个轴上有一个偏心重，而且以相反方向旋转，故又称双轴振动筛，由两齿轮啮合以保证同步。当两个带偏心重的圆盘转动时，两个偏心重产生的离心力，在 $x$ 轴的分量互相抵消，在 $y$ 轴的分量相加，其结果在 $y$ 轴方向产生一个往复的激振力，使筛箱在 $y$ 轴方向上产生往复的直线轨迹振动。

当振源采用振动电机时，必须布置两台，其轴线与振动筛纵向轴线方向一致（不平行，具有一夹角）。两台振动电机对称布置在筛箱的上部、下部或两侧均可以。直线振动筛的筛面倾角通常在 8°以下，筛面的振动角度一般为 45°，筛面在激振器的作用下做直线往复运动。颗粒在筛面的振动下产生抛射与回落，从而使物料在筛面的振动过程中不断向前运动。物料的抛射与下落都对筛面有冲击，致使小于筛孔的颗粒被筛选分离。图 4-12 是座式直线轨迹振动筛结构示意图。

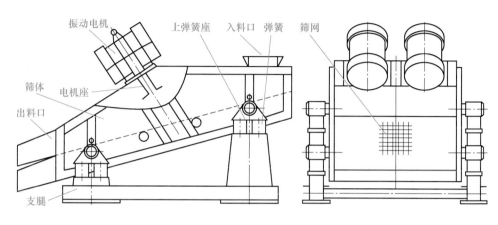

图 4-12　直线振动筛

直线振动筛倾角低，同时物料在筛网上呈直线跳跃式向前运动，筛分效果好，但装机容量大，电耗较高。烧结矿整粒系统的三、四次筛分要求分级粒度较小，因此适合采用筛分效率较高的直线振动筛。

### 4.2.2　烧结矿表面处理

对烧结矿成品进行表面处理是 20 世纪 90 年代才发展起来的一种新技术。成品烧结矿表面处理工艺主要是对成品烧结矿喷洒卤盐类熔剂使其外表增加一层薄膜。这一技术有效地降低了烧结矿在高炉上部还原速率，控制了烧结矿低温还原过程中体积膨胀的粉化，保证了炉内透气性和煤气流正常分布，有利于实现高炉大风、高压操作。

烧结矿成品表面处理工序通常设置在烧结矿成品胶带运输机和高炉烧结矿矿槽之间。其设备由溶液喷洒罐、溶液储存罐、高压水泵及喷雾泵组成。喷洒的要求：一是控制适宜的溶液浓度和喷洒量，以效果好、用量少、成本低为准；二是适宜的喷洒面积和喷洒高度，以使喷洒均匀。

虽然成品烧结矿喷洒氯化钙能够降低烧结矿的低温还原粉化率，但将导致高炉煤气中的 $HCl$、$NH_4Cl$ 含量增加，对于采用全干法煤气除尘技术的高炉，煤气中 $HCl$、$NH_4Cl$ 含量的增加可能加剧煤气管道、TRT 发电装置末级透平机叶片等的结垢和腐蚀。因此，在以精矿为主要原料的烧结矿低温还原粉化问题不太严重的北方烧结厂，对于是否采用成品烧结矿表面处理工艺需要持慎重态度。

### 4.2.3　改善入炉烧结矿粒度组成的主要措施

#### 4.2.3.1　稳定水分、含碳量优化配矿

高炉外部返矿、各种除尘灰、钢渣、轧钢皮等副产品应综合混匀，均衡配加。生石灰在进入混合机前提前加水消化，发挥其消化放热和强化制粒的作用。设置热水池利用蒸汽将水加热到 90 ℃以上，混合机中加热水，提高烧结料温到 60 ℃以上，一次混合加足水，二次混合少加水或不加水，烧结料水分稳定在±0.2%。综合计算固体燃料、高炉重力除尘灰、烧结内部返矿和高炉外部返矿带入的碳，稳定烧结原料固定碳含量。确定烧结原料结构时，兼顾烧结原料的化学成分、烧结基础特性、制粒性能、成矿性能以及烧结矿产质量的内在关系，实现烧结配矿整体优化，生产高碱度烧结矿，实施厚料层、低碳、低水、低温烧结等技术，稳定烧结工艺制度。

#### 4.2.3.2　降低烧结矿中小于 5 mm 粒级粉末产生量

烧结生产中，小于 5mm 粒级粉末产生部位主要在烧结机料层上部和台车边部，降低料层上部和台车边部的烧结速度，提高成品率，是降低烧结工序筛分指数的主要措施。改善熔剂质量，小于 3 mm 粒级在 85%以上，改善熔剂分解动力学条件，减少未矿化的石灰石和白云石，特别是石灰石吸收空气中的水分会产生体积膨胀而使烧结矿碎裂。改善布料效果，抑制边部效应。台车宽度方向上铺底料采用中部厚、边部薄的三段布料方式，安装松料器使中部松料而边部不松料，圆辊给料机中部给料量少而边部给料量多，当原料结构疏松密度小时，安装滚动式压料装置适当压下料层。环式冷却机热废气引入烧结机助燃风机，实施热风烧结，提高表层烧结矿强度。

#### 4.2.3.3　优化烧结矿冷却制度

环式冷却机前部冷却风机的风门开度梯度控制，后部冷却风机变频控制，依据环境温度和烧结矿冷却效果调整冷却风机转速，既保证排矿温度低于 120 ℃不烧损皮带机，又实现烧结矿梯度冷却，防止因急冷破坏晶体结构。

#### 4.2.3.4　提高冷筛筛分效率

因椭圆等厚筛的筛孔形状为椭圆，易堵且振幅小，筛分效率低。改进冷筛使用三段复频筛，筛板形式为单层双面悬臂棒条形，且一段筛的分级粒度选用 10 mm 合理（不选用 20 mm 或 5 mm），有利于进一步提高筛分效率达 86%以上。提高高炉槽下筛的筛分效率，筛除入炉烧结矿中小于 5 mm 粒级粉末。

#### 4.2.3.5　降低落差减少粉末产生量

高炉槽下烧结矿宜推行半仓卸矿，降低卸矿落差。尽量加大或增加使用高炉槽下烧结矿仓，避免在烧结工序建设中间缓冲矿仓，烧结矿经中间缓冲矿仓既增加转运次数，又在储存期间产生风化粉碎从而增加小于 5 mm 粒级粉末。减轻从烧结工序到炼铁工序烧结矿的碎裂减粒程度和小于 10 mm 亚粉率增加幅度（一般增加 10 个百分点属正常），减少转运次数，降低转运落差。

#### 4.2.4　烧结矿质量的判断与检测

##### 4.2.4.1　烧结矿质量的宏观判断

烧结矿质量的好坏、烧透与否、粒度组成，对烧结矿的冷却效果有重要的影响。因此，应随时注意烧结矿的质量，做出相应处理。烧结矿的质量可以从下列方面进行判断。

（1）在机尾平台上观察进入冷却机的烧结矿。赤热的烧结矿发出的光是暗红色的，而且没有继续燃烧的火苗，呈块状，粒度比较均匀，没有未烧透的生料。这说明烧结终点控制比较合适，已经烧透，进入冷却机后，烧结矿的温度下降较快，没有炽热的感觉。

如果进入冷却机的烧结矿还带有火苗，则说明烧结矿中的残碳还在燃烧。造成这种现象有两种可能：一是混合料固体燃料颗粒较大；二是混合料配碳量较高。此现象在夜间观察比较明显，好像一条"火龙"，它将进行二次燃烧，降低冷却的效果。

判断烧结矿的粒度主要是观察粒度组成，如果把粒度分成大块、中块、小块时，则应该是中块多，大块、小块少。这样的粒度组成较好。如果粒度不均匀，特别是小块和细粉占有较大比例，则说明烧结矿的强度较差，或是未烧透，或是配碳量不适宜。

（2）从冷却后烧结矿的颜色和粒度组成来判断烧结矿的质量。烧结矿冷却后的颜色是深褐色（由于使用的矿种类不同，故颜色深浅也有所不同，要视实际情况来判断），当颜色呈黄褐色时，一般都是烧结矿强度比较差而且粒度不均匀，特别在倒运后，烧结矿中粉末多，造成这种现象的主要原因是烧结过程中热量不足，或烧结时间不够充分。

对于烧结矿质量不好的状况，应及时把情况反馈给主控室，以便进行调整。

##### 4.2.4.2　烧结矿质量的检测

评价烧结矿的质量指标主要有化学成分及其稳定性、转鼓强度、粒度组成与筛分指数、落下强度 、还原性、低温还原粉化性、软熔性等。我国高炉冶炼用普通铁烧结矿与优质铁烧结矿的技术标准为 YB/T 421—2014，见表 4-3 和表 4-4。

表 4-3　普通铁烧结矿的技术标准（YB/T 421—2014）

| 项目名称 | 化学成分（质量分数） | | | | 物理性能/% | | | 冶金性能/% | |
|---|---|---|---|---|---|---|---|---|---|
| | $TFe$ /% | $\dfrac{CaO}{SiO_2}$ | FeO /% | S /% | 转鼓指数 (+6.3 mm) | 抗磨指数 (−0.5 mm) | 筛分指数 (−5 mm) | 低温还原粉化指数 $RDI$ (+3.15 mm) | 还原度指数 $RI$ |
| 品级 | 允许波动范围 | | ≤ | | | | | | |
| 一级 | ±0.5 | ±0.08 | 10.0 | 0.06 | ≥74.0 | ≤6.5 | ≤6.5 | ≥65 | ≥68 |
| 二级 | ±1.0 | ±0.12 | 11.0 | 0.08 | ≥71.0 | ≤7.5 | ≤8.5 | ≥60 | ≥65 |

注：1. TFe、$CaO/SiO_2$ 的基数由各生产企业自定。

　　2. 冶金性能指标暂不考核，但各生产厂家应进行检测，报出数据。

表 4-4   优质铁烧结矿的技术标准（YB/T 421—2014）

| 项目名称 | 化学成分（质量分数） | | | CaO/SiO₂ | 物理性能/% | | | 冶金性能/% | |
|---|---|---|---|---|---|---|---|---|---|
| | TFe/% | FeO/% | S/% | | 转鼓指数(+6.3 mm) | 筛分指数(-5 mm) | 抗磨指数(-0.5 mm) | 低温还原粉化指数 RDI(+3.15 mm) | 还原度指数 RI |
| 允许波动范围 | ±0.4 | ±0.5 | — | ±0.05 | | | | | |
| 指标 | ≥56 | ≤9 | ≤0.03 | — | ≥78 | ≤6.0 | ≤6.5 | ≥68 | ≥70 |

注：TFe 和 CaO/SiO₂ 基数由各生产企业自定。

### A   烧结矿化学成分及其稳定性

成品烧结矿的化学成分主要检测 TFe、FeO、CaO、SiO₂、Al₂O₃、MnO、TiO₂、S、P 等。要求有用成分要高，脉石成分要低，有害杂质（如 S、P）要少。

### B   转鼓强度

转鼓强度是评价烧结矿常温强度的一项重要指标。目前，世界各国的测定方法尚不统一，我国参照 ISO 标准，制定了国家标准。现阶段测定转鼓强度的标准是 GB/T 24531—2009（等同于 ISO 3271:2007），见表 4-5。

表 4-5   我国与国际标准转鼓测定方法比较

| | 项　目 | GB/T 24531:2009 | ISO 3271:2007 |
|---|---|---|---|
| 转鼓 | 尺寸/mm×mm | φ1000×500 | φ1000×500 |
| | 挡板 | 2个，180° | 2个，180° |
| | 挡板高/mm | 50 | 50 |
| | 转速/r·min⁻¹ | 25±1 | 25±1 |
| | 转数/r | 200 | 200 |
| 试样 | 烧结矿粒度/mm | 10~40 | 10~40 |
| | 球团矿粒度/mm | 6.3~40 | 10~40 |
| | 试样重量/kg | 15±0.15 | 15±0.15 |

铁矿石在常温下抗冲击和耐磨的能力，可用转鼓指数 $TI$ 和抗磨指数 $AI$ 两个指标表示。转鼓指数 $TI$ 为大于 6.3 mm 粒级占试样总量的百分数；抗磨指数 $AI$ 为小于 0.5 mm 粒级占试样总量的百分数。

转鼓强度用转鼓试验机测定。转鼓用 5 mm 厚钢板焊接而成，转鼓内径 1000 mm，内宽 500 mm，内有两个对称布置的提升板，用 50 mm×50 mm×5 mm，长 500 mm 的等边角钢焊接在内壁上，如图 4-13 所示。转鼓由功率不小于 1.5 kW 的电动机带动，规定转速为 (25±1) r/min，共转 8 min，200 转。

测定时，取烧结矿 60 kg，以 25.0~40.0 mm、16.0~25.0 mm、10.0~16.0 mm 三级按筛分比例配制成 (15±0.15) kg 的试验样 4 份，分别装入转鼓进行试验。试样在转动过程中受到冲击和摩擦作用，粒度发生变化。转鼓停后，卸出试样，用筛孔为 6.3 mm×6.3 mm 和 0.5 mm×0.5 mm 的机械摇动筛往复 30 次，对各粒级质量进行称量，并按式（4-2）和

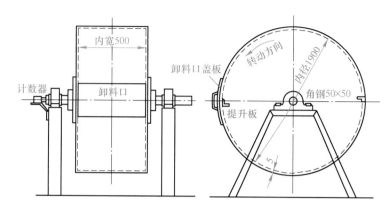

图 4-13 转鼓试验机

式（4-3）计算转鼓指数和抗磨指数。

$$TI = \frac{m_1}{m_0} \times 100\% \tag{4-2}$$

$$AI = \frac{m_0 - (m_1 + m_2)}{m_0} \times 100\% \tag{4-3}$$

式中　$m_0$——入鼓试样质量，kg；

　　　$m_1$——转鼓后，大于 6.3 mm 粒级部分的质量，kg；

　　　$m_2$——转鼓后，6.3~0.5 mm 粒级部分的质量，kg。

$TI$ 和 $AI$ 均取两位小数值。$TI$ 值越高，$AI$ 值越低，烧结矿的机械强度越高。我国优质烧结矿要求 $TI \geqslant 78.0\%$，$AI \leqslant 6.5\%$。

### C　粒度组成与筛分指数

推荐采用方孔筛（mm×mm）5×5、6.3×6.3、10×10、16×16、25×25、40×40、80×80 七个级别，除 80 mm×80 mm 外，其余六个级别为必用筛。筛子的长、宽、高要一致（800 mm×500 mm×100 mm），取样量为 100 kg，分 5 次筛完，每次 20 kg。使用摇动筛分级，往复摇动 10 次，筛子按孔径由大到小依次使用，粒度组成按各粒级出量的质量分数表示，5 次筛分的平均值即为烧结矿的粒度组成。

筛分指数（$C$）是表示转运和储存过程中烧结矿粉碎程度的指标。测定方法是：按取样规定在高炉矿槽下烧结矿加入料车前取原始试样 100 kg，等分为 5 份，每份 20 kg，放入筛孔为 5 mm×5 mm 的摇筛，往复摇动 10 次，以小于 5 mm 的粒级质量计算筛分指数。

$$C = \frac{100 - A}{100} \times 100\% \tag{4-4}$$

式中　$C$——筛分指数，%；

　　　$A$——大于 5 mm 粒级的量，kg。

筛分指数表明烧结矿的粉末含量多少，此值越小越好。我国要求优质烧结矿筛分指数 $C \leqslant 6.0\%$、球团矿 $C \leqslant 5.0\%$。

D 落下强度

落下强度（$F$）是另一种评价烧结矿常温强度的方法，用来衡量烧结矿抗压、耐磨、抗摔和耐冲击的能力。测定方法是：将粒度为 10~40 mm 烧结矿试样量（20±0.2）kg，放入上下移动的铁箱内，然后提升到 2 m 高度，打开料箱底门，自由落到大于 20 mm 厚的钢板上，再将烧结矿全部收集起来，重复 4 次试验，落下产物用 10 mm 筛孔的筛子筛分后，取大于 10 mm 粒度部分的质量分数作为落下强度指标。试验装置如图 4-14 所示。

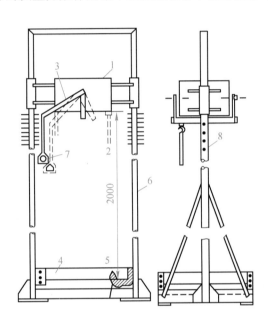

图 4-14 落下试验装置

1—可上下移动的装料箱；2—防出试料的底门；3—控制底门的杠杆；4—无底围箱；
5—生铁板；6—支架；7—拉弓；8—调节装料箱高度的小孔

$$F = \frac{m_1}{m_0} \times 100\% \tag{4-5}$$

式中 $F$——落下强度，%；

$m_0$——试样总质量，kg；

$m_1$——落下 4 次后，大于 10 mm 粒级部分的质量，kg。

优质烧结矿 $F = 86\% \sim 87\%$，合格烧结矿 $F = 80\% \sim 83\%$。

E 还原性

烧结矿的还原性是模拟炉料自高炉上部进入高温区的条件，用气体还原剂从烧结矿中夺取与铁结合氧的难易程度的一种度量，以还原度表示。它是评价烧结矿（或铁矿石）冶金性能的主要质量指标。

铁矿石还原度测定的基本原理是：将一定粒度范围的铁矿石试样置于固定床中，用由 CO 和 $N_2$ 组成的混合气体，在 900 ℃下等温还原，根据还原失重，计算铁矿石还原 3 h 后的还原度。

我国现行标准《高炉用铁矿石用最终还原度指数表示的还原性的测定》 （GB/T 24189—2009）规定如下。

a 取样和试样的制备

（1）烧结矿和块矿的粒度范围为 18~20 mm；球团矿的粒度范围为 10.0~12.5 mm。

（2）有 2.5 kg 符合要求的干基试样。

（3）试样应在（105±5）℃的炉温下烘干至恒量，并冷却至室温。

（4）从试样中制备 5 份试验样，每份约重（500±1）g，4 份用于试验，1 份用于化学分析。

（5）试验样称重精确至 1 g，并记录每份试验样的质量和相应的容器编号。

b 试验条件

（1）还原管：由耐 900 ℃高温不变形、抗氧化的金属材料制成，内径（75±1）mm，反应管内安装一个可取出、能耐 900 ℃高温不变形的金属孔板。孔板支撑试验样并确保气体均匀流过。孔板厚 4 mm，直径比反应管的内径小 1 mm，孔板上的小孔直径为 2~3 mm，孔间距4~5 mm。还原反应管的结构如图 4-15 所示。

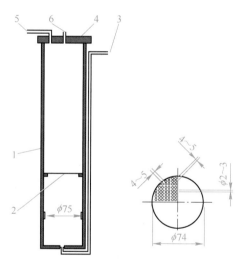

图 4-15 还原反应管

1—还原反应管壁；2—孔板；3—进气口；4—盖子；5—出气口；6—热电偶插孔

（2）加热炉：加热能力和温度控制能维持整个试验过程。气体进入试验床后须达到（900±10）℃的温度。

（3）还原气体成分（体积分数）：CO 为 30%±1%，$N_2$ 为 70%±1%；还原气体中的杂质 $H_2$、CO、$H_2O$ 不超过 0.2%，$O_2$ 不超过 0.1%。

（4）加热和冷却用气体：用 $N_2$ 作为加热和冷却用气体，$N_2$ 中的杂质含量（体积分数）不应超过 0.1%，$N_2$ 流量应保持在 5 L/min 直至试验样达到 900 ℃。在保温期间，$N_2$ 流量保持在 15 L/min。

（5）还原温度：（900±10）℃。

（6）还原气体流量：整个还原过程中还原气体的流量应保持在（15±0.5）L/min。

（7）还原时间：180 min。

还原度试验设备如图 4-16 所示，图中 1~7 为还原反应管结构，8~10 为试验炉结构，11~13 为供气系统结构。

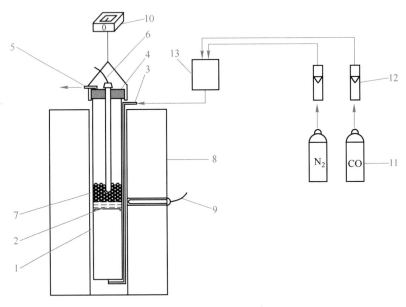

图 4-16　还原度试验设备

1—还原反应管壁；2—孔板；3—进气口；4—盖子；5—出气口；6—测量还原温度的热电偶；

7—试验样；8—电加热炉；9—控制炉温用热电偶；10—天平；11—气瓶；12—气体流量计；13—混合罐

c　试验程序要点

称取（500±1）g 经过干燥的矿石试样，放到还原管中铺平；封闭还原管顶部，在靠近还原反应管的顶部连接热电偶。将还原反应管插入加热炉，并将其悬挂在称量装置的中心，连接供气系统；使 $N_2$ 通过试验样流量至少 5 L/min，并开始加热。当试验样温度接近 900 ℃时，流量增至 5 L/min，保持 $N_2$ 流量继续加热，直到试验样质量达到恒定不变。温度在（900±10）℃时恒温 30 min。

记录试样质量 $m_1$，立即切换流量为（15±0.5）L/min 的还原气体代替 $N_2$，还原 180 min 结束，记录试样质量 $m_2$。切断加热电源与还原气体，通入 5 L/min $N_2$，清除反应管内的还原气体。如果需要对应的还原曲线，前 1 h 每 10 min、后 2 h 每 15 min 记录一次试验样质量。

d　最终还原度的计算

最终还原度的计算公式如下：

$$R = \frac{m_1 - m_2}{m_0(0.430w_2 - 0.111w_1)} \times 10^4 \tag{4-6}$$

式中　$R$——还原度，%；

$m_0$——试样质量，g；

$m_1$——还原开始前试样质量，g；

$m_2$——还原 180 min 后试样质量，g；

$w_1$——试验前试样中 FeO 含量（质量分数），%；

$w_2$——试验前试样的全铁含量（质量分数），%；

0.111——使 FeO 氧化到 $Fe_2O_3$ 时必需的相应氧量的换算系数；

0.430——TFe 全部氧化成 $Fe_2O_3$ 时需氧量的换算系数。

### F　低温还原粉化性能

烧结矿（或铁矿石）低温还原粉化性能是指矿石进入高炉炉身上部为 400～600 ℃ 的低温区还原时，产生粉化的程度。矿石粉化程度对高炉炉料顺行和炉内煤气流分布的影响很大。低温还原粉化性能的测定，是通过模拟高炉上部条件进行的。

我国制定了《直接还原炉料用铁矿石　低温还原粉化率和金属化率的测定　气体直接还原法》（GB/T 24235—2009）。其基本原理是：用由氢气、一氧化碳、二氧化碳和甲烷组成的还原气体在 760 ℃ 的温度下，对旋转试管中的试验样进行 300 min 的等温还原。在惰性气体中加热和冷却试验样。用 3.15 mm 的方孔试验筛进行筛选。用小于 3.15 mm 的颗粒质量所占百分比计算还原粉化率。

a　取样和试样的制备

（1）块矿的粒度组成：10.0～12.5 mm 占 50%，12.5～16 mm 占 50%。

（2）球团矿的粒度组成：10.0～15 mm 占 50%，15～20 mm 占 50%。

（3）至少 2.0 kg 的干基筛检试样量。

（4）在制备试样前，试样应在（105±5）℃ 的炉温下烘干至恒量，并冷却至室温。

（5）至少应制备 4 份试验样，每份约重 500 g（±1 个颗粒的质量），试验样称重精确至 1 g，并记录每份试验样的质量。

b　试验条件

（1）还原气体（体积分数）：CO 为（36.0±1.0）%，$CO_2$ 为（5.0±1.0）%，$H_2$ 为（55.0±1.0）%，$CH_4$ 为（4.0±1.0）%。

（2）还原气体中的杂质含量（体积分数）：$H_2O$ 不超过 0.2%，$O_2$ 不超过 0.1%。

（3）流速：在整个还原过程中，还原气体的流速应保持在（13±0.5）L/min。

（4）加热和冷却用气体：氮气应作为加热和冷却气体，氮气中的杂质不应超过 0.1%。氮气流速应保持在 10 L/min 直至试样到达 760 ℃；在温度平衡期间，氮气流速应保持在 13 L/min，冷却期间，氮气流速应保持在 10 L/min。

（5）试验温度：还原气体在进入还原试管前应预热，以使还原试管内部和试验样的温度在整个还原阶段保持在（760±5）℃。

c　试验步骤

任取 1 个试验样，放入还原反应管中，将还原反应管插入加热炉中，封闭反应管，连接热电偶，并确保其末端位于还原反应管的中部，连接供气系统。通过旋转装置使还原反应管开始转动，转速为（10±1）r/min。

使 $N_2$ 通过还原反应管，流量 10 L/min，并立即开始加热。加热速度是在 90 min 内试样达到 760 ℃。当试样温度接近 760 ℃时，氮气流量增至 13 L/min，并在（760±5）℃时继续加热 30 min。

用流量为（13±0.5）L/min 的还原气体代替 $N_2$，进行 300 min 还原。当 300 min 还原结束时，停止旋转及还原气体流通，用流量为 10 L/min 的 $N_2$ 代替还原气体冷却还原后的试样至室温。

从还原反应管中小心取出试样，刮掉粘在试管壁上的所有物质，分离出还原过程沉淀下的游离碳，测定还原后试样的质量。

用筛孔为 10 mm 和 3.5 mm 的筛子进行筛分，称量并记录下其质量分数，精确到 0.1 g。

d　试验结果表示

还原粉化率 *RDI* 用小于 3.15 mm 的试料质量分数表示，并用式（4-7）计算：

$$RDI_{-3.15} = \frac{m_0 - (m_1 + m_2)}{m_0} \times 100\% \tag{4-7}$$

式中　$m_0$——还原后包括从吸尘器中收集的试验样筛分之前的质量，g；

　　　$m_1$——还原后的试验样留在筛孔 10 mm 中的质量，g；

　　　$m_2$——还原后的试验样留在筛孔为 3.15 mm 中的质量，g。

计算精确到小数点后一位数。

G　高温软化与熔滴性能

高炉内软化熔融带的形成及其位置主要取决于高炉操作条件和炉料的高温性能，而软化熔融带的特性对炉料还原过程和炉料透气性将产生明显的影响。为此，许多国家对铁矿石软熔性的实验方法进行了广泛深入研究。但到目前为止，试验装置、操作方法和评价指标都不尽相同。一般以软化温度及温度区间、滴落开始温度和终了温度、熔融带透气性、熔融滴下物的性状作为评价指标。

各国对铁矿石软熔性能的测定方法见表 4-6。熔融特性试验装置简图如图 4-17 所示，它是模拟高炉内软熔带条件，进行矿石软化性、熔滴性及透气阻力的测定。

表 4-6　铁矿石荷重软化及软熔滴落特性测定方法

| 项　目 | | 国际标准 ISO DP 7992 | 中国 马钢研究所 | 日本 神户制钢所 | 德国 阿亨大学 | 英国 ASTM E 1072 |
|---|---|---|---|---|---|---|
| 试样容器/mm | | $\phi$125，耐热炉管 | $\phi$48，带孔石墨坩埚 | $\phi$75，带孔石墨坩埚 | $\phi$60，带孔石墨坩埚 | $\phi$90，带孔石墨坩埚 |
| 试样 | 预处理 | 不预还原 | 预还原度 60% | 不预还原 | 不预还原 | 预还原 60% |
| | 质量/g | 1200 | 130 | 500 | 400 | 料高 70 mm |
| | 粒度/mm | 10.0~12.5 | 10~15 | 10.0~12.5 | 7~15 | 10.0~12.5 |

续表 4-6

| 项　目 | | 国际标准<br>ISO DP 7992 | 中国<br>马钢研究所 | 日本<br>神户制钢所 | 德国<br>阿亨大学 | 英国<br>ASTM E 1072 |
|---|---|---|---|---|---|---|
| 还原气体 | 组成<br>（$CO/N_2$，<br>体积<br>分数）/% | 40/60 | 30/70 | 30/70 | 30/70 | 40/60 |
| | 流量（标态）<br>/L·min$^{-1}$ | 85 | 1、4、6 | 20 | 30 | 60 |
| 荷重<br>（×9.8×10$^4$）/Pa | | 0.5 | 0.5~1.0 | 0.5 | 0.6~1.1 | 0.5 |
| 测定项目 | | $\Delta H$、$\Delta p$<br>$R=80\%$时 $\Delta p$<br>$R=80\%$时 $\Delta H$ | $\Delta H$、$\Delta p$<br>$T_{10\%}$、$T_{40\%}$<br>$T_s$、$T_m$、$\Delta T$ | $\Delta H$、$\Delta p$<br>$T_{10\%}$<br>$T_s$、$T_m$、$\Delta T$ | $\Delta H$、$\Delta p$<br>$T_s$、$T_m$、$\Delta T$ | $\Delta H$、$\Delta p$<br>$\Delta p\text{-}T$ 曲线<br>$T_s$、$T_m$、$\Delta T$ |

注：$T_{10\%}$、$T_{40\%}$—收缩率10%、40%时的温度；$T_s$、$T_m$—压差陡升温度及滴落开始温度；$\Delta T$—软熔区间；$\Delta p$—压差；$\Delta H$—变形量；$R$—还原度。

通常测定时，将规定粒度和质量的矿石试样，经预还原60%（或不经预还原）后，放入底部有孔的石墨坩埚内。试样上下各铺有一定厚度的焦炭，焦炭除起直接还原和渗碳作用外，下层焦炭还起气体交换、调整试样高度和保持渣、铁滴落的作用。然后上面荷重（0.5~1.0）×9.8×10$^4$ Pa，并从下部通入还原气体 [$\varphi(CO)/\varphi(N_2)=30/70$]。还原气体自下而上穿过试样层，按一定的升温速度升温至1400~1500 ℃。以试样在加热过程中某一收缩值的温度表示开始软化温度和软化终了温度；以还原气体压差陡升的拐点温度表示熔化开始温

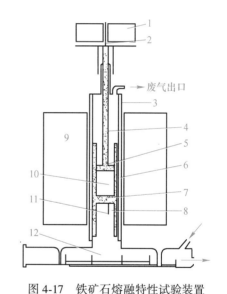

图 4-17　铁矿石熔融特性试验装置

1—荷重块；2—热电偶；3—氧化铝管；4—石墨棒；5—石墨盘；
6—石墨坩埚，φ48 mm；7—焦炭（10~15 mm）；8—石墨架；
9—熔滴炉；10—试样；11—孔（φ8 mm×5）；12—试样盒

度；以第一滴液滴落下时温度表示滴落温度；以气体通过料层的压差变化表示软熔带对透气性的影响；滴落在下部接收试样盒内的熔化产物，冷却后，经破碎分离出初渣和铁，测定相应的回收率和化学成分，作为评价熔滴特性指标。过程中的有关测定参数（测定温度、料层收缩率及还原气体通过料层的压差）和还原气体成分都可自动记录和分析显示出来。

**4.2.5** 烧结成本控制

烧结厂的生产特点是大批量、连续不断地重复生产单一产品。烧结厂成本计算的对象

是烧结矿，成本计算的方法是"品种法"。

按照现行会计制度和管理工作的需要，结合烧结厂实际，规定成本项目有原料（如精矿、粉矿、白云石、石灰石、消石灰等）、燃料（如无烟煤、焦粉等）、动力（如水、电、空气、蒸汽、煤气等）、辅助材料（如皮带、油脂、炉箅子等）、工资和制造费用等。

影响烧结成本的因素很多，原料、能源、辅助材料和备品备件价格，原材料品种和配矿结构，设备作业率和台时产量，原材料质量以及管理力度和操作技能等因素，都会对烧结成本产生影响。

烧结成本控制，就是在明确生产成本目标的前提下，为实现这一目标所实施的管理。

（1）要确定本单位内部各层次的成本管理体系，为开展成本控制提供组织保证。

（2）要明确管理职责和运用各种合理手段，激励、引导各层次人员围绕生产实际，提高开展成本控制工作的积极性，为成本受控提供制度保证。

（3）按照分级管理的原则，逐级对成本指标进行分解和制定保证措施。在此基础上，全员落实成本管理的各项控制措施，做到及时发现问题、及时整改问题，避免造成控制失效。

成本控制的目的是以最少的投入生产出更多、更好的产品，提高市场竞争能力，提高企业经济效益。成本控制原则是集中管理、分级核算。

烧结矿的成本，通常指烧结矿的单位成本。降低烧结矿的单位成本，先从下面的计算式着手：

$$烧结矿的单位成本 = \frac{烧结矿总固定费用 + 烧结矿总变动费用}{烧结矿总产量}$$

$$= 单位固定费用(元/t) + 单位变动费用(元/t)$$

在上式中，固定费用是指该费用的发生与烧结矿的产量不直接相关，且在一段时间内相对稳定的费用；而变动费用则是其费用的发生与烧结矿产量直接相关的、相对变动的费用。

烧结厂烧结矿的固定费用主要包括固定资产折旧、职工工资福利、办公差旅费用等。

变动费用主要包括原燃料、辅助材料、能源动力消耗、设备维修费用等。

因此，降低成本主要以控制固定费用、降低变动费用为途径，采用分级核算、全员成本管理的方法，把降低生产成本作为保持和提高企业竞争力的重要工作，抓紧、抓好、抓落实。

### ⁇ 问题探究

（1）烧结矿整粒的目的是什么？

（2）如何通过烧结机机尾以及冷却后烧结矿的颜色来判断烧结矿的质量？

（3）评价烧结矿质量的主要指标有哪些？简述其检测方法。

（4）什么是烧结矿的表面处理？

（5）烧结矿的单位成本如何计算？

（6）烧结生产可以从哪几方面采取措施进行成本控制？

## 料面喷洒热蒸汽技术

料面喷洒热蒸汽技术（见图4-18）通过在烧结料层上面喷洒热蒸汽来提高空气的比热（蒸汽的比热是干燥空气的1.8倍），同等数量的空气加上热蒸汽进入料层就会形成更强的热交换能力，喷吹热蒸汽对空气有引射作用，可提高料面风速，强化碳燃烧反应，提高燃烧效率，减少CO和二噁英排放。

对于烧结过程而言，由于固体燃烧动力学条件较差，有一部分固体燃料属于不完全燃烧，造成烧结CO排放浓度大部分高于0.5%，既是热量损耗，更是对空气的污染。目前，烧结污染物过程控制及末端治理技术中CO的治理还没有系统的研究。随着国内烧结工序环保形势加严，通过过程治理手段处理烧结CO和二噁英势在必行。利用水蒸气提高碳燃烧效率和燃尽程度、改变烧结过程氯的形态（从分子态到离子态）、提高料面空气渗入速度等方法，显著降低了烧结废气CO和二噁英含量，并可改善烧结矿质量。

该技术性价比高，预计将对降低烧结行业CO和二噁英排放起到积极效果。未来该技术和烟气循环、含氢燃料喷吹等技术搭配使用，实现烧结料面的综合喷吹，将有更大的应用前景。

图4-18　首钢京唐烧结蒸汽喷吹技术

### 安全小贴士

（1）上岗前必须正确佩戴和使用劳动保护用品，进入工作岗位，必须对本岗位所有的安全装置、防护设施进行全面检查，发现异常立即处理或上报。

（2）工作中严禁用手挑拣异物，严禁靠近转动部位，清理溜槽卡料要小心，防止烫伤、挤伤和砸伤。

（3）严禁钻、跨、坐、卧皮带机，严禁隔机传递物品。当皮带跑偏、打滑、压住时，严禁在皮带与滚筒之间进行撬、洒、垫等危险操作。

（4）设备运转时，严禁检修、加油及清扫，安全设施不准随意拆除，严禁做与工作无关的事。

# 实训项目 4　烧结矿成品处理

## 工作任务单

| 任务名称 | 烧结矿的处理 | | |
|---|---|---|---|
| 时　　间 | | 地　　点 | |
| 组　　员 | | | |
| 实训意义 | 能够熟练描述与正确操作烧结矿成品处理的工艺过程，以及熟悉成品处理设备常见事故处理措施。 | | |
| 实训目标 | （1）掌握烧结矿破碎、筛分操作；<br>（2）掌握烧结矿落下强度的检测操作步骤；<br>（3）初步学会写报告、分析整理数据。 | | |
| 实训注意事项 | （1）进入实训岗位后严格遵守实训场所的安全操作规程和规章制度，服从带队老师和现场工作人员的指挥，杜绝任何事故的发生；<br>（2）在倒料过程中，应密切注意烧结杯是否能将料倒干净，如出现未能倒干净料的情况用铁钎撞击烧结杯底部的孔洞，使残料脱离烧结杯；<br>（3）在倒料及破碎过程观察破碎机的运行情况，如因特殊原因致使破碎机堵转，应迅速按下任一按钮或软件界面上的"急停"按钮，然后用铁钎将烧结矿捅下部分后再开破碎机，并检查问题之所在。 | | |
| 实训任务要求 | （1）通过完成本任务，能够了解烧结矿成品处理的目的；<br>（2）熟知烧结矿成品处理的工艺流程；<br>（3）明确热烧结矿破碎与筛分的粒度范围及主要设备结构，熟悉烧结矿冷却的主要方法及设备。 | | |
| 实训设备介绍 | <br>单辊破碎机<br>作用：借助转动的星辊与侧下方的算板形成剪切作用将烧结矿破碎。 | | |

| 实训操作过程 | （1）破碎前的准备。破碎前建议将破碎机下的装料斗置于电子秤上，并点击"去皮"按钮。重新将装料斗放置到破碎机下面。准备好后，按下"除尘运行"按钮，等待除尘风机完全运转起来。<br>（2）翻杯机倒料。先按下"破碎运行"按钮，待破碎机完全运转起来后，按住"翻杯机倒料"按钮，翻杯机启动开始向倒料位置倾翻，任何时候松开"翻杯机倒料"按钮，翻杯机将停止动作。<br>（3）翻杯机回位。倒料完毕后，按住"翻杯机回位"按钮。待到烧结杯完全回位停止后，松开"翻杯机回位"按钮，同时按下"破碎运行"按钮（或"破碎停止"按钮），停止破碎机工作，至此破碎过程结束。 |
|---|---|
| 实训结果 | 试验数据记录 <br><table><tr><td>烧结时间/min</td><td>装入量 $M_装$/kg</td><td>烧结饼 $M_饼$/kg</td></tr><tr><td></td><td></td><td></td></tr></table><br>通过实验数据计算烧成率。 |
| 考核评价 | 专业实训任务评价 <br><table><tr><td>评分内容</td><td>标准分值</td><td>小组评价（40%）</td><td>教师评价（60%）</td></tr><tr><td>出勤、纪律（10%）</td><td>10</td><td></td><td></td></tr><tr><td>实习表现（20%）</td><td>20</td><td></td><td></td></tr><tr><td>破碎效果（60%）</td><td>60</td><td></td><td></td></tr><tr><td>计算结果（10%）</td><td>10</td><td></td><td></td></tr><tr><td>任务综合得分</td><td colspan="3"></td></tr></table> |

 **思政课堂**

### 中国手撕钢研发团队：毫厘之间显匠心

一个人没有团队精神将难成大事；一个企业如果没有团队精神将成为一盘散沙；一个民族如果没有团队精神也将难以强大。团队精神不是依赖他人，而是主动协作，降低内耗，始终视团队利益高于一切。培养团队协作精神，团队成员要具有高度的责任感、荣誉感和归属感，真正实现1+1大于2。

中国宝武太钢集团"手撕钢"团队就是这样一个追求卓越的创新型团队。他们用多年的努力成功打破国外垄断，并将中国不锈钢箔材的制作工艺提高到世界领先水平。

在中国宝武太钢集团的生产车间，"手撕钢"研发团队向我们展示了"手撕钢"团队最新研发的产品。厚度不到A4纸的四分之一、用手就能轻易撕开，这种超薄的不锈钢被大家形象地称为"手撕钢"，它主要应用于精密仪器、航空航天等领域。

面对国家重大战略和新兴领域对高精尖基础材料的迫切需求，太钢集团下定决心向生产特殊钢材转型。2016年，"手撕钢"创新研发团队成立。他们开始一次次向极限发起挑战，但研发的过程远比预想的还要艰难，面对平均两天就要失败一次的试验，每个人心里都承受着巨大的压力。一次次观察、记录，一次次比对、调整，一点点地突破毫微之差，他们终于攻克了一系列核心技术难题。

整整两年时间，700多次的试验失败换来了最终的成功。2018年，攻关团队成功研发出厚度0.02 mm、宽度600 mm的"手撕钢"，将中国不锈钢箔材的制作工艺提升到世界领先水平，产品在军工核电等领域实现替代进口。

正当大家纷纷为"手撕钢"团队喝彩时，这支当年平均年龄只有35岁的攻关团队却没有满足现状，而是又一次向极限发起挑战。

2020年，"手撕钢"团队再次成功研发出厚度仅为0.015 mm的"手撕钢"，打破了他们此前创造的厚度0.02 mm的纪录，也成为目前世界上最宽最薄的不锈钢精密箔材。

如今，他们正攻关一系列特殊合金的"手撕钢"产品，努力打造一批具有我国自主知识产权的高精尖产品。

勇于超越自我、不断追求卓越是刻在"手撕钢"团队骨子里的钢铁信念，是团队成功的关键。他们以敢为天下先的勇气、卓尔不群的智慧、坚忍不拔的意志，创造出一个个工程奇迹，扛起"中国智造"的大旗。这支"硬核"团队，让世界见证了"手撕钢"柔韧背后的中国力量。

### 思政探究

球团生产过程中，需要进行配料、混料、造球、焙烧等操作，需要各工序工作人员团结合作，结合自身实际，思考如何与团队成员愉快合作。

### 项目背景

随着钢铁工业的发展，炼铁所需原料越来越多，而可供直接入炉的富块矿却越来越少。我国铁矿储量居世界第 5 位，其中含铁 50% 以上的富矿却仅占已探明储量的 4% 左右，绝大部分为含有害杂质（P、S、Pb、Zn、As）的贫矿。这类矿石需经细磨精选后造块才能入炉冶炼。球团法是人造块状原料的一种方法，是将粉状物料变成物理性能与化学组成能够满足下一步加工要求的过程，自投入使用以来发展迅速。其产品不仅可用于高炉，而且可用于转炉、电炉。

### 学习目标

知识目标：

（1）掌握球团生产所需的原料类型及其特点；
（2）会描述球团生产工艺流程；
（3）能够认识球团矿生产的主要设备，了解其结构原理并能准确描述其主要作用；
（4）熟悉球团矿生产仿真操作软件。

技能目标：

（1）能够描述含铁原料和添加剂的理化性能、技术标准；
（2）能够进行球团配料、润磨、烘干操作；
（3）能进行配料计算和调整；
（4）了解本工序设备性能和操作方法；
（5）能够熟练操作球团矿生产仿真操作系统。

德育目标：

（1）具有良好的思想政治素质和行为规范；
（2）具有良好的职业道德和敬业精神；
（3）具有良好的安全生产意识；
（4）培养学生分析问题、解决问题、理论联系实际的能力。

## 任务 5.1　走进球团矿生产

### 任务描述

冶金生产对炼铁用铁矿石品位的要求日益提高，大量开发利用贫铁矿资源后选矿提供了大量细磨铁精矿粉（小于 74 μm）。这样的细磨铁精矿粉用于烧结不仅工艺技术困难，烧结生产指标恶化，而且能耗较大。球团矿生产正是处理细磨铁精矿粉的有效途径。

## 相关知识

### 5.1.1　球团工艺的发展

球团法和烧结法有其各自的适用范围，它们之间不存在竞争，是相辅相成的互补关系。其共同目的都是使粉料块矿化。对高炉而言，球团矿和烧结矿的搭配使用是合理可行的。随着我国"高碱度烧结矿配加酸性球团矿"这种合理炉料结构的推广，球团矿生产也有了较大发展。

瑞典 Andersson 于 1912 年发明了球团法，1950—1951 年在美国的 Ashland 钢铁厂完成了第一批大规模竖炉球团生产实验。随后里塞夫矿业公司在明尼苏达州的巴比特建成了具有四座竖炉的工业性球团厂。1951 年美国开始研究带式焙烧机，并于 1955 年在里塞夫建成配有带式焙烧机的球团矿生产厂。同时，伊利竖炉球团厂投入使用。随后美国又研究原用于水泥的链算机-回转窑设备，直接用加拿大北部的铁隧岩精矿制成生球后，在该设备上进行球团矿生产，最终使这一移植设备获得了成功。

我国中南矿冶学院在 1958 年就着手对球团法进行研究，并于 1959 年在鞍钢隧道窑进行了球团矿工业性实验，仅与美国相差四五年。自 1968 年济钢开发出我国第一座 8 m² 的竖炉以来，至 2004 年已先后建成了 76 座 3~16 m² 的竖炉。20 世纪 70 年代，包钢从日本引进了一台 162 m² 带式焙烧机。而后，南钢又引进一套处理硫酸渣的链算机-回转窑球团焙烧设备，并在承德、成都、沈阳自行设计和安装类似设备并投产。到 20 世纪 80 年代以后，在本钢新建一台 16 m² 大型竖炉，在鞍钢引进一套 320 m² 带式焙烧机。2006 年，武钢年产 500 万吨的链算机-回转窑投产。

与烧结矿相比，球团矿作为良好的高炉炉料，不仅具有规则的形状、均匀的粒度、较高的机械强度（抗压和抗磨），能进一步改善高炉的透气性和炉内煤气的均匀分布，而且球团矿 FeO 含量低，有较好的还原性（充分焙烧后有发达的微孔），更有利于高炉内还原反应的进行，因而球团矿技术发展十分迅速。20 世纪 60 年代以前，生产球团矿的国家主要是美国、加拿大、瑞典等，总产量约 1600 万吨。1971 年后，已发展到 20 多个国家，年产量达 12000 万吨；2011 年，全球球团矿产量达到 4.16 亿吨。2011 年，全球球团矿产量达到 4.16 亿吨，中国拥有高炉球团矿产能 1.20 亿吨，成为全球最大的球团矿生产国。

当前我国球团焙烧设备类型较齐全，球团产品与烧结矿配合使用，占高炉入炉料量 10%~20%。在竖炉球团方面，我国创造出独特的炉型结构，如设置炉内导风墙和炉顶干燥床，已作为我国专利转让给美国伊利球团厂，成功开发出竖炉上采用低热值高炉煤气和低压力送风机焙烧高质量球团矿的先例。

### 5.1.2　球团矿生产的工艺流程

球团矿生产工艺流程如图 5-1 所示。

为稳定球团矿的化学成分及有利于造球，其所用原料应混匀。添加剂（皂土、生石灰、白云石等）要破碎到要求的粒度；精矿粉粒度粗时，要细磨到适合于造球的粒度。矿粉过湿时需经干燥处理。准备及配合好的混合料，要在混料机中加水润色和混匀，再经造球机滚动成为适宜尺寸的生球，并筛除粉末。合格的生球通过布料器布于焙烧设备上依次进行干燥、预热和高温焙烧固结，然后冷却至 150 ℃ 以下，筛除小于 5 mm 的粉末，分出 5~10 mm 的铺底料（用于带式焙烧机），得到具有足够常温强度和良好冶金性能的成品球团矿。

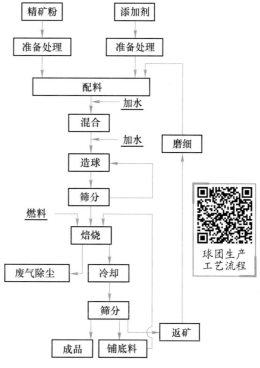

图 5-1　球团矿的生产工艺流程

### 问题探究

（1）铁矿石造块有哪几种方法，前景如何？

（2）描述球团矿的工艺流程。

## 任务 5.2　球团原料的准备处理

### 任务描述

通过相关知识的介绍、实物展示、工艺讲解等，了解球团原料的种类及成分特点，掌握球团生产对原燃料的要求及如何对原燃料进行准备处理。

### 相关知识

#### 5.2.1　球团用原料

根据用途与化学成分，球团原料分为两类：一类是含铁原料，系球团基体；另一类主要是含铁少或不含铁的原料，主要用于促进造球，改善球团物理机械特性和冶金特性。

##### 5.2.1.1　含铁原料

###### A　铁精矿粉

化学成分不适宜冶炼的各种铁矿石，在造球之前要经过选别处理。在选别过程中，各种有害成分大部分被分离除去，所获得的精矿不管采用哪种选矿方法，其含铁量（质量分数）应大于 64%。球团矿生产所用的原料主要是铁精矿粉，一般占造球混合料的 90% 以上。精矿的质量对生球、成品球团矿的质量起着决定性的作用。球团矿生产对铁精矿的要求如下。

（1）粒度。适合造球的精矿粉粒度小于 0.044 mm 部分应占 60%~85%，或小于 0.074 mm 部分应占 90% 以上。细粒精矿粉易于成球，粒度越细，成球越好，球团强度越高。但粒度并非越细越好，粒度过细磨矿时能耗增加，选矿后脱水困难。

（2）水分。水分的控制和调节对造球过程、生球质量、干燥焙烧、造球设备工作影响很大。一般磁铁矿和赤铁矿精粉适宜的水分为 7.5%~10.5%；小于 0.044 mm 占 65% 时，适宜水分为 8.5%；而小于 0.044 mm 占 90% 时，适宜水分为 11%。水分的波动不应超过 ±0.2%，且越小越好。

（3）化学成分。化学成分的稳定及其均匀程度直接影响生产工艺过程和球团矿的质量，全铁含量波动小于 ±0.5%，二氧化硅含量波动小于 ±0.3%。

B　其他含铁原料

在某些情况下，除了铁精矿粉以外，有些从其他热处理加工或者化学加工过程中获得的含铁物料也可以单独或同上述矿粉混合用来制成球团。这类含铁原料包括黄铁矿烧渣、轧钢皮、转炉炉尘、高炉炉尘等。一般各种炉尘粒度很细，比表面积大，而烧渣和轧钢皮需细磨后方可造球。

原料进厂后若不能满足造球工艺要求，需进一步加工处理。

5.2.1.2　黏结剂与熔剂

A　黏结剂

黏结剂同细磨矿石颗粒相结合有利于改善湿球、干球以及焙烧球团的特性。最主要的一种黏结剂就是水。球团生产使用的黏结剂有膨润土、消石灰、石灰石、白云石和水泥等。氧化固结球团常用膨润土、消石灰两种黏结剂。水泥通常是生产冷凝固结球团的黏结剂。

膨润土是使用最广泛、效果最佳的一种优质黏结剂。它是以蒙脱石为主要成分的黏土矿物。蒙脱石又称微晶高岭石或脉岭石，是一种具有膨胀性能、呈层状结构的含水铝硅酸盐，其化学式为 $Si_8Al_4O_{20}(OH)_4 \cdot nH_2O$，化学成分为 $SiO_2$ 66.7%、$Al_2O_3$ 28.3%。膨润土实际含 $SiO_2$ 60%~70%，$Al_2O_3$ 为 15% 左右，另外还含有其他杂质，如 $Fe_2O_3$、$Na_2O$、$K_2O$ 等。

膨润土的主要作用是提高生球强度，调剂原料水分，稳定造球作业，提高物料的成核率和降低生球长大速度，使生球粒度小而且均匀。同时膨润土还能够提高生球的热稳定性，即既可提高生球的爆裂温度和生球干燥速度，缩短干燥时间，又可提高干球强度和成品球团矿的强度。

膨润土的加工主要是破碎或碾压，然后干燥，由平均自然水分 30% 干燥到 7%~8%。为了保持膨润土的活性，干燥温度应不超过 150 ℃。干燥之后或干燥过程中，将膨润土磨细，磨到小于 0.074 mm 粒级至少占 99%。膨润土要使用密封容器运输，如槽式卡车或装袋运输。

球团矿生产对膨润土的技术要求是：蒙脱石含量大于 60%；吸水率（2 h）大于 120%；膨胀倍数大于 12 倍；小于 0.074 mm 粒级占 99%以上；水分小于 10%。膨润土用量一般占混合料的 0.5%~1.0%。国外膨润土的用量为混合料的 0.2%~0.5%，国内由于精矿粉粒度较大而膨润土用量较多，一般占混合料的 1.2%~1.5%。膨润土经焙烧后残存部分的主要成分为 $SiO_2$ 和 $Al_2O_3$。每增加 1%的膨润土用量，要降低含铁品位 0.4%~0.6%，因此应尽量少加。

近年来，一些厂家开始使用有机黏结剂来代替膨润土。已应用于工业生产的有机黏结剂有佩利多等羧甲基纤维素、丙烯脂胺、丙烯酸钠异分子聚合物与 KLP 球团黏结剂等。使用有机黏结剂代替膨润土不但可以提高球团矿品位，而且还可以改善球团矿的还原性。每减少 1%（占球团料的百分比）的膨润土可提高球团矿品位约 0.55%，按自熔性炉料计算可提高品位 1%以上。有机黏结剂的用量为膨润土的 10%~15%，由于用量很少，因此必须有良好的载体、配料和混料设备，才能充分发挥有机黏结剂的使用效果。鞍钢多次工业实验表明，尽管有机黏结剂价格昂贵，但效益计算到炼铁工序中可基本持平，如果进一步提高有机黏结剂的质量和降低成本，则有良好的推广前景。

佩利多是一种由纤维素基天然高分子聚合物衍生而成的有机黏结剂。外观为松散的白色粉末。其主要组成为含有大量羟基和羧基的长链分子。纤维素分子是一种多糖，其中重复出现的无水葡萄糖单元以（β-1,4 糖）苷键相连。佩利多是以适当方式取代多个无水葡萄糖三个羟基上的氢原子而制得的，能溶于水，通过物理吸附作用把水分子结合于其碳链周围，因而具有很强的固定水的性质。1 g 佩利多可束缚 4.95 g 水，为膨润土（1 g 可束缚 0.66~0.91 g 水）的 5~10 倍。因此它有助于改善生球强度，而又不会减缓生球的长大速度。佩利多是由纤维素制成的，无毒且不含对环境和冶炼有害的元素，如磷、硫等。佩利多不含二氧化硅，因而球团矿的含铁量不会由于加入佩利多作黏结剂而降低。若要生产质量相当的球团矿，佩利多的加入量仅为美国怀俄明州高钠基膨润土的 10%~20%。当球团焙烧时，佩利多被烧掉，因此球团矿的气孔率增加，球团矿的还原性预计可增加 20%~30%。荷兰恩卡公司（ENKA）生产的佩利多黏结剂（peridur XC-3）已用于工业生产。

我国生产球团矿的精矿大部分粒度较粗，小于 0.074 mm 仅为 60%~80%，且焙烧设备多数为竖炉和链箅机-回转窑，对生球和干球的强度要求较高，再加上膨润土质量较差，所以膨润土的用量较大，平均为 31.4 kg/t，为国外的 4~5 倍。在这种情况下，不能全部用有机黏结剂代替膨润土。复合黏结剂是用部分膨润土作为有机黏结剂的载体，有利于配料和混匀，该部分膨润土还可起到充填剂的作用，有利于提高干球与焙烧温度。复合黏结剂同时具备有机黏结剂和无机黏结剂的双重优点，在降低黏结剂添加量的同时能最大程度地保证球团矿质量，是现阶段提高球团矿品位的有效途径。目前在生产中应用最广泛的是膨润土和有机黏结剂制备的复合黏结剂。复合黏结剂制备方法可分为物理制备和化学制备两种。物理制备主要是将有机黏结剂和钠化的膨润土混合，化学制备则是通过无机金属阳离子和有机阴、阳离子表面活性剂处理膨润土，从而对其进行复合。

### B　熔剂

球团矿添加熔剂的目的主要是改善球团矿的化学成分，特别是其造渣成分，提高球团矿的冶金性能，降低还原粉化率和还原膨胀率等。常用的碱性添加剂有消石灰、石灰石和白云石等钙镁化合物。其性质、作用和要求与烧结用熔剂相同，但粒度要求比烧结更细，细磨后小于 0.074 mm 的含量为 90%以上。

### 5.2.2　球团原料的加工处理

原料粒度粗、水分大，不能满足造球工艺要求时，需要进行再磨、干燥和中和处理。

图 5-2 所示为竖炉车间原料加工所采用的流程，其磨矿设备多为润磨机。图 5-3 所示为链箅机-回转窑工艺所采用的原料加工处理流程，其磨矿设备为辊压机，例如邯钢所用设备为德国玻利休斯公司高压辊压机，可提高物料比表面积 300~500 cm²/g。

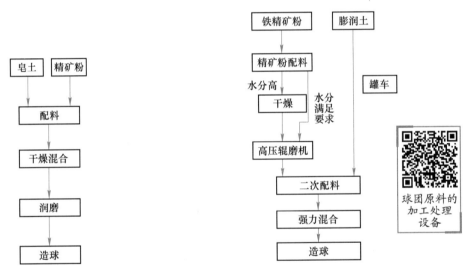

图 5-2　竖炉工艺采用的原料加工处理流程　　图 5-3　链箅机-回转窑工艺采用的原料加工处理流程

润磨机的工作原理是物料从给料端中空轴进入筒体内部，通过主电动机、联轴器、减速机、大小齿轮装置驱动装有研磨介质（钢球或钢棒）的筒体旋转。一般钢球的体积占磨矿机体积的 40%~50%。研磨介质在衬板的摩擦力和离心力的共同作用下，被提升到一定高度后瀑落下来，给物料以冲击，大颗粒的物料得到破碎，同时物料与研磨介质（钢球）衬板之间的研磨作用形成大量针片状细小颗粒，并与膨润土充分混合，最后经筒体四周排料孔排出磨机，完成润磨过程。

辊压机由两个相向同步转动的挤压辊组成：一个为固定辊，另一个为活动辊。物料从两辊上方给入，被挤压辊连续带入辊间，受到 50~100 MPa 的高压作用后，变成密实的料饼从机下排出。排出的料饼，除含有一定比例的细粒成品外，在非成品颗粒的内部，产生大量裂纹，在进一步粉碎过程中，可较大地降低粉磨能耗。

干燥也分为两种：一种是将精矿粉或混合料全部经干燥机干燥至造球适宜的水分，另一种是将部分精矿干燥，与其他未经干燥的精矿配合使用。我国精矿粉含水量一般都较高，不利于造球，因此在造球前有必要进行干燥，使矿粉含水量降到低于最适宜的造球的湿度。

球团原料的
配比调整

### 5.2.3　球团原料的配料与混合

球团矿使用的原料种类较少，故配料、混合工艺比较简单，如同烧结一样。

配料是为了获得化学成分和物理性质稳定、冶金性能符合高炉冶炼要求的球团矿，并使混合料具有良好的成球性能和生球焙烧性能。应根据原料成分和高炉冶炼对球团矿化学成分的要求进行配料计算，以保证球团矿的含铁量、碱度、含硫量和氧化亚铁含量等主要指标控制在规定范围内。配料计算方法通常有两种：一种是根据原料品种和化学成分先确定配料比，然后进行计算；另一种是根据球团矿的技术条件，主要是球团矿的含铁量和碱度确定后再进行配料计算，先进行各种精矿粉单烧计算，再确定配加率，计算过程与烧结配料的计算方法相似。

球团原料的
配料计算

球团原料的
配料设备

配料形式通常为集中配料。集中配料是把各种原料全部集中到配料室，分别储存在各种配料槽内，然后根据配料比进行配料。配料的方法为容积法和质量法，常用的是质量配比法。也有采用 X 射线分析仪对混合料作快速分析，按原料化学成分配料的方法。铁精矿和熔剂大多采用圆盘给料机给矿和控制料量，并经过皮带秤或电子秤称量配料。为了提高生球强度，往往在混合料中加入少量黏结剂，黏结剂的配入量是由称量铁精矿的皮带发出信号来控制的。

由于球团矿生产中膨润土、石灰石粉等添加剂的加入量很少，为了使它们能在矿粉颗粒之间均匀分散，并使物料同水良好结合，应加强混合作业。

混合作业大都采用圆筒混料机或轮式混料机的一次混合流程。国外有的厂采用连续式混磨机，由于混磨作用，水和黏结剂的混合效果得到了充分发挥，可以减少黏结剂的用量，提高生球质量，特别是生球落下强度增加，保证了焙烧时生球具有良好的透气性，对于提高焙烧球团矿的产量、质量都有利。

### ❓ 问题探究

（1）球团矿生产对铁精矿的要求有哪些？
（2）球团矿配加添加剂的目的是什么？

### 📋 知识技能拓展

**新型复合黏结剂——木质素磺酸钠/膨润土复合**

因为使用木质素磺酸钠黏结剂制造的生球和干燥球强度能满足生产要求，但预热球和焙烧球的强度达不到最低标准。因此，考虑将膨润土和木质素磺酸钠复合使用，在满足球团强度的基础上，降低膨润土的添加量。

通过膨润土配加木质素磺酸钠研究其对预热球和焙烧球性能的影响，可以看出，当膨润土用量固定为 0.75% 时，焙烧球强度随着木质素磺酸钠用量增加先增加后减少。复合黏结剂中木质素磺酸钠用量从 0.25% 上升到 0.75% 时，单个焙烧球强度从 2569.1 N 上升到 2750.6 N，当木质素磺酸钠用量进一步增加到 1.25% 时，单个焙烧球强度降低到 2485.3 N。

木质素磺酸钠在高温条件下稳定性比其他有机黏结剂要高，当木质素磺酸钠用量较少时（低于 0.75%），随着其用量的增加，木质素磺酸钠残留在球团内的无机物也会增加，这些无机物可能提高铁精矿颗粒之间的黏结性，从而提高球团强度。而且木质素磺酸钠在球团矿预热、焙烧过程中产生的气体从球团内部逸出时提高了球团矿的孔隙度，促进了球团矿内 $Fe_3O_4$ 氧化为 $Fe_2O_3$，强化了 $Fe_2O_3$ 的再结晶过程，从而提高了球团矿的强度。当木质素磺酸钠用量大于 0.75% 时，木质素磺酸钠氧化或裂解产生的气体从球团内部逸出，导致球团内部结构过于疏松，预热球和焙烧球内部孔隙度过大，从而降低了球团的抗压强度。

同时还发现使用部分木质素磺酸钠和碳酸钙作为复合黏结剂完全替代膨润土时，使用 0.75% 的碳酸钙和 0.5% 的木质素磺酸钠生产的球团生球落下强度、生球的抗压强度、干燥球的抗压强度、预热球和焙烧球的抗压强度等均能达到生产的最低要求。在复合黏结剂中，木质素磺酸钠对生球和干燥球强度起决定性作用，而碳酸钙对预热球和焙烧球的强度起重要作用。对比单一黏结剂，使用复合黏结剂的球团强度更好。

### 📋 安全小贴士

（1）矿石进行原料破碎、过筛、混匀装置的过程中，常常会产生生产性粉尘。人类长期大量吸入粉尘，会引起尘肺病。球团原料工要佩戴防尘护具，如防尘安全帽、防尘口罩、送风头盔、送风口罩等。

（2）不得在操作室内吸烟，操作室内煤气报警器要定期维护、检查，如报警器报警，第一时间通知专业人员查明原因，防止事故扩大化。

（3）在操作过程中，严禁边拿手机边操作，以及做与工作无关的事。室外作业必须两人作业，两两互保。

# 实训项目 5　球团原料的准备处理

## 工作任务单

| 任务名称 | 球团原料的准备处理 | | |
|---|---|---|---|
| 时　间 | | 地　点 | |
| 组　员 | | | |
| 实训<br>意义 | （1）通过完成本任务，能够正确识别球团矿生产的原料种类及其作用；<br>（2）了解球团矿生产对含铁原料、黏结剂有哪些要求，明确水分在造球过程中的作用；<br>（3）了解球团生产原料加工处理的工艺及设备。 | | |
| 实训<br>目标 | 技能目标：<br>（1）能够掌握球团矿生产原料种类及作用；<br>（2）了解球团生产原料加工处理的工艺及设备，并能熟练地操作仿真实训软件。<br>能力目标：<br>（1）培养学生查阅资料、交流沟通的能力；<br>（2）培养学生分析问题、解决问题、理论联系实际的能力。 | | |
| 实训<br>注意事项 | （1）务必按照球团原料处理操作规程进行；<br>（2）注意球磨机处理原料过程中的机械伤害。 | | |
| 实训<br>任务要求 | （1）获取球团各种原料知识的相关信息；<br>（2）熟练操作烧结仿真系统；<br>（3）熟练掌握球团原料加工处理的方法。 | | |
| 实训<br>操作过程 | 打开仿真系统球团生产界面，熟练进行原料处理操作。原料进厂后，判断原料能否满足造球工艺。若不能满足，根据需求进行再磨、干燥、中和等实训操作。 | | |
| 实训<br>结果 | 再磨生产工艺主要有两种，分别画出竖炉再磨工艺流程图和链箅机-回转窑工艺采用的再磨工艺流程图。<br>（1）竖炉再磨工艺流程图。<br><br><br><br>（2）链箅机-回转窑工艺采用的再磨工艺流程图。<br><br><br> | | |

| 考核评价 | 专业实训任务评价 | | | |
|---|---|---|---|---|
| | 评分内容 | 标准分值 | 小组评价（40%） | 教师评价（60%） |
| | 出勤、平时练习情况（10%） | 10 | | |
| | 球团生产主要原料的描述（10%） | 10 | | |
| | 球团矿生产对原料要求的熟悉程度（50%） | 50 | | |
| | 球团矿原料加工处理工艺及设备的熟悉程度（10%） | 10 | | |
| | 球团矿原料加工处理仿真操作的熟练程度（20%） | 20 | | |
| | 任务综合得分 | | | |

| 参考资料 | （1）侯向东 . 烧结球团生产操作与控制［M］. 北京：冶金工业出版社，2016.<br>（2）薛俊虎 . 烧结生产技能知识问答［M］. 北京：冶金工业出版社，2003.<br>（3）教育部职业教育钢铁智能冶金技术专业教学资源库 . |
|---|---|

项目6 课件

# 项目 6 — 球团造球操作

## 思政课堂

### 滴水成球 雾水长大 无水密实 —— "适度"才有效

用于造球的物料，水分应略低于生球的适宜水分，而在造球过程中补充少量的水有利于控制生球粒度，加速母球的形成、长大和压密。为此应采用"滴水成球，雾水长大，无水紧密"的操作方法，即将大部分的补充水成滴状加在母球形成区的物料流上，这时在水滴的周围由于毛细力和机械力的作用，散料能很快形成母球。其余少量的补充水则以喷雾状加在母球长大区的母球表面上，促使母球迅速长大。在生球紧密区，长大了的生球在滚动和受搓压的过程中，毛细水从内部被挤出，会使生球表面过湿，因此应禁止加水，以防生球黏结和强度降低。同样是加水，但在不同的阶段要加不同量的水，这就是造球的秘诀，体现了世间万物皆有度的智慧。

习近平总书记指出，学哲学、用哲学，是我们党的一个好传统。"度"作为哲学上的一个重要范畴，讲的是事物的质和量的统一问题，量"过"或者"不及"，事物的质就要发生根本性变化。我们思考问题、处理事情，都应当把握好"度"，掌握好分寸，这样才能做好工作。

凡事皆有度，"适度"才有效。中华传统文化历来讲究"度"，如《中庸》中的执其两端用其中、《论语》中的过犹不及。纵观中国共产党百年发展历程，凡是将度把握得当，能够做到实事求是时，党的事业就兴旺发达。反之，党的事业就遭遇挫折。"度之往事，验之来事，参之平素。"历史的价值彰显，在于其能照进现实。掌握好"适度"的原则，在日常生活工作中坚持唯物辩证法，提高辩证思维的能力，提升做事精准有度的能力，处理问题把握好决定事物性质的数量界限，确保干事创业行稳致远。

## 思政探究

对立统一规律是唯物辩证法的实质和核心，它告诉我们事物都具有两面性。请结合水分在矿粉成球过程中的作用谈谈对此的理解。

## 项目背景

由于天然富矿日趋减少，大量贫矿被采用；而铁矿石经细磨、选矿后形成的精矿粉，品位易于提高；过细精矿粉用于烧结生产会影响透气性，降低产量和质量；细磨精矿粉易于造球，粒度越细，成球率越高，球团矿强度也越高，故球团生产工艺在进入 21 世纪后得到全面发展与推广。如今球团工艺的发展从单一处理铁精矿粉扩展到多种含铁原料，生产规模和操作也向大型化、机械化、自动化方向发展，技术经济指标显著提高。球团产品也已应用于炼钢和直接还原炼铁等。球团矿具有粒度均匀、微气孔多、还原性好、强度高的良好冶金性能，有利于强化高炉冶炼。

## 🎯 学习目标

知识目标：

（1）掌握球团造球的原理和影响造球的因素；
（2）了解成球过程；
（3）掌握调节加水量和加料量方法；
（4）掌握圆筒造球机、圆盘造球机的构造及工作特点；
（5）了解圆盘造球机常见故障；
（6）明确生球的质量评价指标。

技能目标：

（1）会合理调整造球中加水量和加料量；
（2）会用理论知识解释造球操作过程；
（3）能熟练进行本岗位生产设备的全程操作与检查维护；
（4）能够判断圆盘造球机常见故障及原因；
（5）能熟练处理常见生产故障；
（6）能够独立完成生球质量的检测。

德育目标：

（1）培养学生良好的职业道德和敬业精神；
（2）培养学生辩证思考问题的能力；
（3）培养学生正确分析问题、解决问题的能力；
（4）培养学生的安全生产意识和责任意识；
（5）培养学生良好的环保和节能减排意识；
（6）培养学生精益求精的工匠精神。

## 任务 6.1 造球操作

### 📋 任务描述

成球是将细磨物料加水润湿，在机械力和毛细力作用下滚动而形成一定粒度的生球，因此造球又称滚动成形，它是球团矿生产过程中的重要工序之一。生球质量受原料种类、物化特性、黏结剂种类和用量、造球设备的工艺参数和操作等因素的影响，它的好坏不仅在很大程度上影响着球团矿的生产质量，而且决定着焙烧设备和工艺流程的选择。

## 相关知识

### 6.1.1 细磨物料的造球原理

造球又称滚动成型。细磨物料的成球是细磨物料在造球设备中被水润湿并在机械力及毛细力的作用下滚动成圆球的一个连续过程。同时，毛细力、颗粒间摩擦力及分子引力等的作用使生球具有一定的机械强度。各种物料成球性能的好坏不尽相同，主要与物料表面特性以及与水的亲和能力有关。

造球动画

#### 6.1.1.1 细磨物料的表面特性

经过细磨的干物料表面都具有较大的自由能。粒度越细，比表面积越大，其表面自由能也越大，从而使之处于不稳定状态。因此，细磨物料具有吸引其他物质，使颗粒相结合，减小其自由能，力求达到稳定的倾向。对于造球的物料，特别是精矿粉和添加剂，由于都磨得很细，比表面积很大，常在 $1500 \sim 2000 \ \mathrm{cm}^2/\mathrm{g}$ 范围内，过剩的表面能也很大。这种表面能量过剩的不平衡状态，使其表面具有非常大的活性，能吸附周围的介质，从而为生球的形成提供了条件。

润磨机动画

细磨物料与水作用的能力也是不同的。那些表面与水的作用力很小，不易被水润湿的物质称为疏水性物质；而表面与水具有很大的结合力，易被水润湿的物质称为亲水性物质。物料的这种性质与它本身的化学成分、晶格类型以及表面状态有关。凡具有完全或部分金属键的结晶物质（如全部金属或硫化物）和具有层状结构的物质（如云母、石墨等）都是疏水性的；而具有离子键和共价键的物质是亲水性的。铁矿粉和添加剂就属于亲水性物质，它们被细磨后表面带有电荷，易形成静电引力场，具有吸引偶极构造的极性水分子的能力。水分子的构造如图 6-1 所示。

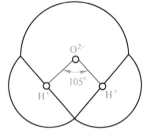

图 6-1　水分子的偶极构造

#### 6.1.1.2 水分在造球过程中的形态与作用

水分在矿粉成球过程中起着重要的作用。干燥的细磨矿粉是不可能滚动成球的，如果水分过多或不足，同样也会影响造球的效率和生球的质量。保持适宜的水分是矿粉成球的重要条件。

水在造球过程中的形态

水润湿干燥的矿粉后，按其在矿物表面活动能力的不同有四种存在形态，即吸附水、薄膜水、毛细水和重力水。它们在成球过程中显示不同的作用。

### A　吸附水

具有偶极构造的水分子与干燥矿粉颗粒表面接触时，便在静电引力场的作用下被牢固地吸附在矿粒表面，并呈定向排列，如图6-2所示。

这种被矿粒表面静电引力所吸引的水层称为吸附水（或强结合水）。吸附水的形成是物料润湿的开始，但它的形成不一定要将矿粉颗粒直接与水接触，当干燥颗粒在自然条件下与大气接触时，就会吸引大气中的气态水分子而形成吸附水。吸附水很薄，一般只有几个水分子的厚度，它与矿粒的亲水性及环境介质中的相对蒸汽压有关。物料亲水性越强，料层中相对蒸汽压越高，吸附水层就越厚。当料层中相对蒸汽压达到100%时，吸附水达到最大值，此时称为最大吸附水。吸附水与矿粒表面的作用力是极大的，直接吸附在矿粒固体表面的第一层水分子，其作用力相当于1013.32 MPa，因此吸附水又称为

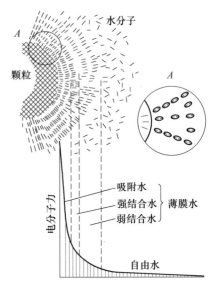

图6-2　矿粒表面极化分子的排列及电分子力的分布情况

固态水，具有不可移动性。吸附水还有较大的密度（1.2~2.4 g/cm³）和很低的冰点（-78 ℃），不导电。要去掉吸附水，只有对其进行加热蒸发才行。一般认为适宜于造球的细磨物料中仅存在吸附水时，仍为散沙状，不能结合成团，成球过程尚未开始。

### B　薄膜水

矿粉颗粒表面达到最大吸附水后，其表面还有未被平衡掉的分子力，进一步加水润湿时，还可吸附更多的极性水分子。在吸附水外围形成的一层水膜，称为薄膜水。薄膜水距离颗粒表面较远，所受的引力也小，因此薄膜水与颗粒的结合力比吸附水弱得多，其分子具有一定的滚动性。薄膜水的主要特征是在分子力的作用下，薄膜水可从水膜较厚的颗粒表面迁移到水膜较薄的颗粒表面，直到水膜厚度相同为止。这种迁移不受重力的影响，可在任何方向的分子力作用下进行。此外，薄膜水因受静电分子引力的吸引，具有比普通水更大的黏滞性。矿粒间的距离越小，薄膜水的黏滞性就越大，矿粒就越不容易发生相对移动，对生球来说，其强度就提高；相反，薄膜水厚度变大，矿粒便易于相对移动。因此，薄膜水厚度的变化影响细磨物料的物理力学性质（如成球性、压缩性、可塑性等），也影响生球的机械强度。

吸附水和薄膜水合起来组成结合水（或称水化膜），其数量称为分子湿容量。结合水由于受到静电引力和分子力的作用，使相邻的矿粉颗粒不容易发生相对移动，而且当矿粉颗粒相距很近时，可以形成公共的水化膜。从力学角度分析，分子结合水可以看作矿粒的外壳，在外力的作用下与颗粒一起变形，而且分子水化膜使颗粒彼此黏结，这就是矿粉成球后具有强度的原因之一。

当细磨物料表面润湿达到最大的分子结合水后，在揉搓时将表现出塑性性质。

矿粉越细，孔隙度越小，比表面积越大，亲水性越强，则分子结合力越大，生球的机械强度越好。

C 毛细水

在细磨物料中，存在着由许多大小不一、曲曲弯弯的连通孔隙所形成的复杂通道，可视为大量的毛细管。当物料润湿达到最大湿容量后，继续增加水量，便会在物料孔隙中形成毛细水。毛细水是矿粉的电分子作用力范围以外的水分，是靠表面张力的作用形成的。根据水在物料孔隙中充满情况的不同，毛细水可分为触点态毛细水、蜂窝状毛细水和饱和毛细水，如图 6-3 所示。

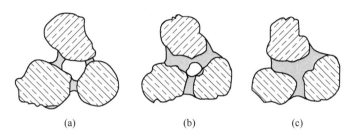

图 6-3 物料颗粒间的毛细水

（a）触点态毛细水；（b）蜂窝状毛细水；（c）饱和毛细水

触点态毛细水又称环膜状或悬着态毛细水，是仅仅存在于颗粒接触点周围的水分。这种毛细水虽然不能以液滴状态移动，但在毛细力的作用下，能把颗粒联系起来，成为松散的球核。继续增加水分便出现蜂窝状毛细水，又称网状毛细水。这时有些空隙被水充满，水开始具有连续性，能在毛细管内迁移，能传递静水压力和呈毛细压力。若料层空隙完全被水充满时，则出现饱和毛细水。这时物料达到最大毛细水含量。各类铁矿石及常用添加物的分子结合水、毛细水含量见表 6-1。

表 6-1 各类铁矿石及常用添加物的分子结合水、毛细水含量

| 项　目 | 磁铁矿 | | | 赤铁矿 | | | 褐铁矿 | | 皂土 | 消石灰 | 石灰石 |
|---|---|---|---|---|---|---|---|---|---|---|---|
| 粒度/mm | 0~1 | 0~0.15 | 0~0.074 | 0~1 | 0~0.15 | 0~0.074 | 0~1 | 0~0.15 | 0~0.2 | 0~0.25 | 0~0.25 |
| 最大分子结合水含量/% | 4.9 | 6.4 | 6.0 | 5.2 | 7.4 | 7.3 | 21.2 | 21.3 | 45.1 | 30.1 | 15.3 |
| 最大毛细水含量/% | 9.3 | 14.3 | 17.6 | 11.0 | 16.5 | 17.5 | 37.3 | 36.8 | 91.8 | 66.7 | 36.1 |
| 全水量/% | | 14.8 | 7.6 | 11.0 | 16.9 | 7.5 | 37.3 | 37.5 | | | |

对于造球来说，物料最适宜的含水量介于触点态和蜂窝态毛细水之间。毛细水在细磨物料的成球过程中起主导作用。只有将物料润湿到毛细水阶段，成球过程才开始明显地进行。这是因为毛细水在毛细压力的作用下，可将物料颗粒拉向水滴中心而形成小球，如图

6-4 所示。

毛细压力可用下式表示：

$$h = \frac{2\sigma\cos\theta}{r\rho g}$$

式中　$h$——毛细管中液面的高度，标志毛细压力的大小；

　　　$\sigma$——水的表面张力；

　　　$\theta$——润湿角；

　　　$r$——毛细管的平均半径；

　　　$\rho$——水的密度；

　　　$g$——重力加速度。

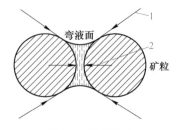

图 6-4　毛细压力
1—表面张力；2—毛细压力

由此可见，水的表面张力越大，液体密度越小，物料颗粒接触越紧密时，毛细力越大，物料越易成球，其生球的强度也越高。矿粉成球速度还取决于毛细水的迁移速度，迁移速度越快，成球速度就越快。而毛细水的迁移速度与物料的亲水性及毛细管直径有关。物料越亲水，且毛细管直径越小，毛细力越大，毛细水的迁移速度就越快。

### D　重力水

矿粉完全被水饱和后，再继续润湿就会出现重力水。重力水是处于矿粒本身吸引力以外，能在重力场和压力场的作用下发生移动的自由水。由于重力是向下的，所以重力水具有向下运动的性能；同时重力水对矿粉又具有浮力作用，故重力水在成球过程中起着有害作用，易使生球变形和强度降低。因此，只有当水分处于毛细水含水量的范围时，细磨物料的成球过程才具有实际意义。在造球过程中，不允许有重力水出现。

造球时物料所含吸附水、薄膜水、毛细水、重力水的总含量称为全水量。

### 6.1.1.3　铁矿粉的成球过程

铁矿粉的成球过程大致可分为母球的形成、母球的长大、生球的密实三个阶段，如图 6-5 所示。

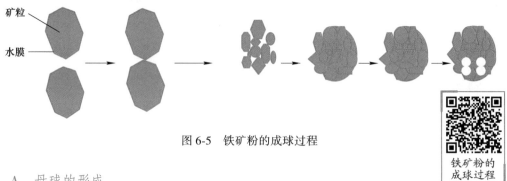

图 6-5　铁矿粉的成球过程

### A　母球的形成

经配料后送来的造球混合料通常含水 8%～10%，矿粒之间仍处于比较松散的状态，各个颗粒为吸附水和薄膜水层覆盖，毛细水仅存在于各个颗粒的接触点上，颗粒间的其余空间为空气所填充。这种状态的精矿粉，一方面由于颗粒接触不太紧密，薄膜水不能起作用；另一方面，由于毛细水数量太少，毛细管尺寸过大，毛细作用力较小，颗粒间结合力较弱，成球很困难。若造球机内的混合料一面随机转动，一面适量加水进一步进行不均匀润湿，则在颗粒结合处形成毛细水。在毛细水的作用下，周围的矿粉颗粒将连接起来形成小的聚集体；继续润湿时，聚集体中的颗粒将在机械力的作用下重新排列，逐渐紧密，毛细管尺寸与形状随之变化，颗粒间的结合力得以增强，从而形成较为坚实稳定的小球，称为母球或球核。

### B 母球的长大

已经形成的母球在随造球机的转动而继续滚动的过程中将受到挤压、碰撞、揉搓等机械力的作用，其内部颗粒不断压紧，毛细管尺寸变小，形状改变，多余的毛细水被挤到母球表面，这样过湿的母球表面在运动过程中就很容易粘上一层周围湿度较低的矿粉，如此往复运动，母球将逐渐长大。一旦母球的水分低于适宜的毛细水含量后，母球就停止长大。为了使母球达到所需的粒度，必须向母球表面补加水分，但喷水量要适当，以免喷水过大而产生重力水。显然，母球是依靠毛细黏结力和分子黏结力的作用而长大的。

### C 生球的密实

长大的母球其强度仍然不能满足冶炼的要求，因此当生球达到规定的尺寸后应停止补水润湿，并继续在造球机中滚动，这种滚动和搓动的机械作用会使生球颗粒发生选择性地按最大接触面排列，彼此进一步靠近压紧，毛细管尺寸不断缩小，毛细水不断地被挤压出来，以致生球内矿粉颗粒排列更紧密，使薄膜水层有可能相互接触，形成公共水化膜而加强结合力。这样生球内各颗粒之间便产生强大的分子黏结力、毛细黏结力和内摩擦阻力，从而使生球具有更高的机械强度。因此在操作到这一阶段时，往往让湿度较低的精矿粉去吸收生球表面被挤出的多余水分，以免由于生球表面水分过大而发生黏结现象，使生球降低强度。

需要指出的是，以上三个阶段通常是在同一造球机中一起完成的，在造球过程中很难截然分开。第一阶段具有决定意义的是润湿，第二阶段除了润湿作用以外，机械作用也有着重要影响，而在第三阶段，机械作用成为决定性因素。这样就可以根据物料在造球前和造球过程中被润湿的情况，决定加水、加料等操作，也可进一步改进造球设备的结构，加强其产生的机械作用力，以保证造球生产高产、优质地完成。

除了前面叙述的细磨物料理想的成球方式外，在实际生产中成球过程或多或少地采用以下几种方式（见图 6-6）：

（1）很细的颗粒逐层滚黏到其他颗粒上，从而形成生球；

（2）已经形成的小球通过相对运动和一定压力的作用彼此黏结而聚团；

（3）破碎的生球碎屑滚黏到尚存的结实生球上面或嵌入到生球里面；

（4）从软弱生球上磨落的细末嵌入到结实的生球里面。

造球过程中，生球的制成是与一些料球的破碎同时进行的。只有那些能够经受剪切力或破碎力作用的生球才能在滚动的过程中存在下来。造球力与破坏力二者的竞争有利于制出粒度均匀、致密结实和性能良好的生球。

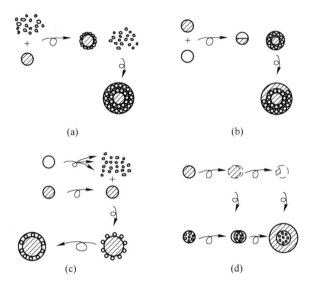

图 6-6　几种成球方式

(a) 逐层滚黏；(b) 小球聚结；(c) 碎球嵌黏；(d) 磨剥嵌入

## 6.1.2　造球工艺、设备与操作

### 6.1.2.1　圆筒造球机

将准备好的混合料装入圆筒造球机上端给料口，必要时往规定区域上喷水，以达到最佳造球状态。混合料沿着平滑的螺旋线向排料口滚动。根据圆筒长度、倾角、转速和填充率的不同，圆筒造球机制出一定粒度组成的生球，其造球能力依矿石种类而变化。成球性能是：褐铁矿比赤铁矿好，赤铁矿比磁铁矿好。按照这种方式造球，圆筒造球机在实际的造球过程中不能产生分级作用。因此，圆筒造球机的排料需经过筛分，将所需粒度的生球分离出来。筛上大粒度生球必须经过破碎之后再同筛下碎粉和新料汇合后一起返回圆筒造球机，根据操作条件的不同，循环负荷量可以为新料的100%~200%。随着循环负荷的加入，造球混合料要反复通过圆筒造球机，直至制成合格生球排出时为止。为了分出合格粒级生球，保持生球的质量，生球筛必须具有足够的能力，以弥补混合料较大的波动。

圆筒造球机是球团厂最早采用的造球设备。其构造与烧结厂用的圆筒混料机相似，圆筒内安装与筒壁平行的刮刀，圆筒的前端安装加水装置。圆筒直径为 2.44~3.5 m，长度通常为直径的 2.5~3.5 倍。圆筒的圆周速度为 0.35~1.35 m/s，转速范围一般为8~16 r/min，倾角6°左右。

圆筒造球机结构简单，设备可靠，运转平稳，维护工作量小，原料适应性强，单机产量大。但圆筒利用面积小，只有40%，设备重，电耗高。因本身无分级作用，故排出的生球粒度不均匀，需要筛分。生球筛主要有振动筛和辊筛两种形式，相同条件下，辊筛的筛分效率比振动筛高约25%，且辊筛操作运转比较平稳，振动较轻，采用辊筛会得到表面质量更好的生球，圆筒造球机工艺流程如图6-7所示。

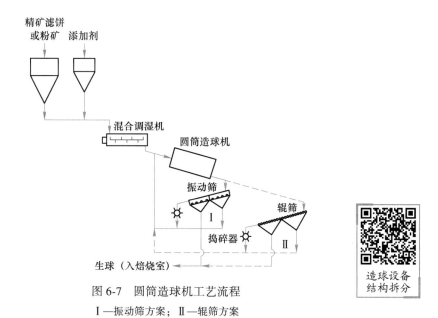

图 6-7  圆筒造球机工艺流程

Ⅰ—振动筛方案；Ⅱ—辊筛方案

### 6.1.2.2  圆盘造球机

#### A  圆盘造球机的构造

圆盘造球机是目前国内外广泛使用的造球设备，我国球团厂都采用这种设备，其工艺流程如图 6-8 所示。

圆盘造球机造出的生球粒度均匀，不需要筛分，没有循环负荷。采用固体燃料焙烧时，在圆盘的边缘加一环形槽，就能向生球表面黏附固体燃料，不必另添专门设备。圆盘造球机质量小，电耗少，操作方便，但是单机产量低。

圆盘造球机从结构上可分为伞齿轮传动的圆盘造球机和内齿轮圈传动的圆盘造球机。

伞齿轮传动的圆盘造球机主要由圆盘、刮刀、刮刀架、大伞齿轮、小圆锥齿轮、主轴、调倾角机构、减速机、电动机、三角皮带和底座等组成，如图 6-9 所示。造球机的转速可通过改变皮带轮的直径来调整，圆盘的倾角可以通过螺杆调节。

内齿轮传动的圆盘造球机是在伞齿轮传动的圆盘造球机的基础上改进的，圆盘造球机实物图如图 6-10 所示。改造后的造球机主要结构为：圆盘连同带滚动轴承的内齿圈固定在支撑架上，电动机、减速机、刮刀架均安在支撑架上，支撑架安装在机座上，并与调整倾角的螺杆相连，当调节螺杆时，圆盘连同支撑架一起改变角度，如图 6-11 所示。

内齿圈传动的圆盘造球机转速通常有三级（如 $\phi5.5$ m 造球机，转速有 6.05 r/min、6.75 r/min、7.73 r/min 三种）。它是通过改变皮带轮的直径来调节转速的。这种圆盘造球机的结构特点是：

（1）造球机全部为焊接结构，具有质量小、结构简单的特点；

（2）圆盘采用内齿圈传动，整个圆盘由大型压力滚动轴承支托，因而运转平稳。

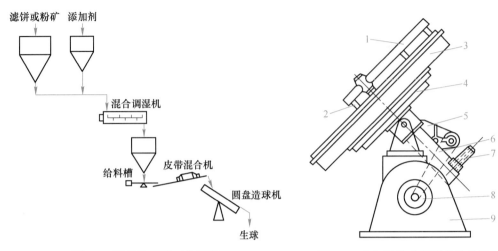

图 6-8　圆盘造球机工艺流程　　　图 6-9　伞齿轮传动的圆盘造球机

1—刮刀架；2—刮刀；3—圆盘；4—伞齿轮；5—减速机；

6—中心轴；7—调倾角螺杆；8—电动机；9—底座

图 6-10　圆盘造球机实物图

**B　圆盘造球机的操作方法**

（1）控制混合料给料量。

1）当盘内球粒度大于规定要求，且不出球盘时，首先要增加给料量（根据球盘出球状况，按上述调节量调节加料量至出球正常），其次是检查原料水分是否正常，根据水分大小，调整盘内加水量，并通知原料岗位。若以上两种方法不能使粒度恢复正常，就调整角度，缩短生球在盘内的停留时间。

2）当造球时盘内物料不成球：

①检查物料的粒度是否合适，粒度大时，延长成球时间；

②检查球盘转速是否过快，若过快要降低转速；

③检查水分是否适宜，加水位置是否正常；

④检查膨润土配加量是否适宜，多时减膨润土，少时加膨润土。

（2）根据造球机内料球状况调节给水方法和给水量。形不成母球时，将球盘内加水位置选在母球区，开加水阀门 1/5 圈，观察球盘内成球状况，3~5 min 后，根据盘内成球状况调节加水量，直至球盘内生球达到标准要求。

（3）根据生球状况判断原料配比并及时地反馈信息。易出现整盘小球、整盘大球及生球不出球时，及时检查混合料中膨润土配加量和混合料水分。发现膨润土或水分过多过少时，及时向主控室反馈并进行调整。

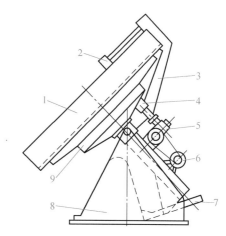

图 6-11　内齿轮传动圆盘造球机

1—圆盘；2—刮刀；3—刮刀架；4—小齿轮；5—减速机；
6—电动机；7—调倾角螺杆；8—底座；9—内齿圈

（4）控制生球质量满足焙烧需要。根据链算机机速要求，结合盘内状况，及时调节球盘下料量，以得到正常机速。当料量与机速相差太大时，要通过调整造球盘的使用数量来保证机速要求。

C　圆盘造球机的主要操作步骤

（1）做好开机前的准备工作。比如检查有关设备是否正常，加水装置是否灵活可靠，倾角、刮刀是否调整到位，润滑油料是否充足等，并进行盘车。

（2）接到开机信号后即可启动。运转过程中注意倾听齿轮运转的声音是否正常，注意观察轴承温度不应超过 60 ℃。

（3）接到停机信号后，及时切断电源，停圆盘给料机，待造球盘中的全部料抛出后，按停机按钮停机。

D　圆盘造球机常见故障及其原因与处理

圆盘造球机常见故障及其原因与处理措施见表 6-2。

表 6-2　圆盘造球机常见故障及其原因与处理措施

| 常见故障 | 原　因 | 处 理 措 施 |
| --- | --- | --- |
| 圆盘跳动或运转不平稳 | 圆盘盘底与大齿轮之间的连接螺栓松动 | 检查、紧固连接螺栓 |
|  | 圆盘盘底与主轴系统连接盘之间的螺栓松动 | 检查、紧固连接螺栓 |
|  | 圆盘面上的耐磨衬板松脱或翘起擦刮刀 | 处理衬板，调节刮刀架 |
|  | 主传动装置大小齿轮副啮合差，或齿轮严重磨损 | 检查齿轮副的啮合及磨损情况，必要时更换齿轮 |

| 常见故障 | 原　因 | 处理措施 |
|---|---|---|
| 减速机内有异响及噪声 | 轴承损坏 | 更换轴承 |
| | 减速机内缺润滑油 | 适量加注润滑油 |
| | 齿轮损坏 | 更换齿轮 |
| 机壳发热 | 润滑油变质，或润滑油牌号不符合要求 | 更换润滑油 |
| | 减速机透气孔不通 | 畅通透气孔 |

## 6.1.3 影响矿粉成球的因素

### 6.1.3.1 精矿粉性质的影响

在精矿粉性质中对造球过程起作用的是矿粉颗粒表面的亲水性、颗粒形状、孔隙率、湿度和粒度组成。

#### A　矿粉颗粒表面的亲水性

矿粉表面的亲水性越好，被水润湿的能力越大，毛细力越大，毛细水与薄膜水的含量就越高，毛细水的迁移速度就越快，成球速度亦就越快。物料的成球性常用成球性指数 $K$ 表示，其公式为：

$$K = \frac{W_f}{W_m - W_f}$$

式中　$W_f$——细磨物料的最大分子水含量，%；

　　　$W_m$——细磨物料的最大毛细水含量，%。

根据成球性指数的大小，细磨物料的成球性可作如下划分：

$$K<0.2 \qquad 无成球性$$
$$K=0.2\sim0.35 \qquad 弱成球性$$
$$K=0.35\sim0.6 \qquad 中等成球性$$
$$K=0.6\sim0.8 \qquad 良好成球性$$
$$K>0.8 \qquad 优等成球性$$

几种常用造球物料的成球性参数见表6-3。

**表6-3　几种常用造球物料的成球性参数**

| 序号 | 原料名称 | 粒度/mm | $W_f$/% | $W_m$/% | $K$ | 成球性 |
|---|---|---|---|---|---|---|
| 1 | 磁铁矿 | 0~0.15 | 5.30 | 18.60 | 0.4 | 中等 |
| 2 | 赤铁矿 | 0~0.15 | 7.40 | 16.50 | 0.81 | 优等 |
| 3 | 褐铁矿 | 0~0.15 | 21.30 | 36.80 | 1.37 | 优等 |
| 4 | 膨润土 | 0~0.2 | 45.10 | 91.80 | 0.97 | 优等 |
| 5 | 消石灰 | 0~0.25 | 30.10 | 66.70 | 0.82 | 优等 |
| 6 | 石灰石 | 0~0.25 | 15.30 | 36.10 | 0.74 | 良好 |
| 7 | 黏土 | 0~0.25 | 22.90 | 45.10 | 1.03 | 优等 |

续表 6-3

| 序号 | 原料名称 | 粒度/mm | $W_f$/% | $W_m$/% | $K$ | 成球性 |
|---|---|---|---|---|---|---|
| 8 | 98.5%磁铁矿+1.5%膨润土 | 0~0.20 | 5.4 | 16.80 | 0.47 | 良好 |
| 9 | 95%磁铁矿+5%消石灰 | 0~0.20 | 6.7 | 21.7 | 0.45 | 中等 |
| 10 | 高岭土 | 0~0.25 | 22.0 | 53.0 | 0.77 | 良好 |
| 11 | 无烟煤 | 0~1 | 8.2 | 38.7 | 0.27 | 弱 |
| 12 | 沙子 | 0~1 | 0.7 | 22.3 | 0.03 | 无 |

由此可见，铁矿石亲水性由强到弱的顺序是褐铁矿、赤铁矿、磁铁矿。脉石对铁矿物的亲水性也有很大影响，甚至可以改变其强弱顺序。例如，云母具有天然的疏水性，当铁矿石含有较多的云母时，会使其成球性下降；当铁矿石含有较多的诸如黏土质或高岭土之类的矿物时，由于这些物质具有良好的亲水性常常会起到改善铁矿物成球的作用。

B  矿粉颗粒形状

矿粉颗粒形状的不同将影响其成球性的好坏。矿物晶体颗粒呈针状、片状、表面粗糙者，具有较大的比表面积，成球性好；矿物颗粒呈矩形或多边形且表面光滑者，比表面积小，成球性差。褐铁矿颗粒呈片状或针状，亲水性最好。而磁铁矿颗粒呈矩形或多边形，表面光滑，成球性最差。

C  孔隙率

生球抗压强度与落下强度随颗粒间孔隙率的减少而提高，如图 6-12 所示。

D  矿粉湿度

矿粉湿度对矿粉成球性的影响最大。若采用湿度最小的矿粉造球时，由于毛细水不足，母球长大很慢，而且结构脆弱、强度极低。矿粉湿度过大时，尽管初始时成球较快，但易造成母球相互黏结变形，生球粒度不均匀；同时过湿的矿粉还容易黏结在造球机上，使其发生操作困难。过湿的生球强度也很差，在运输过程中易变形、黏结破裂，在干燥、焙烧时将导致料层的透气性变坏，破裂温度降低，干燥焙

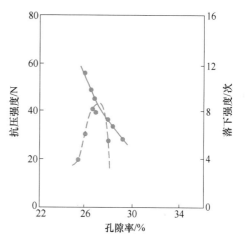

图 6-12  单个生球强度孔隙率的关系
实线—抗压强度；虚线—落下强度

烧时间延长，产量与质量下降。由于造球时要求的最适宜的湿度范围波动很窄（0.5%），所以每一种精矿的最适宜湿度值应用实验方法加以确定。一般磁铁矿与赤铁矿精矿粉的适宜成球水分是 8%~10%，褐铁矿为 14%~18%。最佳造球原料的湿度最好略低于适宜值，对不足部分应在造球过程中补加。当精矿湿度过大时，采取机械干燥法和添加生石灰、焙烧球团返矿等干燥组分来排除或减少多余水分，以保证造球物料的湿度要求。

E 矿粉粒度组成

矿粉粒度越小并具有合适的粒度组成时,颗粒间排列越紧密,分子结合力也将越强,因而成球性越好,生球强度越高,如图 6-13 所示。因此,为了稳定地进行造球和得到强度最高的生球,必须使所用的原料有足够小的粒度和合适的粒度组成。一般磁铁矿与赤铁矿精矿粉的粒度上限不超过 0.2 mm,其中 0.074 mm 的粒级应多于 70%,比表面积要求达到 2000 cm²/g,否则就会使生球强度变差。若达不到此要求则应当再磨。粒度过细,水在颗粒间的迁移速度下降,成球速度降低,同时磨矿成本上升。

### 6.1.3.2 添加物的影响

在造球原料中加入亲水性好、黏结能力大的添加物可以改善矿物的成球性。造球中常常使用的添加剂有消石灰、膨润土、石灰石、佩利多及其他复合黏结剂等。

(1)消石灰。消石灰是生石灰消化后的产物,具有天然的胶结性,本身成球性指数大于 0.8,属优等成球性物料。同时,它又是熔剂,因而配料时加入量较多。但是消石灰配比过多时,由于其堆密度小,毛细水迁移速度缓慢,又会降低成球速度,并在生球表面产生棱角。生产中要求消石灰的粒度应小于 1 mm。

(2)石灰石。石灰石也属于亲水性物质,但黏结力不如消石灰强。生产熔剂性球团矿时,石灰石与消石灰配合使用对造球更有利,不仅可以提高生球与干球的强度及稳定性,而且还可以起到熔剂的作用。石灰石的制备比消石灰简单可靠,但一定要细磨。

(3)膨润土(皂土)。膨润土是目前使用最广泛的优等成球性物料,属于效果极佳的优质添加剂,具有高黏结性、吸附性、分散性和膨胀性。配入适量(0.6% ~ 1.0%)膨润土于造球精矿中,便可显著改善其成球性,提高生球的强度,特别是提高生球干燥时的爆裂温度和成品球团矿的强度,如图 6-14 所示。

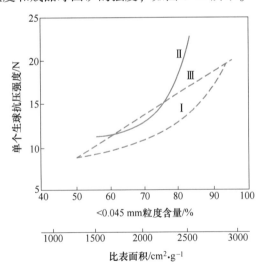

图 6-13 生球强度与原料比表面积的关系

Ⅰ—粒度对赤铁矿生球强度的影响;Ⅱ—粒度对混合矿生球强度的影响;

Ⅲ—比表面积对赤铁矿生球强度的影响

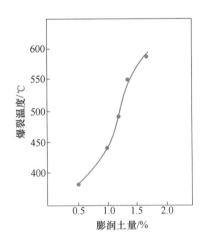

图 6-14 膨润土加入量对生球
爆裂温度的影响

（4）氯化钙。氯化钙是氯化焙烧中的氯化剂和造球过程中良好的黏结剂。氯化钙溶解在水中能提高水的表面张力。氯化钙的水溶液黏度比水大，并随溶液浓度增加而增加。添加氯化钙的物料，其分子水含量显著提高，从而提高了物料的成球性指数，有利于母球的形成与生球机械强度的提高。不过随着氯化钙加入量的增加，毛细水含量先增大后降低，因而使用高浓度的氯化钙溶液（大于 1000 g/L）造球时，毛细水的迁移速度将会显著减慢，不利于母球的长大。由于氯化钙是湿性很强的物质，在实践中难以磨碎，故造球时往往以水溶液状态加入。

（5）佩利多等其他黏结剂。佩利多是一种高效无毒的高分子黏结剂，由纤维素制成，不含对环境和冶炼有害的硫、磷杂质。1 g 佩利多可束缚 4.95 g 水，为膨润土的 5~10 倍（1 g 膨润土可束缚 0.66~0.91 g 水）。因此，佩利多的黏结效果高于膨润土，可显著改善生球强度，如图 6-15 所示。若生产质量相当的球团，佩利多的用量仅为膨润土的 1/4。

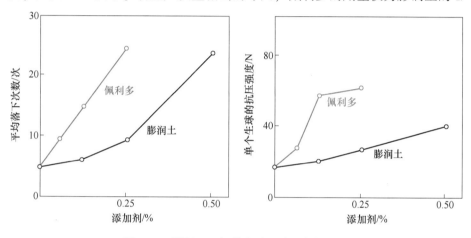

图 6-15 膨润土、佩利多对生球强度的影响

### 6.1.3.3 成品球尺寸的影响

成品球的尺寸在很大程度上决定了造球机的生产率和生球的质量。目前，在生产上制造粒度为 9~16 mm 的球团矿供高炉使用，制造粒度大于 25 mm 的球团矿供电炉炼钢使用。

由于不同尺寸的生球中各颗粒的结合力大致是相同的，因此较大生球的落下强度因其重量大而比较小生球的落下强度小些；相反，较大生球的抗压强度比较小生球的抗压强度高得多。这是因为生球的抗压强度与其直径的平方成正比，生球的落下强度与其直径的平方成反比。得到较大的生球需要较长的造球时间，因为生球的粒度越小，生球的成型就越快，所以制造粒度较大的球团矿会使造球机的生产率降低。

### 6.1.3.4 造球机工艺参数的影响

用于造球的设备主要是圆盘造球机和圆筒造球机，我国和西欧国家生产球团矿时常用的是圆盘造球机。

#### A 造球机的转速

造球机的转速一般可用圆周速度来表示。当造球机直径与倾角一定时，转速只能在一定范围内变动。如果转速过低，产生的离心力小，物料就上升不到圆盘的顶点，造成母球形成空料区。同时由于母球上升的高度不够，积蓄的动能不足，生球密实不够，强度降低。如果转速过快，离心力过大，物料就会被甩到盘边，造成圆盘中心空料，物料不能按粒度分开，甚至母球的滚动成型过程停止。只有适宜的圆盘转速才能使物料沿造球机的工作面转动，并按粒度分开。造球机适宜的转速与圆盘倾角和物料性质等有关，一般以造球盘周边线速度计，保持在 1.0~2.0 m/s，或以最佳转速为临界转速的 60%~70% 控制。临界转速为：

$$n_{临} = \frac{42.3\sqrt{\sin\alpha}}{\sqrt{D}}$$

式中　　$D$——圆盘直径，m；

　　　　$\alpha$——圆盘倾角。

若物料的摩擦角较大（如加入溶液造球时），则转速可取低值，若物料的摩擦角较小（如加入铁精矿或水泥生料造球时），转速可取高值。

### B　造球圆盘的倾角

圆盘造球机的转速与倾角有关，倾角越大，为了使物料能上升到规定的高度，则要求转速也越大。若转速一定，造球机的最适宜的倾角值 $\alpha_{适}$ 就一定。当 $\alpha < \alpha_{适}$ 时，物料的滚动性能恶化，盘内料全甩到盘边，造成了"盘心"空料，因而滚动成型条件恶化；当 $\alpha > \alpha_{适}$ 时，盘内料带不到母球形成区，造成圆盘有效工作面减小。圆盘造球机的倾角通常为 45°~50°。

### C　圆盘直径与边高

圆盘造球机的直径增大，加入盘中的物料增多，物料在盘内碰撞的概率就增大，有利于母球的形成、长大和生球的密实。圆盘的边高与其直径及物料的性质有关。随着造球机直径的增加，边高也相应增高，边高可按圆盘直径的 0.1~0.12 考虑。当造球机的直径与倾角都不变时，物料粒度粗，黏度小，则盘边应高一些；反之则应低一些。

### D　充填率

充填率是指造球机的容积与圆盘几何容积之比，它与圆盘的边高和倾角有关。当给料量一定时，盘边越高、倾角越小，充填率就越大，成球时间越长，生球的尺寸与强度就越大。但充填率过大会破坏物料的运动性，母球不能按粒度分层，造球机生产率下降。一般圆盘造球机的充填率为 10%~20%。

### E　底料与刮板的位置

造球机转动时，盘面上往往会黏附一层造球物料成为底料。粒度细、水分高的原料更易于黏结盘底。底料状态直接影响母球的生长情况，由于生球在底料上不断滚动时，会使底料压实和变得潮湿，从而使底料极易黏附于母球之上，最终影响母球的长大速度。同时随着底料的不断加厚，造球机负荷也逐渐增大，当底料增大到一定厚度时，发生大块脱落现象。为了使造球机能正常生产工作，必须在造球机工作面上形成松散且有一定厚度的底料，为此一般在圆盘内设置刮板。合理的刮板布置，既要使整个盘面与周边都刮到、不重复，保证疏松底料且不堆积料，减少刮板对造球机的阻力与磨损，又要能最大限度地增加圆盘的有效工作面，不干扰母球的运动轨迹。因此，在母球长大区一般不设刮板，但当母球的形成速度大大超过母球的长大速度时，可在母球长大区设置一辅助刮板，把较大的母球刮到长球区，使其加速长大，而让小母球与散料顺着辅助刮板所引导的方向在它下面继续通过。

### 6.1.3.5 造球操作的影响

#### A 加料方法

因为形成母球所需的物料要比母球长大所需的物料少，所以加料时要遵循"既利于母球形成，又利于母球迅速长大和密实"的原则，即把大部分料加到母球长大区，少量加在母球形成区，生球密实区禁止加料。

一般造球机的下料是自圆盘给料机通过漏斗形成一股料流，下在圆盘造球机略偏左上侧处，这时大部分物料都流向造球机的左侧"成球区"及中心"长球区"上，小部分物料由于造球机的转动被带到右侧"成球区"上。因此，此法基本是符合上述原则的，但也存在一些问题。例如，物料成一股料流下降到盘上，不利于造球，有时由于水分过大，造球机转速太慢，常出现"成球区"物料过少而"长球区"物料过多的现象。另外，也有采用物料从圆盘两边同时给入或者以"面布料"方式加料的，这种方式母球长大得最快。我国直径 5.5 m 的圆盘造球机，采用轮式混料机给料，使物料能松散地以面布料方式布在造球机上，效果良好。这是因为在圆盘造球机中，物料是按粒度分布的，靠近圆盘边缘部分，原料分布最少，母球长大区的原料量不充足。因此，在母球长大区，首先喷入雾状的水，帮助母球表面迅速被水润湿，然后补加原料，加速母球长大。但是，如果仅仅在母球长大区加水加料，而不在母球形成区加水加料，则可能导致母球数量减少。因此，需要采用面布料或两边同时布料的方式。

#### B 加水方法

用于造球的物料，其水分含量最好略低于生球的适宜水分，然后在造球过程中再补加适量的水。在这种情况下，加水常采用"滴水成球、雾水长大、无水密实"的操作方法，即将大部分补加水以滴状方式加在母球形成区的物料流上，以利于母球的形成，其余水分以喷雾状加在长大的母球表面上，促使母球迅速长大。而在生球密实区，已长大的生球在滚动与受搓压的过程中，毛细水从内部被挤出会使生球表面过湿，因此应禁止加水，以防生球黏结和强度降低。

生产中应根据造球的需要，灵活控制合适的加水、加料方法，以提高生球的质量与造球机的生产率。加水、加料方法如图 6-16 所示。

#### C 造球时间

滚动成球所需的时间根据成品球的尺寸、原料成球

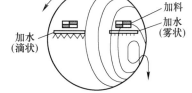

图 6-16　加水、加料方法

的难易以及矿粉粒度的粗细而定。成品球尺寸要求大、原料成球性能差，则造球时间延长，反之应缩短造球时间。从实验可知，生球的抗压强度随造球时间的延长而提高，对于粒度越细的物料，延长造球时间效果越显著，如图 6-17 所示。落下强度同样随造球时间的延长而提高，如图 6-18 所示。虽然延长造球时间有利于提高生球的强度，但对产量不利。

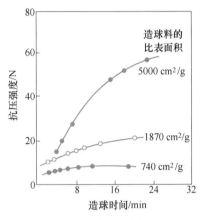

图 6-17　造球时间与单个生球抗压强度的关系

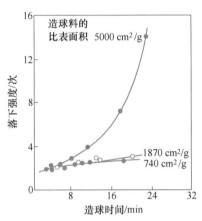

图 6-18　造球时间与单个生球落下强度的关系

### 6.1.4　造球过程中成球水分与成球速度的控制

#### 6.1.4.1　造球过程中成球水分的控制

造球过程的水分调整

造球最佳水分应根据生球的抗压强度和落下强度这两个重要的特性来确定。水分高于或者低于最佳值时，生球强度都会下降。因为水分低于最佳值，生球中矿粒之间毛细水不足，孔隙被空气填充，所以生球非常脆弱。若水分过大，矿粒间毛细管的水过于饱和，这时毛细黏结力将不存在，球就会互相黏结、变形。不同的原料，其最佳造球水分是不相同的。用含铁 68% 的磁铁精矿，磨成 3 种不同的粒度分别造球，生球抗压强度和落下强度与精矿比表面积成正比。但是，生球落下强度的最佳水分值高于抗压强度的最佳水分值。在生球运输过程中，落下强度比抗压强度更显得重要。因此，在实际生产中，生球都是稍微过湿的。希望原料的水分略低于最佳造球水分，在造球过程中再补加少量的水，这样有利于控制生产。

造球过程中的加水方法为"滴水成球，雾水长大，无水紧密"。加水位置必须符合"既易形成母球，又能使母球迅速长大和紧密"的原则，为了实现生球粒度和强度的最佳操作，加水点设在球盘上方，范围偏大。造球工判断混合料水分大小的方法主要有目测和手测两种。

（1）目测：观察来料皮带上的混合料是否有较多颗粒，如有，说明水分较大。观察圆盘下料，如易棚仓，不易下料，则表明水分较大。

（2）手测：主要是造球工经过长时间实践摸索得来的。混合料越黏手，水分就越多。来料水分大，应增加下料量，或相应减少球盘打水量；来料水分小，则减少下料量，或增加给水量。

### 6.1.4.2 造球过程中成球速度的控制

（1）膨润土对成球速度的影响。研究结果表明，随着膨润土用量增加，生球长大速度下降，成球率降低，生球粒度变小并趋向均匀。这种作用对细粒度铁精矿粉更为明显。

产生这种现象的原因，主要是由于膨润土的强吸水性和持水性。在成核阶段，球核因碰撞发生聚结长大，但球核内的水因被膨润土吸收，不易在滚动中被挤出到球核表面，从而降低了水分向球核表面的迁移速度，当球核表面未能得到充分湿润，球核在碰撞过程中得不到再聚结的条件，故生球长大速度（即成球速度）降低，相应成核量就会增多，结果使总的生球粒度小并均匀化，从而大大有利于生产中等粒度（直径为 6~12 mm）的球团。

（2）水分对成球速度的影响。每一种原料都有一个最适宜的水分值（即临界值），在临界值以下，原料的成球速度随水分用量的增加而提高，超出临界值以后，则原料将因黏性和塑性增大而不能制成具有一定强度和粒度的生球。

研究证明：某铁精矿粉在外加水分为 7% 时，基本上不能成球；小于 5 mm 粉末占 95%，在水分达 8% 后，成球率和生球长大速度才迅速提高；但到水分为 10.3% 时，生球表面过湿严重，球粒间发生黏结；当加入 1.5% 膨润土后，成核率提高，水分在 7%~7.5% 时，仅有 30% 球核，当水分达 10% 时生球发生黏结。

### 6.1.5 生球的输送

混合物料在造球机上形成合格粒度的生球。在一般情况下，焙烧所需生球总量是由多台造球机制出的，生球集中到一条集料皮带机上输送给焙烧机。

生球的输送设备对生球的抗压强度、落下强度以及转鼓强度均有很高要求。它的主要任务就是将生球完好无损地传送给下一个工艺阶段，如图 6-19 所示。

在生球输送过程中，为了剔除生球中的不合格小球、超粒级生球和粉料，必须设置生球筛分装置。国内一般采用辊式筛，它具有构造简单、运转可靠、维修更换容易、所需功率较小、传动平稳等优点，但存在开式齿轮和辊筒磨损两方面问题。

辊式筛的构造如图 6-20 所示，它是一组轴线平行，在同一平面内旋转的柱形圆辊。圆辊安装在机架上，圆辊两端装有挡料板，辊式筛的安装倾角通常为 7°~15°，圆辊轴间距与辊径的差值构成间隙。

辊式筛规格大小，可根据生产要求选定，即增加或减少圆辊的数量和长度。

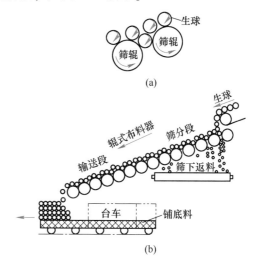

图 6-19 辊式布料器工作方式

（a）辊间生球运动状态；（b）往焙烧机台车上布料

辊式筛的筛分原理是当辊式筛的圆辊向生球运行方向旋转时，生球给入辊式筛上便迅速散开，平铺一层，然后随着圆辊的作用，有秩序地向前滚动，小于或等于合格品段间隙尺寸的颗粒的粉末落入返矿料斗，被筛除。

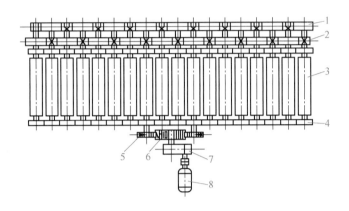

图 6-20　辊式筛的构造

1—传动齿轮；2—导向齿轮；3—圆辊；4—轴承座；
5—从动齿轮；6—主动齿轮；7—减速机；8—电动机

在运输段，每个生球向下滚动的旋转方向同圆辊子的旋转方向相对，滚到两辊间隙内的生球被后面的生球顶出，从辊子顶面滚过，又滚入下一个辊隙内。同时，生球被横向推开分布到辊式布料器的整个宽度上。

### 问题探究

（1）铁矿粉的成球过程是怎样的？
（2）圆盘造球机的主要组成部分有哪些？
（3）造球过程中水分与生球强度的关系是怎么样的？
（4）造球过程中如何控制成球速度？
（5）影响生球质量的因素有哪些？

## 任务6.2　生球的质量检验

### 任务描述

生球质量的好坏对成品球团矿的质量具有重要意义。质量良好的生球是获得高产、优质球团矿的先决条件。优质的生球必须具有适宜且均匀的粒度、足够的抗压强度和落下强度以及良好的抗热冲击性。

球团生产
对生球质量的要求

## 相关知识

### 6.2.1　生球粒度组成

生球的粒度组成是衡量生球质量的一项重要指标，合适的生球粒度可以提高焙烧设备的生产能力和降低单位热耗。

国内生球的适宜粒度一般为 8~16 mm，最佳粒度在 10~12 mm；国外一般控制在9.5~12.7 mm 的范围内。球团粒度均匀，孔隙度大，气流阻力小，透气性好，还原速度快，为高炉高产低耗提供有利条件。生球粒度过大时，干燥时间延长，影响生产率；粒度过小时，在链算机-回转窑球团中，就会在算板上形成漏料，影响正常抽风操作。此外，生球的尺寸在很大程度上决定了造球机的生产率和生球的强度。尺寸小，生产率高；尺寸大，造球时间长，造球机产量降低，生产率越低，落下强度就越低；但尺寸太小，抗压强度就变小，从而影响链算机的透气性。因此，合理的生球粒度既是提高造球产量的需要，也是提高生球强度的需要。

国外使用计算机模型求出：10 mm 直径球团的焙烧时间为最短；12 mm 直径球团所需冷却时间最短；11 mm 直径球团整个焙烧过程所需的时间最短。这是因为球团的氧化和固结时间与球团直径的平方成正比。但直径很小的球团会增加料层的阻力，当压差不变时，气流量下降，所需的焙烧过程将延长。当球团直径较大时，比表面积下降，需要较长的焙烧周期。球团直径对焙烧单位热量的影响为：焙烧 8 mm 直径球团需要的单位热耗约为1758 kJ/kg；焙烧 16 mm 直径球团单位热耗大约 2345 kJ/kg。所以从生产能力方面而言，最佳的球团直径为 11 mm，而从单位热能消耗方面来看，球团直径应尽可能小。

生球的粒度组成用筛分方法测定。我国所用方孔筛尺寸为 25 mm×25 mm、16 mm×16 mm、10 mm×10 mm、6.3 mm×6.3 mm，筛底的有效面积有 400 mm × 600 mm 和500 mm×800 mm 两种，可采用人工筛分和机械筛分。筛分后，用 >25.0 mm、16.0~25.0 mm、10.0~16.0 mm、6.3~10.0 mm 和<6.3 mm 等粒级的质量分数表示。

对生球粒度组成的要求一般为：6.3~16 mm 粒级的含量不少于85%，>16 mm 粒级和<6.3 mm 粒级的含量均不超过5%，球团的平均直径以不大于12.5 mm 为宜，国外控制在10~12.7 mm。这样可使干燥温度降低，提高球团的焙烧质量和生产能力。同时，在高炉中若粒度过大，会降低球团在高炉内的还原速度。

### 6.2.2　生球的抗压强度

生球的抗压强度是指其在焙烧设备上所能承受料层负荷作用的强度，以生球在受压条件下开始龟裂变形时所对应的压力大小表示。抗压强度的检验装置大多使用利用杠杆原理制成的压力机，如图 6-21 所示。

选取 10 个粒度均匀的生球（一般直径为11.8~13.2 mm 或 12.5 m 左右），逐个置于天平盘的一边，另一边放置一个烧杯，通过调节夹头，让容器中的铁屑不断流于烧杯中，使生球上升与压头接触，承受压力。至生球开始破裂时中止加铁屑，称量此时烧杯及铁屑的总质量，即为这个生球的抗压强度。以被测定的 10 个生球的算术平均值作为生球的抗压强度指标。

使用带式焙烧机及链箅机-回转窑生产球团时，要求单个生球抗压强度在 10 N 以上，竖炉则要求在 20 N 以上。

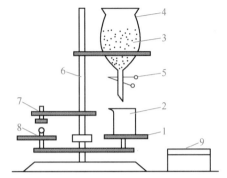

图 6-21    生球抗压强度的检验装置

1—天平；2—烧杯；3—铸铁屑；4—容器；
5—夹头；6—支架；7—压头；8—试样；9—砝码

### 6.2.3    生球的落下强度

生球出造球系统后，要经过筛分和数次转运后才能均匀地布在台车上进行焙烧，因此，必须要有足够的落下强度以保证生球在运输过程中既不破裂又很少变形。落下强度的测定方法是：取直径接近平均直径的生球 10 个，将单个生球自 0.5 m 的高度自由落到 10 mm 厚的钢板上，反复进行，直至生球破裂时为止，统计落下次数，求出 10 个生球落下次数的算术平均值作为落下强度指标，单位为 "次/个"。

生球落下强度指标的要求与球团生产过程的运转次数有关，当运转次数小于 3 次时，落下强度最少应定为 3 次，超过 3 次的最少应定为 4 次。竖炉生产要求落下强度大于 5 次。

由于生球的抗压强度和落下强度分别与生球直径的平方成正比和反比，因此，作为两种强度试验的生球，都应取同等大小的直径，并接近生球的平均直径，以更具代表性。

### 6.2.4    生球的破裂温度

在焙烧过程中，生球从冷、湿状态被加热到焙烧温度的过程是很快的。因此，生球在干燥时便会受到两种强烈的应力作用——水分强烈蒸发和快速加热所产生的应力，产生破裂或剥落，结果影响球团的质量。生球的破裂温度是反映生球热稳定性的重要指标，是指生球在急热的条件下产生开裂和爆裂的最低温度。要求生球的破裂温度越高越好。

检验生球破裂温度的方法依据干燥介质的状态可分为动态法和静态法。动态法更接近生产实际，故普遍采用。目前测定方法还未统一，我国现采用电炉装置测定，如图 6-22 所示。方法为：取直径为 10~16 mm 的生球 10 个或 20 个，放入用电加热的耐火管中。每次升温 25 ℃，恒温 5 min，并用风机鼓风，气流速度控制为 1.8 m/s（工业条件时的气流速度）。以 10% 的生球呈现破裂时的温度值作为生球的破裂温度指标。该温度要求一般不低于 300 ℃，对于用竖炉生产球团时，该温度应在 700 ℃ 以上。为了提高破裂温度，通常配加膨润土。

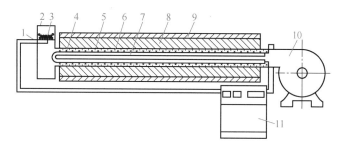

图 6-22　生球破裂温度的测定装置

1—热电偶；2—耐火管；3—试样；4—耐火纤维；5—氧化铝管；6—2×4 kW 铁铬铝电炉丝；7—刚玉管；
8—耐火材料；9—钢壳；10—鼓风机；11—晶闸管温度控制装置

## 问题探究

（1）衡量生球质量的指标有哪些？
（2）对生球的质量要求是什么？

## 知识技能拓展

### 智能造球系统

智能造球系统是根据在线粒度分析系统的结果和人工控制经验，进行类人工智能的模糊控制。系统得到实时粒度数据后与预定规则做比较，判断当前粒度是否在目标范围内，若不在目标范围，根据所判断的偏大或是偏小结果和系统内的模糊控制规则对圆盘加水量、圆盘转速进行单一或多重调节。最终控制生球粒径在一定的范围内最大化。

智能造球系统主要具备模糊前馈、产量最大化、质量最佳化和自适应智能化四个控制功能。

（1）模糊前馈是将用户物料属性、配比等信息采集至模糊控制器中，不同物料、不同配比、当前水分形成相关用户信息的动态数组，由于不同物料、不同配比、物料水分造球成因的不同，系统将这些信息形成关联滴水量、喷雾量、圆盘转速的参考数组，这些数组通过数据堆栈技术储存，当这些因素发生变化时，对应数组变化，模糊前馈提前干预由于物料更换、配比不同、水分变化的成球原因，使智能造球反应更迅速，而不是单靠造球粒级的反馈再去调整相关参数。

（2）产量最大化是通过智能造球系统设置的一种控制模式，主要是将生球颗粒级设置为主要反馈值，通过调整转速、加水量、喷雾量等参数，使得造球数量增加，并根据造球量的增加调节进料量。颗粒度粒级由中控室人员手动输入，然后系统自动进入产量最大化。

（3）质量最佳化是智能造球系统设置的另一种控制模式，主要是将生球颗粒级、目标水分作为两个反馈值，通过调整转速、加水量、喷雾量等参数，使得造球粒级最佳。颗粒度粒级、目标水分由中控室人员手动输入，然后系统自动进入质量最佳化。

（4）自适应智能化将全部由智能造球系统控制，建议用户常规情况下采用该控制方式，这里需要指出的是，需设定加水量、圆盘转速、给料量等参数的最大值和最小值，以便系统在这个参数区间调节，系统给出这些值的阈值，当参数接近这些最大值和最小值时，系统给出报警信息，同时可转为手动控制。

## 安全小贴士

（1）上岗前必须正确佩戴和使用劳动保护用品，熟知本岗位的安全操作规程和灭火器材的使用方法。

（2）圆盘造球机工作时，应远离转动部位，不得在设备运转时清扫、维护转动部位。

（3）设备检修或进盘内调换刮板时，必须停机、断电、挂牌，选择开关打到零位。

（4）上下楼梯要扶牢踩稳，注意脚下是否有杂物及油污，防止滑跌伤人。

# 实训项目 6  造 球 操 作

## 工作任务单

| 任务名称 | 造球操作 | | |
|---|---|---|---|
| 时　　间 | | 地　　点 | |
| 组　　员 | | | |

| 实训意义 | 通过实训，使学生将知识、技能、态度自然融入工作过程的每个环节。进一步完善所掌握的工作过程知识，积累生产经验，学习生产操作技能。 |
|---|---|
| 实训目标 | （1）能够掌握球磨机、圆盘造球机的工作原理，并进行造球操作；<br>（2）能够根据生球的抗压强度指标进行原料或水分的调整；<br>（3）通过实训，使学生具备一定的操作能力和团队协作能力。 |
| 实训注意事项 | （1）进入实训岗位后严格遵守实训场所的安全操作规程和规章制度，服从带队老师和现场工作人员的指挥，杜绝任何事故的发生；<br>（2）严格考勤和请假制度，实习实训期间原则上不允许请假，如遇特殊情况必须请假者，需按学校规定手续审批；<br>（3）文明礼貌，团结互助，虚心求教，爱护实训场所的财物。 |
| 实训设备介绍 | （1）球磨机。<br><br>球磨机实物图<br>设备组成：球磨机主要由圆柱形筒体、轴承、传动轴和减速机组成。<br>工作原理：减速机通过减速装置驱动筒体回转，筒体内的碎矿粉和钢球在筒体回转时受摩擦力和离心力作用，被衬板带到一定高度后由于重力作用发生抛落和泻落，矿粉在冲击和研磨作用下进一步被粉碎。 |

| | |
|---|---|
| 实训<br>设备介绍 | （2）圆盘造球机。<br><br> 圆盘造球机实物图 <br>设备组成：圆盘造球机由转动轴、造球机圆盘、减速机、刮板、支架等组成。<br>工作原理：机体上周边圆盘与水平成 40°~55° 的倾斜角度，可在规定的范围内任意调节。电机通过齿轮减速机带动圆盘转动。粉料和水加入圆盘之后，不断翻滚形成料粒—小料球—大料球，当粒度合格之后将生球倒出。 |
| 实训<br>操作过程 | 造球操作过程：<br>（1）造球原料的准备。准备 5 kg 左右铁精矿粉、膨润土和水。<br>（2）磨矿。若铁精矿粉粒度较大不能达到 0.074 mm（200 目）占比 70% 以上，需用球磨机对矿粉进行磨矿处理。球磨机操作步骤如下。<br>1）取下机身部位物料入口处的密封板和滤板，装入 110 kg 钢球。<br>2）将大于规定矿粉需要量 20% 的铁精矿粉装入球磨机（球磨机磨矿有一定损失），先放置入口滤板，再放置密封板并用固定夹固定好，防止转动过程脱落。<br>3）打开球磨机电源，磨矿 3 min 后停止转动；在球磨机下方放置好托盘，拿掉密封板，再次打开电源转动球磨机，磨好的矿粉通过滤板上的小孔落到托盘上。当滤孔不再掉落矿粉，关闭电源停止球磨机。将密封板安放回原位固定好。<br>4）用电子秤称量托盘收集的矿粉质量。<br>（3）造球。将称量好的铁精矿粉配上适量膨润土混匀倒入圆盘造球机，打开造球机电源，启动圆盘造球机开始造球，造球过程中根据成球状况配适量水分；一般造球时间 3~5 min，当成球粒度合格之后关闭电源停止造球机，将粒度合格的生球取出。 |

| | 造球原料数据记录表 | | | | | |
|---|---|---|---|---|---|---|

| 实验结果 | 原料 | 铁精矿粉 | 膨润土 | 造球加水 | 造球 | |
|---|---|---|---|---|---|---|
| | | | | | 造球时间/min | 成品合格率/% |
| | 质量/kg | | | | | |
| | 比例/% | | | | | |
| | 1次 | | | | | |
| | 2次 | | | | | |
| | 3次 | | | | | |
| | 4次 | | | | | |
| | 5次 | | | | | |

| | 专业实训任务评价 | | | |
|---|---|---|---|---|
| 考核评价 | 评分内容 | 标准分值 | 小组评价（40%） | 教师评价（60%） |
| | 出勤纪律（10%） | 10 | | |
| | 数据记录（20%） | 20 | | |
| | 球磨机操作（30%） | 30 | | |
| | 造球操作（40%） | 40 | | |
| | 任务综合得分 | | | |

# 项目7 球团的焙烧

 **思政课堂**

## 笔尖钢——书写创新驱动的中国力量

中国是世界上最大的圆珠笔生产国，但是在生产笔芯的过程中，笔头的不锈钢材料长期依赖进口，2016 年以前，每年以每吨 12 万元的价格进口 1000 多吨。为了给数百亿支圆珠笔安上"中国笔头"，国家早在 2011 年就开启了这一重点项目的攻关。业内都知道，笔尖钢的研发难度很大，微量元素配比的细微变化，都会直接影响笔尖钢质量，而国外厂商对配比技术一直保密。中国宝武太钢集团的研发团队没有任何参考，只能不断地积累数据、调整参数、设计工艺方法、反复实验，找到钢材与微量元素的最佳配比。经过五年近百次的试验，先后在材料的易切削性、性能稳定性、耐锈蚀性等七大类技术难题上取得突破，掌握了贵重金属合金均匀化、夹杂物无害化处理等多项关键技术，攻克了笔尖钢的技术难关。

笔尖钢的研制成功，显示了政府、企业对于创新发展的高度重视。创新是企业兴旺发达的不竭动力，是国家强盛的根基。强化创新意识的培养，不仅事关国家的繁荣昌盛，也关系到社会个体的进步和发展。培养创新意识，就要培育敢于创新的勇气。破旧立新，勇气是关键，没有敢于打破旧框架、旧体系的勇气，就难有理论和实践的创造和发展。无论是企业还是个人，勇于创新、敢于试错是通往成功的前提。抱着裹足不前、瞻前顾后的畏难思想，将错失发展良机。更重要的是，要培养善于创新的思维，建立科学的思考方法，要努力摆脱经验主义和教条主义的束缚，以科学的理念指导选择适合自己的创新路径。创新具有不确定性、不稳定性，因此，困难、风险和失败是创新过程中必然的经历。这就要求我们正视困难、接受风险、包容失败，要学会从困难中寻找机会，在风险中把握方向，于失败中积累经验。

新起点、新征程，我们只有鼓足敢于创新的勇气，利用好时代赋予的机遇，不害怕失败和错误，努力探索开拓新产品、新业态、新领域，撸起袖子加油干，做到沉下心来、心无旁骛、坚持创新、打造精品，才能为我国钢铁工业高质量发展贡献力量。

**思政探究**

请查阅相关资料，列举出两项你认为最具创新意义的球团相关设备，并说明原因。

## 📖 项目背景

我国高炉炼铁炉料结构以烧结矿、球团矿为主，烧结矿平均入炉比例在70%以上，但烧结工艺普遍存在工序能耗高、烟气和污染物排放量大等问题，对炼铁系统的污染物和碳排放影响较大，而球团工艺的能耗和污染物排放却低于烧结工序的50%，$CO_2$的排放约为烧结的30%。因此，提高球团矿在高炉炼铁中的使用比例有利于减少炼铁系统的污染物和碳排放。球团的焙烧作业是球团生产工艺的中心环节，它主要包括布料、干燥和预热、焙烧等工序。球团矿的生产方式有竖炉、带式焙烧机、链算机-回转窑三种。

## 🎯 学习目标

知识目标：

(1) 掌握生球的干燥机理、焙烧固结机理；
(2) 掌握链算机主要组成及其工作原理；
(3) 明确链算机-回转窑的气体循环流程；
(4) 掌握竖炉生产工作原理；
(5) 掌握带式焙烧机的组成、结构；
(6) 明确球团矿的质量评价指标。

技能目标：

(1) 会判断布料操作是否合理；
(2) 运用所学知识，正确选择竖炉的热工制度；
(3) 会运用所学知识，合理调节链算机各段温度；
(4) 会根据焙烧原理，合理调节回转窑焙烧气氛与温度；
(5) 能够独立完成球团矿抗压强度的检验；
(6) 在教师的指导下，以小组的形式完成球团矿还原膨胀性能的检验；
(7) 能够运用所学知识，分析影响球团矿质量的因素。

德育目标：

(1) 培养学生具有良好的思想政治素质、行为规范和职业道德；
(2) 培养学生的安全生产意识和责任意识；
(3) 培养学生严谨细致、精益求精的工作作风；
(4) 培养学生正确分析问题、解决问题的能力；
(5) 培养学生辩证思考问题的能力；
(6) 培养学生良好的环保和节能减排意识。

## 任务7.1 链箅机-回转窑操作

### 任务描述

链箅机-回转窑是一种联合机组，主体设备由链箅机、回转窑和冷却机三个独立的部分组成。其特点为：干燥、预热、焙烧、冷却工艺过程分别在不同的设备上进行。生球的干燥和预热在链箅机上进行，高温焙烧固结在回转窑内完成，焙烧后热球团矿的冷却在冷却机上进行。

### 相关知识

#### 7.1.1 球团焙烧理论

##### 7.1.1.1 生球的干燥

生球干燥是生球加热过程的开始环节，其作用在于降低生球中的水分，以免它在高温焙烧时加热过急、水分蒸发过快而破裂、粉化，恶化料层的透气性，影响球团矿的质量。未经干燥的生球，特别是添加有亲水性黏结剂的生球，通常含有较多的水分，这就使得它们在受到挤压时，一方面易产生塑性变形与裂纹，另一方面在高温焙烧时会由于水分猛烈蒸发而产生裂纹或爆裂。因此，球团在进入预热和焙烧阶段之前，必须经过干燥，以满足下步工艺的要求。

###### A 生球干燥机理

生球干燥的过程首先是水分汽化的过程。当生球处于干燥的热气流（干燥介质）中时，其热量将透过生球表面的边界层传给生球，此时由于生球表面的蒸汽压大于热气流中的水汽分压，生球表面的水分便大量蒸发汽化，穿过边界层而进入气流，被不断带走。生球表面蒸发的结果，造成生球内部与表面之间的湿度差，于是球内的水分不断向生球表面迁移扩散，又在表面汽化，干燥介质连续不断地将蒸汽带走。如此继续下去，生球逐步得到干燥。可见，生球内部的湿度梯度和生球内外存在着的温度梯度是促使生球内部水分迁移的力量，生球的干燥过程是由表面汽化和内部扩散这两部分组成的。

在干燥过程中，虽然水的内部扩散与表面汽化是同时进行的，但速度却不一定相同。当生球表面水分汽化速度小于内部水分的扩散速度时，其干燥速度受表面汽化速度的控制，称为表面的汽化控制。相反，当生球表面水分汽化速度大于其内部水分向外扩散的速度时，称为内部的扩散控制。

对表面的汽化控制来说，生球水分的去除取决于物体表面水分的汽化速度，显然，蒸发面积大，干燥介质的温度高、流速快，表面汽化作用就快，生球的干燥速度就快。在生产上一般是通过大风量、薄料层、高风温的操作方法来加速干燥的。

当干燥过程受生球内部扩散速度限制时，在表面水分蒸发汽化后，生球内部的水分不能及时扩散到表面上来，将导致生球表面干燥而内部潮湿的现象，最终使生球表面干燥收缩而产生裂纹。这种干燥过程比表面汽化控制时更为复杂，其干燥速度不仅与干燥介质的温度有关，还与生球直径和含水量有关。

一般情况下，铁精矿生球通常都加黏结剂，因而这种物料不是单纯的毛细管多孔物（典型的为纸、皮革等），也不是单纯的胶结物（典型的为陶土、肥皂等），而是胶体毛细管多孔物，因此其干燥过程的进行不是单纯由表面汽化控制所决定的，而是内部扩散控制也要起相当大的作用。

生球在干燥过程中的脱水规律如图 7-1 所示。

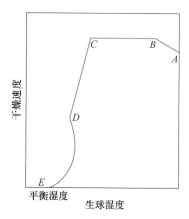

图 7-1　生球在干燥过程中的脱水规律

在干燥开始时，水分在生球内部的扩散速度大于物体表面的汽化速度，有足够的水由生球内部扩散到其表面，当干燥速度达到最大值（$B$ 点）后就进入等速干燥阶段（$BC$ 段）。这时，由于是表面汽化控制，故干燥速度与生球的直径无关，而与其水含量有关。并且由于生球表面的蒸汽压等于纯液体上的蒸汽压，其干燥速度就等于同样条件下纯液体的汽化速度，并与干燥介质的温度、速度和湿度有关。

当生球水分达到临界点 $C$ 后，就进入干燥的第二阶段，即降速阶段（$CD$、$DE$ 段），干燥速度完全由水分自生球内部向外表扩散的速度所控制。因此在第二阶段中，干燥速度与生球直径和含水量有关，尤其在 $DE$ 阶段，干燥介质的速度和干燥介质的湿度影响就更小了，而干燥介质的温度仍起决定性的影响。当生球水分达到平衡湿度时，干燥速度便等于零。

随着干燥过程的进行，生球将发生体积收缩。收缩对于干燥速度和干燥后干球质量的影响是两方面的。一方面，如果收缩不超过一定的限度（未引起开裂），就形成内粗外细的圆锥形毛细管，使水分由中心加速迁移到表面，从而加速干燥。这种收缩使物料变紧密，强度提高，因而是有利的。但另一方面，生球表层与中心的不均匀收缩会产生应力：其表层的收缩大于平均收缩，表层受拉应力；而其中心的收缩小于平均收缩，中心受压。如果生球表层所受的应力超过其极限抗拉强度时，生球会开裂，并且强度显著降低，因此这种收缩是不利的。

生产实践证明，根据生球原料的特性及粒度的不同，干燥过程可能引起两种相反的效果。对于含有大量胶体颗粒的褐铁矿或含泥量高的赤铁矿所制得的生球，干燥过程会使其结构变得牢固。然而对于结晶型的赤铁矿和磁铁矿生球来说，干燥会使其结构变弱。有添加物的赤铁矿和磁铁矿生球，干燥后其结构的变化，则由添加物的作用决定。这是由于这种生球在它们去除毛细水时，胶体颗粒充填在较粗大的颗粒中间，增强了颗粒间的黏结力。

另外，如果生球中的颗粒是比较均匀和尺寸比较粗大的话，它们就不可能变得足够紧密，在去掉毛细力以后，干球的强度可能更低。这是因为生球结构越弱，开裂越显著。

此外，干燥速度越快，生球不均匀收缩越显著，开裂的危险性也就越大。同时当生球内部水分的蒸发速度大于水分自球内排出的速度时，生球也会开裂。

B　影响生球干燥速度的因素

生球在干燥过程中可能产生低温表面干裂和高温爆裂，因此生球干燥必须以不发生破裂为前提，其干燥速度与干燥所需时间取决于下列因素。

（1）干燥介质的状态。干燥介质的状态指干燥气流的温度、流速与湿度。干燥介质的温度越高，生球水分的蒸发量就越大，干燥速度也越快，干燥时间相应缩短，如图 7-2 所示。但干燥介质的温度受生球破裂温度的限制，应控制在生球的破裂温度之下，否则随着介质温度的不断提高，将会使生球表层与中心不均匀收缩加剧，导致裂纹产生，更有甚者会因剧烈汽化，中心水分来不及排除而爆裂。

干燥介质的流速越快，生球表面汽化的水蒸气散发越快，可促进生球表面水分的快速蒸发，如图 7-3 所示。与温度的影响相似，干燥介质流速也受生球破裂温度的制约，通常情况下，流速大时，应适当降低干燥温度，对于热稳定性差的生球，干燥时往往采用低温大风量的干燥制度。

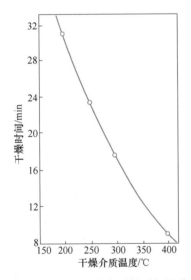

图 7-2　干燥介质温度与干燥时间的关系

（料层厚 200 mm，气流速度为 0.5 m/s）

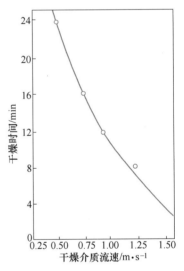

图 7-3　干燥介质流速与干燥时间的关系

（料层厚 200 mm，气体温度 250 ℃）

干燥介质的湿度越低，生球表面与介质中蒸汽压力差值就越大，有利于水分的蒸发。但有些导湿性很差的物质，为了避免形成干燥外壳，往往采用具有一定湿度的介质进行干燥，以防裂纹的产生。

（2）生球的性质。生球本身的性质包括生球的初始湿度与粒度等。生球的初始湿度高，破裂温度就低。生球初始水分高时，干燥初期由于生球内外湿度相差大，会造成严重的不均匀收缩，使球团产生裂纹；在干燥后期，当蒸发面移向内部后，由于内部水分蒸发而产生的过剩蒸汽压会使生球发生破裂，而破裂温度的降低必然限制生球的干燥速度，延长干燥时间。一般，亲水性强的褐铁矿所制得的生球，其破裂温度比赤铁矿与磁铁矿要低。

生球粒度小时，由于具有较大的比表面积，蒸发面积大，内部水分的扩散距离短，阻力小，干燥速度快，可承受较高的干燥温度。生球粒度过大会影响干燥速度，对干燥不利。

（3）球层高度。增加球层高度将延长干燥时间，降低干燥速度。因为球层越厚，干燥介质中的水蒸气在下部料层凝结的情况就越严重，底层生球的水分含量将升高，所以降低了底层生球的破裂温度。球层高度与干燥时间之间的关系如图 7-4 所示。因此，在厚料层干燥时，应延长干燥时间，限制干燥速度。

C  生球在干燥过程中产生破裂的原因及提高生球破裂温度的途径

生球的干燥破裂是强化生球干燥的限制性环节。干燥过程中，在 400~600 ℃有可能发生生球的破裂。产生破裂的原因如下。

（1）生球在干燥中发生体积收缩，由于物料特性和干燥制度的不同，生球表面产生湿度差，表面湿度小收缩大，中心湿度大收缩小，这种不均匀收缩会产生应力，干燥时一般是表面收缩大于平均收缩，表面受拉和受剪，一旦生球表层所受的拉应力或剪应力超过生球表层的极限抗拉、抗剪强度，生球便开裂。

（2）表面干燥后结成硬壳，当生球中心温度提高后，水分迅速汽化，形成很高的蒸汽压，当蒸汽压超过表层硬壳所能承受的压力时，生球便破裂。如果生球在干燥时期开裂，则焙烧后的球团矿强度至少降低 1/5~1/3，如图 7-5 所示。

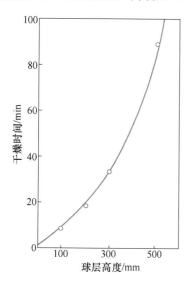

图 7-4  球层高度对干燥时间的影响

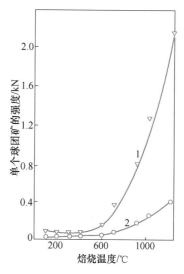

图 7-5  干球质量在不同焙烧温度
对球团矿强度的影响
1—未开裂的生球；2—开裂的生球

因此，提高生球的热稳定性是球团生产中必须解决的问题，实际生产过程中可采取以下措施来强化干燥过程。

（1）逐步提高干燥介质的温度与流速。生球在干燥初期，应先在较低的温度与流速下进行干燥，随着水分的不断减少，生球破裂温度相应提高，可逐步提高干燥介质温度与流速，以加强干燥过程，改善干燥质量。因此，干燥前段应实行慢升温、低风速；而干燥后期应采用大风、高温操作。

（2）采取先鼓风再抽风的方法进行干燥作业。当采用带式焙烧机或链箅机进行干燥时，可采用鼓风和抽风相结合的方法，先鼓风干燥，使下层的生球蒸发掉一部分水分，生球的温度提高到露点以上，再向下抽风，减少与避免下部球层的过湿现象，从而提高生球的热稳定性。

（3）采用薄层干燥。适当减薄球层的厚度，可以减少蒸汽在球层下部冷凝的程度，提高生球的破裂温度，但这样做会降低产量。

（4）采用分层干燥。通过分层干燥，可以发挥薄层干燥的优势，但在操作上有较大的困难。

（5）造球时加入合适的添加剂。实践证明，适量加入能使成球性指数提高到 0.7 左右的添加剂，可以提高生球的破裂温度，获得良好的干燥效果。这是因为当成球性指数 $K \approx 0.7$ 时，生球的破裂温度最高，而 $K$ 大于或小于 0.7 时，都要降低生球的热稳定性。比如，在加入 0.5% 的膨润土后，生球的破裂温度可由 175 ℃ 提高到 450~500 ℃，而加入 1% 的膨润土和 8% 的石灰后，生球的破裂温度可提高到 700 ℃ 左右。这就可能在干燥时采用温度较高的干燥介质来加速干燥过程。

### 7.1.1.2 球团的预热

#### A 球团预热的作用

生球干燥后继续加热即进入预热阶段。预热阶段的温度范围是 300~1000 ℃，如果没有这个逐步的升温过程，许多球团的强度将会由于热效应或某种激烈的物理化学反应而遭到破坏。除此以外，预热还有以下作用。

对于磁铁矿而言，预热段是磁铁矿氧化为赤铁矿的最重要阶段，这个氧化过程与球团的最终强度直接相关。由于 900~1100 ℃ 是磁铁矿氧化反应最激烈的阶段，因此预热氧化是否充分对磁铁矿球团的固结和最终强度有重要影响。

链箅机-回转窑球团的预热过程是在链箅机上进行的，进入回转窑之前的预热球强度对回转窑的正常生产有很大影响。预热球强度很低时，会增加带入回转窑的粉料数量，以致产生结圈等一系列问题，因此需要尽可能提高预热球的强度。

对于一些含有碳酸盐、云母类矿物和含有较多化合水的矿石来说，预热过程要发生碳酸盐分解、化合水的脱除和某些矿物结构及相的变化，过高的预热温度与升温速度都会导致球团结构的破坏。

因此，不同阶段应根据需要制定相应的预热制度，选择合适的预热开始温度和升温速度（即预热段的长度与时间）。

B　磁铁矿球团的氧化过程

磁铁矿的氧化从 200 ℃开始至 1000 ℃左右结束，经过一系列的变化，最后完全氧化成 $Fe_2O_3$。根据已有的认识，一般认为磁铁矿球团的氧化反应过程由以下两个阶段组成。

第一阶段（温度在 200~400 ℃）：

$$4Fe_3O_4 + O_2 = 6\gamma\text{-}Fe_2O_3$$

在这一阶段，化学过程占优势，不发生晶形转变（都属立方晶系），只是将 $Fe_3O_4$ 氧化生成 $\gamma\text{-}Fe_2O_3$ 了，即生成有磁性的赤铁矿。

第二阶段（温度大于 400 ℃）：

$$\gamma\text{-}Fe_2O_3 = \alpha\text{-}Fe_2O_3$$

由于 $\gamma\text{-}Fe_2O_3$ 不是稳定相，在较高温度下晶体会重新排列，而且氧离子可能穿过表层直接扩散。这个阶段，晶形转变占优势，从立方晶系转变为斜方晶系，$\gamma\text{-}Fe_2O_3$ 转化成 $\alpha\text{-}Fe_2O_3$，磁性也随之消失。但是此阶段的温度范围和第一阶段的产物随磁铁矿类型的不同而不同。

C　磁铁矿氧化对球团强度的影响

磁铁矿球团在预热阶段氧化时重量增加，经过一段时间后达到恒重，而且在氧化过程中，随着温度的升高，抗压强度持续提高。这是因为磁铁矿球团在空气中焙烧时，在较低温度下，矿石颗粒和晶体的棱边、表面就已生成赤铁矿初晶，这些新生成的晶体活性较大，它们在相互接触的颗粒之间扩散，形成初桥晶键，促进球团强度提高，如图 7-6 所示。

磁铁矿球团氧化是从球表面开始的，最初表面氧化生成赤铁矿晶粒，而后形成双层结构，基本上是一个赤铁矿的外壳和磁铁矿核，氧穿透球的表层向内扩散，使内部发生氧化。氧化速度是随温度升高而增加的。在氧化时间相同的情况下，随着温度的升高，氧化度增加，如图 7-7 所示。但是为了保持球壳有适当的透气性，必须严格控制升温速度。若升温速度过快，球团在未完全氧化之前就发生再结晶，球壳变得致密，核心氧化速度将下降。并且温度高于 900 ℃时，磁铁矿发生再结晶或形成液相，导致氧化速度进一步下降。为此必须有使球团完全氧化的最佳温度。

对采用微细粒磁铁矿制成的生球来说，加热速度过快时，外壳收缩严重，使孔隙封闭。这一方面妨碍内层氧化，另一方面由于收缩应力的积累，球表面形成小裂纹。这种小裂纹在焙烧过程中很难消除。

在焙烧的球团中，有时会出现同心裂纹，它是导致球团强度下降的主要原因。同心裂纹产生于已氧化的外壳和未氧化的磁铁矿之间。当氧化在已氧化的外壳和未氧化的磁铁矿间进行，并沿着同心圆向前推进时，如果温度过高，外壳致密，氧难以继续扩散进去，内部磁铁矿再结晶，渣相熔融收缩离开外壳，使两种不同的物质间形成同心裂纹。

磁铁矿氧化属放热反应，这一热源在预热和焙烧过程中应加以考虑与利用。

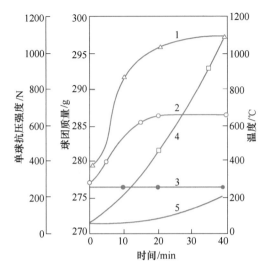

图 7-6 氧化温度与时间对干球强度的影响

1—气流温度；2—磁铁矿球团质量；3—赤铁矿球团质量；

4—磁铁矿球团强度；5—赤铁矿球团强度

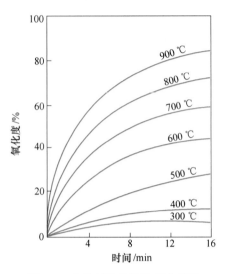

图 7-7 非熔剂性球团的氧化特性

### 7.1.1.3 球团的焙烧固结机理

经过干燥的生球，强度虽有一定程度的提高，但仍难以满足高炉冶炼的要求，必须对其进行焙烧固结作业。生球的焙烧固结是球团生产过程中最为复杂的一道工序，对球团矿生产起着很重要的作用。生球通过在低于混合物熔点的温度下进行高温焙烧，可发生收缩并致密化，从而具有足够的机械强度和良好的冶金性能。

球团矿的固结机理与烧结矿有本质区别。烧结矿的固结基本上依靠高温下产生大量的液相，冷却时从液相中析出晶体，或由液相将一部分未熔化的矿石颗粒黏结起来。因此，烧结矿的固结又可称为液相固结。如果在显微镜下观察，可以发现，烧结矿中液相的比例一般在 25% 以上，否则便不足以维持它的强度。为了获得足够数量的液相，要求原料中有一定数量的 $SiO_2$，这就限制了高炉渣量的进一步降低。球团矿的固结机理主要是固相固结。固相固结是球团内的矿粉在低于其熔点温度下的相互黏结，并使颗粒之间连接强度增大，包括在高温下单元系颗粒固相扩散固结，多元系通过固体扩散形成化合物或固溶体。这些过程一般都发生在低于它们的熔化温度之时，球团焙烧很少产生液相便可使球团矿固结起来，并且具有足够的强度。在显微镜观察，球团矿中液相一般不超过 5%，自熔性球团矿中液相可能多一些。正因如此，球团矿并不要求原料中必须含有一定数量的 $SiO_2$。瑞典 SSAB 的高炉渣量只有 170 kg/t，就是使用球团矿的结果。

球团在高温焙烧时会发生复杂的物理化学变化，如碳酸盐、硫化物、氧化物等的分解、氧化和矿化作用、矿物的软化、液相的产生等。这些变化过程与球团本身的性质、加热介质特性、热交换强度以及升温速度有关。

一般认为，生球焙烧时可能发生的下述过程，都将引起球团矿的固结反应：磁铁矿氧化成 $Fe_2O_3$ 及磁铁矿氧化所得的 $Fe_2O_3$ 晶粒的再结晶；磁铁矿晶粒的再结晶；赤铁矿中

$Fe_2O_3$ 的再结晶；黏结液相的形成及原子的扩散过程等。球团在焙烧时，随生球的矿物组成与焙烧制度的不同将有不同的固结方式。

### A 磁铁矿球团的焙烧固结方式

磁铁矿是生产球团矿的主要原料，在不同的气氛下进行焙烧时，可能有以下四种固结方式。

（1）$Fe_2O_3$ 微晶键连接（晶桥连接）。磁铁矿球团在氧化气氛中焙烧时，当温度加热到 200~300 ℃时，氧化首先在磁铁矿颗粒表面与裂缝中进行，随着温度的升高，氧化过程加速，逐渐由表面向内部发展，生成 $Fe_2O_3$ 微晶。新生成微晶中的原子具有很高的迁移能力，加速了微晶的生长。随着各个磁铁矿颗粒接触点处微晶的长大，在颗粒之间形成了"连接桥"（又称 $Fe_2O_3$ 微晶键连接），如图 7-8（a）所示，这种固结形式使球团矿的强度有一定程度的提高。但在 900 ℃以下的温度下焙烧时，$Fe_2O_3$ 微晶长大非常有限，因此单靠这种固结形式，球团矿的强度尚不能满足高炉冶炼的需要。例如，直径为 15 mm 的生球，在 900 ℃下焙烧，其单球抗压强度仅为 150~300 N。

（2）$Fe_2O_3$ 的再结晶长大连接。$Fe_2O_3$ 的再结晶长大连接是铁精矿氧化球团固相固结的主要形式，一般认为是前一种固结反应的继续与发展。当磁铁矿球团在氧化气氛中继续加热到 900~1100 ℃以上时，绝大部分的 $Fe_3O_4$ 就会被氧化为 $Fe_2O_3$，这个反应是放热反应，可以提高球团内部的温度，使得氧化生成的 $Fe_2O_3$ 微晶的活性更高，并发生结晶长大，从而成为互相紧密连接成一片的赤铁矿晶体，如图 7-8（b）所示，球团的强度大大提高。例如，将直径为 25 mm 的生球在 1200~1300 ℃下焙烧 20 min 后，其单球抗压强度达到 1250~1550 N 以上，但当温度达到 1300 ℃以上时，$Fe_2O_3$ 将发生分解，降低第二种连接方式所具有的强度。

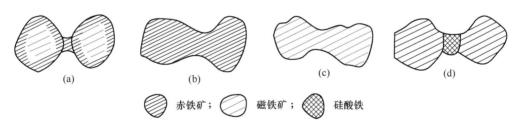

赤铁矿；　磁铁矿；　硅酸铁

图 7-8　磁铁矿生球焙烧时颗粒间所发生的各种连接形式

（3）$Fe_3O_4$ 的再结晶与晶粒长大固结。在中性或还原性气氛中焙烧磁铁矿球团时，温度达到 900 ℃后，磁铁矿晶粒也将开始发生再结晶，通过晶粒扩散产生 $Fe_3O_4$ 微晶键连接，随着温度的升高，$Fe_3O_4$ 继续发生再结晶与晶粒长大，使球内磁铁矿颗粒结合成一个整体，如图 7-8（c）所示。由于 $Fe_3O_4$ 的再结晶速度比 $Fe_2O_3$ 要慢，因此以这种方式固结的球团矿强度要比第二种低，它不是我们所需要的理想固结方式。在实际生产中，应采用适当的焙烧制度，尽量避免形成还原性或中性气氛，以保证 $Fe_3O_4$ 的充分氧化和 $Fe_2O_3$ 的再结晶长大。

（4）渣键固结。当用含 $SiO_2$ 较高的磁铁精矿粉生产酸性球团矿时，如果在 $1100 \sim 1200\,℃$ 的中性或弱还原性气氛中焙烧，由于 $Fe_3O_4$ 未氧化，它可与 $SiO_2$ 作用生成低熔点的 $Fe_2SiO_4$ 液相，$Fe_2SiO_4$ 又与 $SiO_2$ 及 $FeO$ 作用，生成熔点更低的固溶体，它们在焙烧时熔化为 $FeO$-$SiO_2$ 液相体系，冷却时以液相固结方式把生球中的矿粒黏结起来。$Fe_2SiO_4$ 生成的反应方程式如下：

$$2Fe_3O_4 + 3SiO_2 + 2CO = 3Fe_2SiO_4 + 2CO_2$$
$$2FeO + SiO_2 = Fe_2SiO_4$$

当用含 $SiO_2$ 较高的磁铁精矿粉生产酸性球团矿时，如果在 $1300\,℃$ 以上的氧化气氛中进行焙烧，由 $Fe_3O_4$ 氧化生成的 $Fe_2O_3$ 也会部分发生分解形成 $Fe_3O_4$，与 $SiO_2$ 作用生成 $Fe_2SiO_4$ 液相连接。$Fe_2SiO_4$ 在高炉中属于难还原的物质，而且在冷却过程中难结晶，常形成强度不高的玻璃质，因此 $Fe_2SiO_4$ 液相固结不是良好的固结方式。

当用磁铁精矿粉生产熔剂性球团矿时，如果在 $1100 \sim 1300\,℃$ 的强氧化性气氛下进行焙烧，由于加入了一定数量的 $CaO$，因此生成铁酸钙体系的液相。这种液相生成速度快，熔点低，其熔化温度为 $1205 \sim 1226\,℃$，还原性与强度都较好。

若在局部还原性或中性气氛下焙烧，则可能出现钙铁橄榄石液相，其熔化温度与上述相近。

若用高 $SiO_2$ 精矿粉生产熔剂性球团矿，并在中性或弱氧化性气氛条件下焙烧，在温度达到 $1300 \sim 1500\,℃$ 时，还可能出现硅酸钙液相体系的化合物或共熔体。

由此可见，原料条件和焙烧条件不同，将产生几种不同的液相体系，这些液相少量存在时，可将固体矿粉颗粒润湿，并在表面张力作用下将其拉近，结果使球团孔隙度减小，体积收缩，结构致密化；同时由于液相的存在，可加快微晶的长大速度，提高球团矿的强度，因而液相对球团矿的固结是有利的。这种靠液相冷凝时将生球中各矿粒黏结起来的形式又称为渣键连接，如图7-8（d）所示。必须指出的是，如果液相过早出现，会使磁铁矿氧化不完全，而且液相数量过多时会阻碍氧化铁颗粒直接接触，从而影响再结晶，同时液相过多，还会产生大气孔，并由于某些液相结晶能力弱，形成玻璃质，使结构变脆，降低球团矿的强度与还原性。生产中尤其应避免出现过多的硅酸铁和硅酸钙液相。

### B 赤铁矿球团的焙烧固结方式

赤铁矿用于生产球团矿的时间比磁铁矿的晚，也不如磁铁矿广泛，因而对其固结机理的研究也没有前者深入。总的看来，赤铁矿在焙烧固结中的变化较简单，但比磁铁矿球团的固结更困难。

赤铁矿球团的固结一般认为有三种方式。

（1）$Fe_2O_3$ 再结晶。较纯的赤铁精矿球团在氧化气氛中焙烧时，赤铁矿晶粒在 $1300\,℃$ 时才开始结晶，且过程缓慢，在 $1400 \sim 1500\,℃$ 范围内，颗粒迅速长大，球团强度将提高。这是一种简单的再结晶过程，比磁铁矿球团固结要困难。与磁铁矿球团焙烧固结相比，赤铁矿在氧化气氛中不会氧化，不能放热，不发生晶形转变，其原子的活动能力也比氧化新生成的赤铁矿弱。有人曾用含 $Fe_2O_3$ 99.7%（质量分数）的赤铁矿球团进行试验，在氧化气氛中焙烧时发现，赤铁矿颗粒焙烧至 1270 ℃，强度几乎与生球一样，但当温度升至 1290 ℃ 并保持一定时间时，其抗压强度由单球 2.94 N 激增至 49.3 N，这表明赤铁矿在此温度下才发生再结晶长大固结。图 7-9 所示的赤铁矿晶粒变化曲线也说明了这一点。因此，在工业生产中赤铁矿球团的焙烧温度都控制在 1300 ℃ 左右。

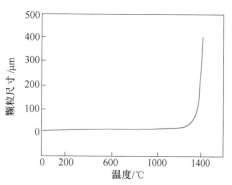

图 7-9　焙烧温度对赤铁矿颗粒尺寸的
影响 $[w(Fe_2O_3) = 99.7\%]$

（2）双重固结。较纯的赤铁精矿球团在氧化气氛中焙烧时，其固结形式的另外一种观点是双重固结形式。这种观点认为，当生球加热到 1300 ℃ 以上温度时，$Fe_2O_3$ 将还原成 $Fe_3O_4$，而后 $Fe_3O_4$ 再结晶长大，称为一次固结。当进入冷却阶段时，磁铁矿则被重新氧化，球团内各颗粒会发生 $Fe_2O_3$ 的再结晶和相互连接而受到一次附加固结，称为二次固结。

（3）渣相固结。当生球中含有一定数量的 $SiO_2$ 时，在中性和还原性气氛中焙烧，温度达到 900 ℃ 以上后，可能出现 $Fe_2SiO_4$ 液相产物，使球团固结；若用赤铁矿粉生产熔剂性球团矿时，氧化气氛下，当焙烧温度达到 600 ℃ 以后，就有铁酸钙等低熔点固相产物生成，温度升高到 1200 ℃ 左右时，这些低熔点物质相继熔化，使矿粉颗粒润湿，在球团冷却时将其固结起来。

在不同的原料和焙烧条件下，球团矿的这些固结形式可能会有几种同时发生，但将以一种固结方式为主。就球团矿的质量而言，以磁铁矿氧化后生成 $Fe_2O_3$ 再结晶长大连接、辅以铁酸钙液相固结为最好，它使球团矿具有强度高、还原性好的冶金性能。

根据以上分析和生产实践，球团生产中提出了"晶相为主体，液相为辅助，发展赤结晶，重视铁酸钙"的固结原则。要实现这一原则，在操作上总结了如下经验："九百五氧化，一千二长大，一千一不下，一千三不跨"。所谓"九百五氧化"，就是把温度控制在 950 ℃ 左右，并且配合氧化气氛（即大风量），使磁铁矿有充分的氧化条件变成赤铁矿。"一千二长大"，即当磁铁矿充分氧化成赤铁矿后，把温度提高到 1200 ℃ 左右，以保证赤铁矿晶粒再结晶长大。"一千一不下"，即如果温度低于 1100 ℃，赤铁矿晶粒就不容易产生再结晶长大，因此温度不能低于 1100 ℃。"一千三不跨"，即磁铁矿氧化成赤铁矿，如果温度在 1300 ℃ 以上，就会重新发生分解，因此焙烧温度不超过 1300 ℃。我国目前生产上采用的磁铁精矿多为高硅质，生球的熔点低，因此焙烧的适宜温度一般在 1150 ~ 1200 ℃。

### 7.1.1.4　球团矿的矿物组成及显微结构

球团矿是一系列高温焙烧过程的最终产物，它的矿物组成与显微结构和原料条件及焙烧工艺有着直接的关系。球团矿中的铁矿物以赤铁矿为主，并有少量的磁铁矿，还有少量的铁酸盐矿物（$CaO \cdot Fe_2O_3$、$CaO \cdot 2Fe_2O_3$）、硅酸盐矿物（铁橄榄石、钙铁辉石、硅灰石、硅酸二钙、铝黄长石、铁黄长石及玻璃质等）以及极少量的石英和未参加反应的硅酸盐矿物等。由于铁精矿粉中脉石成分不同，故在球团矿中还可能出现其他一些少量的矿物，如在含有萤石的铁精矿球团中常含有枪晶石等矿物。

从球团矿的显微结构来看，在氧气充足的条件下焙烧时，氧化充分而均匀的正常球团没有分层结构，强度高；而在氧化不完全或不均匀的焙烧球团中，则具有明显的分层结构，强度差。

### 7.1.2　球团焙烧工艺

目前，使用热态成型的方法生产球团矿主要有竖炉、带式焙烧机、链箅机-回转窑三种方式。这三种方法的原料处理、生球制备工艺和设备都是相同的。竖炉焙烧是最早采用的球团焙烧法。自 20 世纪 40 年代末世界上第一座球团竖炉投产以来，已进行了许多改革。竖炉焙烧的主要优点是结构简单，对材质无特殊要求，炉内热利用好；缺点是竖炉生产的球团矿强度低、单机生产能力低、吨矿能耗高、生产环境恶劣，原料适应性差。竖炉焙烧主要用于磁铁矿焙烧，目前国内新建的项目基本不采用这种方法。链箅机-回转窑法具有对原料的适应性强、单机生产能力大、吨矿能耗低、污染小等优点，因此国内建成的百万吨级以上球团矿生产线，如鞍钢弓长岭、首钢、柳钢、武钢程潮铁矿、太钢峨口等都采用了链箅机-回转窑的方法。带式焙烧机近几年在国内发展很快，各大钢铁企业纷纷投产。其中，河乐亭的带式焙烧机产能达到 980 万吨/年。三种球团焙烧方法的比较见表7-1。

**表 7-1　三种球团焙烧方法比较**

| 项目 | 竖　炉 | 带式焙烧机 | 链箅机-回转窑 |
|---|---|---|---|
| 主要特点 | （1）结构简单；<br>（2）材料无特殊要求；<br>（3）炉内热利用好；<br>（4）焙烧不够均匀；<br>（5）单机能力小；<br>（6）原料适应性差，主要用于磁铁矿焙烧 | （1）便于操作、管理维修；<br>（2）可处理各种矿石；<br>（3）焙烧周期比竖炉短，各段长度易于控制；<br>（4）可处理易结圈的原料；<br>（5）上、下层球团质量不均；<br>（6）台车、箅条需要用耐高温合金钢；<br>（7）要加铺底料和边料；<br>（8）焙烧时间短 | （1）设备结构简单；<br>（2）焙烧均匀，产量高、质量好；<br>（3）可处理各种矿石，可生产自熔性球团矿；<br>（4）回转窑不用耐高温合金钢，链箅机仅用低合金钢；<br>（5）回转窑易结圈；<br>（6）环式冷却机冷却效果不好，不适于易结圈物料；<br>（7）维修工作量大；<br>（8）大型部件运输、安装困难 |
| 产品质量 | 较差 | 良好 | 良好 |
| 基建投资 | 低 | 中 | 较高 |
| 经营费用 | 一般 | 稍高 | 低 |
| 电耗 | 高 | 较高 | 较低 |

### 7.1.3　链算机-回转窑焙烧工艺

链算机-回转窑焙烧球团法（见图 7-10）的特点是将生球先置于移动的链算机上，生球在链算机上处于相对静止状态，在这里进行干燥和预热，然后再送入回转窑内。球团在窑内不停地滚动，进行高温固结，生球的各个部位都受力均匀，因为球团可以不断滚动，球团矿中精矿颗粒接触得更紧密，所以焙烧效果好，生产的球团矿质量也好。链算机-回转窑焙烧球团法可以根据生产工艺的要求来控制窑内的气氛，不但可用于生产氧化性球团矿，而且还可以生产还原性（金属化）球团矿，以及综合处理多金属矿物，如氯化焙烧等。

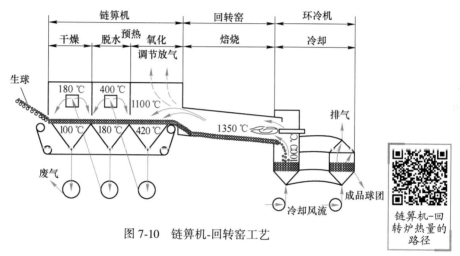

图 7-10　链算机-回转窑工艺

#### 7.1.3.1　布料

链算机的布料不用铺底料和边料，一般采用的布料机有两种：一种是梭式布料器，另一种是辊式布料器。梭式布料器布料时可以减少链算机处的压力损失，提高链算机的生产能力。辊式布料器布料对生球有筛分和再滚的作用。两种方法都能将生球均匀地布于运转的链算机上。料层厚度一般为 180~200 mm。

辊式布料机被广泛应用于球团厂，用来将生球均匀地布到算床上。布料机由多组圆辊排列组成，辊间隙给料端稍大，而排料端较小，一般为 1.5~2 mm。传动部分可采用链传动，也可采用齿轮传动。有的布料机是固定在一移动小车上，布料时根据料层厚度前后移动，使生球均匀布到算床上。辊式布料机的传动如图 7-11 所示。

辊式布料机前半段具有筛分作用，可筛除不合格生球和碎料。同时生球在布料机上滚动，可使其表面更光滑，强度也进一步提高，

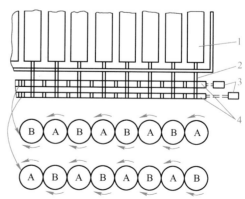

图 7-11　辊式布料机的传动

1—辊；2—轴；3—传动装置；4—传动齿轮；
A—固定在轴上的齿轮；B—套在轴上的活动齿轮

料层的透气性得到改善。辊式布料机工作可靠，操作维护方便。规格为 2×2.6 m 辊式布料机，在安装倾角为 1°40′~3°时，圆辊转速 96 r/min，生产能力可达每小时 140 t。

用链箅机-回转窑法生产球团矿时，链箅机布料均匀与否，会直接影响焙烧效果。如果布料不匀，料层薄的部位由于风流阻力小将产生过烧和箅板烧损，料层厚的部位则因透气性较差而烧不透，造成入窑干球强度低，甚至在窑内破裂造成回转窑结圈。因此，必须采取必要措施，使链箅机料层均匀稳定。

合理的布料方式应使布到链箅机箅床上的生球料层具有良好的均匀性和透气性。为满足这一要求，国内外一些厂家曾进行了很多试验，主要有以下几种布料方案：

（1）大球筛—生球运输皮带—梭式布料器—宽皮带—小球筛—溜料板（首钢二期）；

（2）大球筛—摆动皮带—宽皮带—小球筛—溜料板（首钢一期）；

（3）大球筛—梭式布料器—宽皮带—小球筛—溜料板（柳钢球团厂）；

（4）大球筛—小球筛—梭式布料器—宽皮带—溜料板（承钢）；

（5）梭式布料器—宽皮带—大球筛—小球筛—溜料板（宝武程潮铁矿、美国雷普布利特厂）。

生产实践表明：方案（1）由于转运路线长，高差大，生球破坏严重，进入链箅机粉末量多，而且每台造球机均要配备大球筛，难以实现集中控制。方案（2）由于转运次数多，对生球强度要求太高，且容易造成箅床两侧料薄，影响抽风稳定。方案（3）要求空间太大，而且过大和过小返料难以集中，容易堵塞返料漏斗。方案（4）生球变形率高，进入到链箅机中小于 6.5 mm 的生球达到了 3% 以上，严重制约了链箅机干燥预热能力的发挥，且造成链箅机预热室风机叶轮的磨损，严重时一个风机叶轮只能使用 7 天。方案（5）是经过多次改造后形成的布料方法，我国宝武程潮铁矿和美国雷普布利特厂的使用经验表明，该方法具有布置空间小、转运次数少、返料集中、球形均匀、布料速度调节容易、布料均匀的优点，布到链箅机上的生球直到离开布料机的最后一刻都在经受筛分，因此可保证生球布料干净，不带粉末；美国雷普布利特厂的生产实践表明，采用该方法布料，链箅机中小于 6.5 mm 的生球碎粉降低到了 0.65% 以下，球团的焙烧耗热量降低到 18980 kJ/t，明显地延长了风机衬板和链箅机箅床的寿命。

### 7.1.3.2 干燥和预热

布于链箅机上的生球，随着链箅机向前运动，受到来自回转窑尾部高温废气的加热，依次干燥和预热。生球中的水分被脱除，球团内矿物颗粒初步固结，获得一定强度。根据球团原料性质的不同，炉罩和抽风箱可分别分为若干段和若干室。对于磁铁精矿和一般赤铁矿球团，采用两段式，即一段抽风干燥和一段抽风预热；对于褐铁精矿球团，可采用三段式，即两段抽风干燥（第一段干燥、第二段脱水）和一段抽风预热；对于粒度极细、水分较高、热稳定性很差的球团，为避免抽风干燥时料层底部过湿，生球受压变形而导致球层透气性的恶化，可采用四段式，即第一段鼓风干燥，第二、第三段抽风干燥，第四段预热。

按风箱分室有二室式和三室式两种，从而组成二室二段式（干燥段和预热段各一个抽风室）、二室三段式（第一干燥段用一个抽风室，第二干燥段和预热段合用一个抽风室）、三室三段式（一、二干燥段和预热段各有一个抽风室）和四段三室式（第一鼓风干燥段和预热段各用一个抽风室、第二、三抽风干燥段合用一个抽风室）等形式。

预热和干燥段气流循环是从回转窑尾部出来的高温废气（1000~1100 ℃），由预热抽风机抽入预热段对生球预热，再将预热段 250~450 ℃的废气抽入干燥段对生球进行干燥，最后废气温度降至 120~180 ℃排入大气，这样热能利用比较充分。

### 7.1.3.3　焙烧

将链箅机上已经预热好的球团矿即时卸入回转窑内。这时它已经能够经受回转窑的滚动，在不断滚动过程中进行焙烧，因此温度均匀，焙烧效果良好。

回转窑卸料端装有燃烧喷嘴，喷射燃料燃烧，提供焙烧所需的热量。热空气与料流逆向运行，进行热交换。燃烧火焰温度一般控制在 1300 ℃以上。回转窑所采用的燃料一般为气体燃料（如天然气、煤气）或液体燃料（如重油、柴油），也可采用固体燃料（如煤粉）。窑内的球团矿填充率为 6%~8%，球团进入回转窑内随筒体回转，球团被带到一定高度又下滑，在不断地翻滚和向前运动中，受到烟气的均匀加热而获得良好的固结，最后从窑头排出进入冷却机冷却。

### 7.1.3.4　冷却

从回转窑内排出的高温球团矿，卸到环式冷却机中进行冷却，温度为 1200 ℃，料层厚度达 500~800 mm，一般采用鼓风式冷却。冷却时球团矿得到进一步氧化，提高球团矿的还原性。冷却后球团矿温度降至 150 ℃以后，用胶带机运输送往高炉。冷却过程中把高温段冷却形成的高温废气（1000~1100 ℃）作为回转窑烧嘴的二次燃烧空气返回窑内；低温段的热废气（400~600 ℃）则供给链箅机作为干燥介质，这可大大提高热效率。

### 7.1.4　链箅机-回转窑的主要组成

#### 7.1.4.1　链箅机

（1）传动装置。传动装置形式为双侧传动，主要由电动机、悬挂减速装置和稀油润滑系统等组成。其驱动方式为电动机—悬挂减速装置—链箅机头部主轴装置。

链箅机动画

（2）运行部分。运行部分是链箅机的核心，它由驱动链轮装置、从动链轮装置、侧密封、上托辊、下托辊、链箅装置及拉紧装置等组成。

驱动链轮装置安装在链箅机头部，链轮轴上装有 6 个等间距的链轮。轴承采用滚动轴承，该轴承座设计成水冷式，同时侧板采用耐热内衬隔热，并在侧板与轴承座间装有隔热水箱，以避免主轴轴承过热。主轴为中间固定，两端可自由伸长，轴心部采用通水冷却措施。

侧密封包括静密封和动密封。静密封固定在链箅机的骨架上，动密封由链箅装置的侧板所形成。该侧板置于上滑道的上方，与滑道形成一个滑动密封。因侧板孔为长孔，故侧板能上、下移动，以补偿因磨损带来的间隙。同时静密封每隔一段距离有一观察孔，该观察孔有两个作用：一是可以观察链箅装置运行情况，二是可以清除滑道上的落料。侧密封用两种材质做成：一种是耐热钢，用于预热段、抽风干燥二段；另一种为普通材质，用于抽风干燥一段、鼓风干燥段。

链箅装置是以牵引链节、箅板、两侧板、小轴、定距管等组成的多节辊子链，呈带状做循环运动。在箅板运行中，料球得到干燥及预热。整个链箅装置是在高温环境下工作，同时又承受巨大的工作载荷，因此，链节、小轴、箅板能否承受恶劣的工作环境是关系到整台链箅机能否正常工作的关键。

上托辊的作用是对箅板及上的物料起支撑作用，保证其运行顺利。为此在上托辊链轮的布置上采用人字形，从而避免链箅装置跑偏。高温段上托辊轴为通水冷却。下托辊的作用是对回程道上的箅板起支撑作用。

（3）铲料板装置。铲料板装置包括铲料板及支撑、链条装置、重锤装置及拉紧装置。铲料板的主要作用是将箅板上的物料送入回转窑。重锤装置可以使铲料板做起伏运动，既可以躲避嵌在箅板上的碎球对铲料板的顶啃，又可防止铲料板漏球。铲料板与箅板之间的间隙为 2~3 mm。对可能出现的散料由头部灰斗收集并排出。因该处为链箅机的高温区域，铲料板采用了高温下耐磨损的耐磨合金钢，即具有高 Cr、Ni 含量并配以适量稀土元素的奥氏体耐热钢。其具有耐热不起皮的特点，高温强度与韧性都相当高。同时，铲料板支撑梁通水冷却，以提高其使用寿命。链条装置对箅板起导向作用，采用耐热合金钢制作。链条装置能根据箅板的实际运行情况进行调整（通过拉紧装置调整），保证箅板在卸料后缓慢倾翻，减少物料对箅板和小轴的冲击。

（4）风箱装置。风箱装置由头、尾部密封，抽风干燥工段和鼓风干燥段密封及风箱所组成。某厂链箅机预热段有 5 个风箱，3 个跨距为 3 m，2 个跨距为 2 m，抽风干燥二段有 3 个风箱，2 个跨距为 3 m，1 个跨距为 2 m；抽风干燥一段有 2 个风箱，跨距为 3 m；鼓风干燥段有 2 个风箱，跨距为 3 m。风箱内部衬以耐火砖。

（5）骨架装置。骨架采用装配焊接式，便于运输和调整，尾部 2 个骨架立柱、头部 2 个骨架立柱均为固定柱，其余柱脚均为活动柱，以适应热胀冷缩。

（6）灰斗装置。灰斗装置的作用是收集散料。收集的散料通过灰箱出口落在工艺运输带上并被带走。

（7）润滑系统。润滑系统为电动干油集中润滑，主要对链箅机轴承进行定时、定量供脂。链箅机润滑系统分为头部电动干油集中润滑系统和尾部电动干油集中润滑系统。

### 7.1.4.2　回转窑

回转窑主要由窑体、窑头与窑尾密封装置、传动装置、托轮支撑装置（包括挡轮部分）、滑环装置等组成，如图 7-12 所示。窑体由两组托轮支撑，靠一套大齿轮及悬挂在其上的柔性传动装置、液压马达驱动窑体旋转。在窑的进料端和排料端分别设有特殊的密封装置，防止漏风、漏料。另外在进出料端的窑体外部，用冷风冷却，以防止烧坏窑体、缩口圈和密封鳞片。

（1）窑头、窑尾密封装置。窑尾密封装置由窑尾罩、进料溜槽及鳞片密封装置组成，

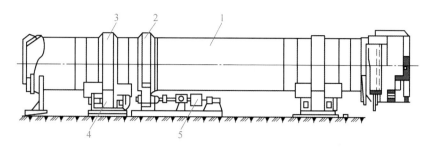

图 7-12　回转窑的结构
1—回转窑窑体；2—传动齿圈；3—滚圈；4—小托轮；5—电机

主要是用于联系链箅机头部与回转窑窑体尾部，组成链箅机与回转窑的料流通道。窑头密封装置由窑头箱及鳞片密封装置组成，主要用于联系回转窑头部与环冷机给料斗，自回转窑筒体来的焙烧球团矿，进入窑头后通过其下方的固定筛，由给料斗给到环冷机台车上进行冷却。

头、尾密封的形式采用鳞片式密封，其主要结构特点为：通过固定在头、尾部灰斗上的金属鳞片与旋转筒体上摩擦环的接触实现窑头及窑尾的密封。其中鳞片分底层鳞片、面层鳞片和中间隔热片。底层鳞片由于与窑体摩擦环直接接触，要求其有较好的耐温性能与耐磨性能，并具有一定的弹性。面层鳞片主要用于压住底层鳞片，使底层鳞片能与窑体摩擦环紧密接触而达到密封效果，它必须具有良好的弹性，并能耐一定的温度。中间隔热片是装在底层鳞片与面层鳞片之间的，主要起隔热作用，要求其能耐高温，并有良好的隔热性能及柔软性能。另外，窑体摩擦环与鳞片始终处于相对运动状态，因此它必须能耐高温，而且还必须具有耐磨特性。鳞片密封的特点是结构简单，安装方便，重量轻，且成本相对较低。

（2）窑体。窑体外壳由不同厚度的钢板焊接而成。窑体支撑点的滚圈是嵌套在窑体外壳上的，并用挡铁固定在筒体上。

（3）支撑装置。回转窑有两个支撑点，从排料端到进料端分别标为 No. 1、No. 2。其中 No. 2 靠近传动装置，在安装时定为基准点。每组支撑点均由嵌在筒体上的滚圈支撑在两个托轮上，它支撑窑体的重量并防止窑体变形。托轮轴承采用滚动轴承，轴承由通向轴承座内的冷却水来冷却。筒体安装倾斜角度为 2.5°~3.0°。由推力挡轮来实现审窑时窑体的纵向移动。推力挡轮是圆台形，内装有 4 个滚动轴承。No. 1、No. 2 支撑装置附设液压系统，用于自动控制审窑，以实现滚圈与托轮的均匀磨损。

（4）传动装置。回转窑传动方式有电机-减速机传动方式和柔性传动方式。柔性传动装置提供回转窑的旋转动力，它通过装在大齿轮上的连杆与筒体连接而使筒体转动，主要由动力站、液压马达及悬挂减速机等组成。液压马达压杆与扭力臂连接处采用关节轴承，压杆座采用活动铰接，以补偿因热胀（或审窑）引起的液压马达与基础之间的各向位移。传动部分的开式齿轮及悬挂减速机中的齿轮采用干油通过带油轮带油进行润滑；悬挂装置轴承则由电动干油系统自动供脂润滑。

（5）热电偶滑环装置。热电偶滑环装置用于将热电偶的测温信号送到主控仪表室进行监控，以作为温度控制的重要依据。在窑体的中部设一个测温点。热电偶滑环装置带有两根滑环，其中一根备用。

回转窑是一个尾部（给料端）高、头部（排料端）低的倾斜窑体。球团在窑内滚动瀑落的同时，又从窑尾向窑头不停地滚动落下，最后经窑尾排出，也就是说球在窑内的焙烧过程是一个机械运动、理化反应与热工的综合过程。在这一点上回转窑焙烧球团比竖炉、带式机焙烧球团皆显得复杂。

### 7.1.5 链算机-回转窑的操作与维护

#### 7.1.5.1 链算机各段温度的调节

链算机借助回转窑的热废气，通过内部循环，完成生球的脱水干燥、预热和氧化，温度梯度明显，其中鼓风干燥段风箱温度为 200~250 ℃，此段由于生球抗压强度差，温度不宜过高，烟罩温度不得超过 90 ℃，以免造成底层生球破裂，影响整个料层的透气性；抽干一段烟罩温度为 300~400 ℃，抽干二段烟罩温度为 500~650 ℃，系统脱水的主要过程发生在抽干段（80%以上），要求的风速在 1.5 m/s 以上；预热段烟罩温度为 900~1000 ℃，风箱温度为 450~550 ℃。在整个干燥预热过程中，除要求生球必须达到一定的抗压强度（300 N/个以上）和抗磨性能之外，干球氧化60%以上发生在预热段，因此该段的温度必须保证在950 ℃以上。

操作过程中，起步时机速控制在 0.6~1.0 m/min，待温度逐步达到要求后，根据布料情况调整机速；布料前应先启动所有风机，打通风流系统，确保各段温度。如果发现整体温度偏低，则应该减少布料量和料厚、加大回转窑喷煤量、降低链算机转速、减小工艺抽风机风量、增加工艺鼓风机风量，待温度达到工艺要求后，逐步调整以上参数，稳定操作；如果整体温度偏高，则按反方向操作。

链算机各段的温度调整主要通过调整风速和风量来控制，高温入风风量大，风速快，则升温，调整过程中应注意系统的风量平衡。

#### 7.1.5.2 回转窑各段温度控制与焙烧气氛的调节

回转窑温度控制一般要求是：窑头 900~1000 ℃，窑中 1100~1200 ℃，窑尾 950~1050 ℃。窑内有料时，窑的转速不小于 0.6 r/min，确保干球在窑内的焙烧时间，控制窑尾吐球和回转窑结圈。

焙烧气氛是指焙烧气体介质中含氧量（体积分数）的多少。通常按下述标准划分：

（1）氧含量大于 8%的，为强氧化气氛；

（2）氧含量为 4%~8%的，为正常氧化气氛；

（3）氧含量为 1.5%~4%的，为弱氧化气氛；

（4）氧含量为 1%~1.5%的，为中性气氛；

（5）氧含量小于 1%的，为还原性气氛。

气氛性质不仅影响球团矿的矿物成分及其结构，而且还影响球团焙烧过程中的脱硫程度。一般来说，赤铁矿球团在氧化性和中性气氛中焙烧都可以获得较好的焙烧效果，但应避免在还原性气氛中焙烧。对磁铁矿球团来说情况则复杂得多，焙烧气氛的影响也大得多。磁铁矿只有在氧化气氛下焙烧，才能获得结构均匀的高强度球团矿。这是因为只有在氧化气氛中磁铁矿才有可能顺利地氧化成 $Fe_2O_3$，获得以 $Fe_2O_3$ 再结晶为主的固结形式。当生产熔剂性球团时，磁铁矿也只有在氧化性气氛下才能获得 $CaO \cdot Fe_2O_3$ 液相固结。在中性和还原性气氛中焙烧时，磁铁矿则主要生成磁铁矿再结晶固结及硅酸铁与铁钙硅酸盐等液相固结，这些矿物还原性差，强度不高。因此，磁铁矿应避免在中性和还原性气氛中焙烧。

### 7.1.5.3 焙烧效果的经验判断

（1）窑头观察：窑头负压，气氛清晰，球色亮红，粉末少、结块少、碎球少，说明焙烧效果好。

（2）成品球粒度、颜色判断：成品球的粒度均匀、适宜，大块少、碎球少，表面呈青灰色、钢灰色、黑色则表示焙烧好，表面呈红色、暗红色则表示焙烧差。

（3）取样观察：成品球表面呈青灰色、钢灰色、黑色，耐摔打，强度好，砸破后内部结构致密，微孔发育完善，氧化完全，无生心和同心裂纹，说明焙烧效果好。

（4）取样做抗压强度检测：抗压强度平均大于 2000 N/个的焙烧效果好，平均低于 1500 N/个的焙烧效果差。

### 7.1.5.4 回转窑的窑皮控制

窑皮的生成与保护是延长回转窑使用寿命的主要措施。

窑皮是在生产中由液相或半液相转变为同体熟料和粉料颗粒时在窑壁上形成的一种黏附层。窑皮形成以后就可以保护衬料免受高温的作用和回转窑每转一周所引起的温度变化的影响。此外，窑皮还能保护衬料不受物料的摩擦和化学的侵蚀。

必要的温度水平和一定的低熔点物质，对于窑皮的生成是非常必要的，图 7-13 所示为在不同温度水平下窑皮的生成状态。图 7-13（a）是低窑温情况，此时由于窑壁的表面和物料温度都较低，以致不能产生必要数量的液体物质来形成窑皮；图 7-13（b）是窑温正常的情况，此时存在着形成窑皮的足够液相，当窑皮从料层中露出来与物料接触时，在它表面就会黏上一层生料，只要窑皮的表面温度保持在熔化温度范围，颗粒就将不断地黏附在其上面，从而使窑皮加厚。这一过程直至窑壁达到固结温度时，窑皮才处于平衡状态。图 7-13（c）是窑温较高时窑皮的情况，在这种情况下，由于液相过多，窑皮又从固态转变为液态，因而发生窑皮脱落，这种情况对耐火材料特别有害。实践表明，为了生成适当的窑皮，液相量为 24% 左右比较合适。

在生成实践中，有时为了形成窑皮，先在窑内创造还原性气氛，促使 $Fe_2O_3$ 还原成 $FeO$，进而生成低熔点共熔物质。这种操作方法，对于提早形成窑皮无疑是有利的。但是应当指出，由于 CO 对部分耐火材料有破坏作用，尤其是对高铝砖衬料损坏较大，所以创造还原性气氛必须适可而止。

焙烧制度的稳定，有规律地、平稳地来回移动燃烧带的位置和正确地控制火焰方向，

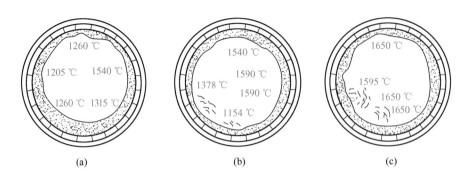

图 7-13    窑皮的几种情况

（a）低温火焰，窑皮生成困难；（b）正常火焰，窑皮正常形成；（c）高温火焰，液相形成过程，窑皮严重破坏

使火焰不直接接触衬料，对于保护窑皮都是有利的。相反，窑皮过热、慢转窑、停窑、结圈以及结大块现象，对保护窑皮有害。

### 7.1.5.5    回转窑常见事故及处理

#### A    回转窑结圈

（1）结圈的主要原因：

1）精矿粉品位低，$SiO_2$ 含量高，容易生成低熔点化合物；

2）生球强度低，运输及干燥预热过程中易产生粉末；

3）干球质量差，强度低，入窑后再次产生粉末；

4）焙烧温度过高或局部高温；

5）高温状态下停窑。

（2）结圈对回转窑的影响：

1）破坏窑的受力平衡，增加传动机构的负荷，容易导致窜窑；

2）降低回转窑的有效容积，增加气体及物料的运动阻力；

3）局部高温，破坏窑衬；

4）结圈像遮热板一样，影响热交换；

5）在清除结圈的过程中容易导致窑衬的脱落。

（3）防止结圈的措施：

1）控制进厂原料质量，控制精矿 $SiO_2$ 含量；

2）提高生、干球质量，降低入窑粉末量；

3）严格控制窑温，避免局部长时间高温；

4）满足焙烧要求，降低焙烧温度；

5）严禁高温停窑。

（4）结圈处理：

1）调整助燃风量及煤气量或移动烧嘴，拉动火焰，将圈烧掉；

2）用风对圈实行骤冷，使其收缩不匀而自行脱落；

3) 停机人工清圈。

B 红窑

(1) 红窑现象。回转窑调火岗位除经常观察窑内状况外，必须经常检查窑体表面温度，窑体表面温度不大于 300 ℃为正常，大于 350 ℃时则为红窑。400~600 ℃时，窑壳颜色为暗红色，650 ℃以上为亮红色。红窑将导致窑体内部的耐火材料脱落，使窑体可能翘曲。

(2) 处理方法：

1) 当窑筒体外局部（如一两块砖的面积）发红，判断为掉砖或掉浇注料时，必须停窑；

2) 若窑尾溜料口局部红窑，不做停窑处理，只需特别处理并汇报主控室，观察并记录发展情况，待停机时处理；

3) 对于大面积的红窑（超过 1/3 圈），立即降温排料停窑处理，严禁用水降温。

## 问题探究

(1) 链算机-回转窑的工艺特点有哪些？
(2) 链算机-回转窑的主要组成有哪些？
(3) 一般要求链算机-回转窑各段的温度范围是多少，如何控制？
(4) 如何判断回转窑的焙烧效果？
(5) 链算机-回转窑的常见问题有哪些，如何处理？

## 任务 7.2 竖炉焙烧操作

### 任务描述

竖炉是最早用来焙烧铁矿球团的设备。我国竖炉球团虽然起步较晚，但是发展较快，并且形成了新型的中国式球团竖炉。竖炉是一种按逆流原则工作的热交换设备，其焙烧过程是在生球与气流相向运动中完成的。生球的干燥、预热、焙烧的工艺过程都在竖炉内进行。球团矿的处理流程一般包括冷却、破碎和筛分。对于竖炉焙烧法来说，冷却和破碎都是在竖炉内来完成的，只需在炉外设置筛分装置。

### 相关知识

#### 7.2.1 竖炉类型及结构

竖炉焙烧的主要优点是结构简单，对材质无特殊要求，炉内热利用好；缺点是竖炉生产的球团矿强度低、单机生产能力低、吨矿能耗高、生产环境恶劣，原料适应性差。竖炉主要用于磁铁矿，目前国内新建的项目基本不采用这种方法。

球团焙烧竖炉都为矩形，其基本构造如图 7-14 所示。中间是焙烧室，两侧是燃烧室，

下部是卸料辊、密封装置和冷却风进风装置。炉口上
部是生球布料装置和废气排出管道。

　　球团竖炉是一种按逆流原则工作的热交换设备。
其特点是生产时生球由皮带布料机均匀地从炉口装入
炉内，生球以均匀的速度连续下降。用煤气或重油作
燃料，在燃烧室内充分燃烧。温度达到 1150~1250 ℃
的热气体从喷火口进入炉内，自下而上与生球进行热
交换。生球经过干燥和预热后进入焙烧区，球团矿在
高温焙烧区进行固结反应。通过焙烧区球团矿再进入
炉子下部的冷却区，焙烧后的热球团矿与下部鼓入的
上升冷空气进行热交换而被冷却，最后从炉底排出。
卸料辊可以将黏结成大块的球团矿破碎。通过燃烧室

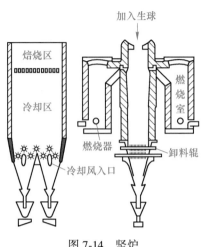

图 7-14　竖炉

进入的空气量约为焙烧所需全部空气量的 35%，其余的空气从下部鼓入。空气在使球团冷
却的同时被加热到高温，进入焙烧区域。

　　竖炉的规格以炉口横断面积表示，我国目前已投产的竖炉有 8 m²、10 m²、16 m² 和
24 m² 四种规格。为利于生球和焙烧气流的均匀分布，矩形断面的长宽比较大，以限制其
宽度。对于 8 m² 的竖炉，一般宽度不超过 1.8 m。从炉口料面到排矿口的距离多为12~
13 m。

　　国外竖炉大体有两种炉型：一种是高炉身型内冷式竖炉，如图 7-15 所示；另一种是
中等炉身型外冷式竖炉，如图 7-16 所示。

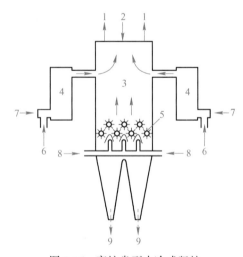

图 7-15　高炉身型内冷式竖炉

1—废气；2—生球；3—炉身；4—燃烧室；5—破碎辊；
6—燃料；7—助燃风；8—冷却风；9—成品球团

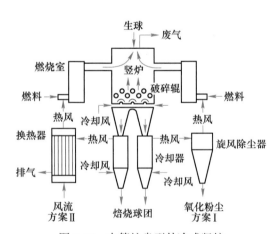

图 7-16　中等炉身型外冷式竖炉

　　高炉身型内冷式竖炉，冷却和焙烧在同一炉身内完成，燃烧室布置在矩形焙烧室两
侧，利用两侧喷火孔对吹，容易将炉料中心吹透；炉身高，冷却带相应加长，有利于球团

矿冷却，但排矿温度仍在 427~540 ℃；需要炉外喷水冷却，影响成品球质量。高炉身型内冷式竖炉单产量高，得到广泛的应用。

中等炉身型外冷式竖炉，焙烧在炉身内进行，焙烧后的球团矿在竖炉外的冷却器中进行冷却，由于有余热利用系统，竖炉的热量得到较好的利用，成品球也得到较好的冷却，排矿温度可控制在 100 ℃ 以下。但这种竖炉结构复杂，单位产品的投资和动力消耗略有增加。

我国竖炉是按高炉身型内冷式设计的。为了解决竖炉高炉身中心部分球团焙烧不透，强度差，中心冷却风通过少，球团矿冷却不下来，排矿温度高，无法采用胶带机运输等问题，1969 年济南钢铁厂对竖炉进行了卓有成效的改造，发明了导风墙及炉口烘干床，形成了新型的中国式球团竖炉，如图 7-17 所示。

炉口烘干床如图 7-18 所示，设置于炉口布料皮带下，由炉算水梁和干燥算组成。炉算水梁一般用 5 根厚壁无缝钢管架设，用以支托干燥算子，管内通水冷却。干燥算采用高硅耐热铸铁或高铬铸铁铸造成算条式或百叶窗式，人字形架设在水冷钢梁上，算条间隙为 5~8 mm，床面倾角为 45°~50°。生球布于算条上，厚 150~200 mm。生球沿算条床面向下移动的过程中，被从下面上升的 550~570 ℃ 的热废气烘干，时间为 5~6 min，水分从 8.5% 下降到 1.5%，生球的抗压强度和破裂温度得到提高；废气温度下降至 110 ℃，热量利用率也大大提高。另外，生球从烘干床算条下端和炉墙之间的缝隙进入炉内时产生自然偏析作用，大颗粒球团滚到炉子中心，进一步改善了中心料柱的透气性。

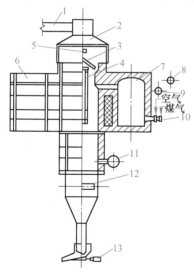

图 7-17　中国新型竖炉的构造

1—烟气除尘器；2—烟罩；3—烘干床炉算；4—导风墙；
5—布料机；6—炉体金属结构；7—燃烧室；8—煤气；
9—助燃风管；10—烧嘴；11—冷却风管；
12—卸料齿轮；13—排矿电振机

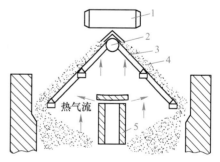

图 7-18　炉口烘干床

1—布料皮带；2—水冷钢梁；3—烘床算条；
4—生球；5—导风墙

导风墙安置于竖炉中心，由两排水冷托梁和砌立于托梁上带通风孔的空心墙组成。两排托梁由 6~8 根厚壁无缝钢管组成，管内通水冷却。空心墙一般用高铝砖砌成。通风孔的面积由冷却风流量和导风墙内的气流速度确定。导风墙下口位于喷火口下 1.6~3.1 m 处，上口直至烘干床下部。

导风墙和烘干床的应用使 8 m² 竖炉焙烧球团矿的日产量从 300 t 左右提高到 800 t 以上，炉内的温度控制状况大为改善，干燥、预热、焙烧、均热和冷却各带分明，球团焙烧质量优良且冷却效果好。

### 7.2.2 竖炉焙烧操作

#### 7.2.2.1 竖炉布料

球团布料操作

球团布料的首要任务是掌握烘干床料面的情况，在加入一定数量生球的前提下，及时排矿和调节料面，使整个料面做到下料均匀、排矿均匀，料面在导风墙两侧平衡、不亏料。

通过布料来改善竖炉炉内气流分布，是竖炉重要操作之一。不同的布料制度，对炉内温度分布有很大影响。一般有两种布料方法：一种是矩形布料路线；另一种是横向"Z"字形布料路线。

矩形布料路线是贴近炉壁四周进行布料，靠近炉壁两边高，而中心低。这种布料方法是想借助于大球的离析作用而聚集在中心部分，使中心气流通畅，而靠炉壁处则集中较多的小球，希望促使炉内气流沿整个断面分布均匀。但从炉内等温曲线来看，没有达到预期效果。

横向"Z"字形布料路线是将生球布成一行行的横向小沟谷，变深"V"形为较平坦的料线。这种布料方法较矩形布料路线使炉内气流和温度分布获得改善，得到广泛应用。

布料设备一般采用移动皮带布料机，有的在布料机上装有指示料面高低的装置，从而使料线平坦并控制床层高度，使炉内气流和温度分布得到改善。

采用炉口烘干床后，竖炉由"平面布料"简化为"直线布料"。原来是大车和小车组成的可做纵横向往复移动的梭式布料机，现在是只做往复直线移动的皮带小车布料机，不仅简化了布料设备，而且简化了布料操作。

竖炉球团布料车的主要操作步骤是：

（1）接到有关通知后，开启布料车皮带；

（2）开启生球上料皮带；

（3）根据炉况，连续均匀地向炉内布料，在不空炉箅的情况下，实行薄料层操作，做到料层均匀；

（4）及时通知链板机、油泵开启，而后操作电振机连续均匀排矿，使排出的料量与布料量基本平衡，做到少排、勤排。

停机的操作顺序是：停生球上料皮带—布料车行走（开出炉外）—停布料车皮带。

布料车在布料过程中应注意以下问题：

（1）炉箅下有 1/3 的干球才排料，不允许生球直接入炉；

（2）当遇到炉算黏料时要进行疏通，布料车停止布料时要退出炉外，防止布料皮带烧坏；

（3）及时调整布料车，防止皮带跑偏，及时更换布料车损坏的上下托辊；

（4）在炉口捅炉或更换算条时，要穿戴好劳保用品；

（5）设备检修时，要切断电源。

### 7.2.2.2 竖炉干燥预热与焙烧

竖炉是按逆流工作原理操作的，因而生球的干燥和预热可以利用上升的热废气在竖炉上部进行。

竖炉采用炉口烘干床后，增加了烘干面积，热废气与湿生球热交换进行充分，提高了热效率。气流首先在烘床下的空间混合，均匀通过炉算上球层，减少了过去靠近炉墙处气流过大、温度过高所引起的生球破裂现象。经过烘干的生球，抗压强度和破裂温度显著提高。生球烘干后呈散粒状，减少了生球在焙烧过程中的黏结现象，炉料顺行，从而提高了成品球团矿强度和脱硫效率。

生球经过干燥和预热进入焙烧带进行高温固结反应。合理组织焙烧带热气流的分布和加强焙烧带供热操作是影响竖炉球团焙烧的重要因素。

球团竖炉供热主要是依靠燃烧室燃烧煤气或重油产生的热气流进行的，因此热气流的温度、气氛和流速对焙烧有重大影响，入炉热气流温度必须严格控制在低于球团熔化的温度。温度的调节与控制可以通过闸门调节燃料的用量来实现。不同的球团最适宜的焙烧温度有所不同。一般来说，生产高品位、低 $SiO_2$ 不加熔剂的酸性球团矿，焙烧温度可达 1300~1350 ℃；熔剂性磁铁矿生球焙烧温度为 1150~1250 ℃；赤铁矿生球焙烧温度上限不超过 $Fe_2O_3$ 的分解温度 1350 ℃，下限要满足铁酸钙的生成和熔融条件，不低于 1200~1250 ℃。

焙烧气氛主要取决于燃烧室热废气中的含氧量。一般要求入炉的热气流含氧量 4%~8%，即在氧化气氛中进行焙烧，有利于磁铁矿的氧化和形成赤铁矿再结晶以及铁酸钙固结。赤铁矿生球焙烧时对气氛性质的要求没有磁铁矿焙烧那样严格，可以在氧化气氛中进行，也可以在中性气氛中进行。如果炉内成为还原性气氛，则易生成低熔点化合物 $2FeO \cdot SiO_2$，发生悬料或结块。因此，在焙烧过程中应避免在焙烧带产生还原性气氛，其主要措施为：一方面是提高煤气与空气的混合效果，通过增大过剩空气系数来保证焙烧的氧化气氛；另一方面是适当增加竖炉燃烧室的高宽比。

从燃烧室产生的热气流，通过火道口进入焙烧带的流速，直接影响竖炉横断面球层焙烧温度的均匀分布。气流速度越大，对炉内球层穿透能力越强，竖炉横断面的球层焙烧就越均匀。气流速度小，则竖炉中心球层温度达不到要求，常形成"死料柱"，发生"夹生"现象，造成竖炉产量、质量下降。火道口热气流速度与煤气和助燃风机压力成正比。火道口气流速度一般为 3.7~4.0 m/s。由于提高煤气和助燃风机压力有限，且动力消耗过大，为合理组织炉内气流的均匀分布，故在设计矩形竖炉时，注意宽度不宜过大。当助燃风机压力为 17000 Pa 时，炉子宽度一般不超过 1.7 m。

为了改善炉内气流分布，消除炉子上部中心的"死料柱"现象，我国竖炉内架设导风墙。原来由竖炉下部鼓入的冷却风全部穿越焙烧带，而且是大量的吸热过程，其流量又因料柱阻力变化而相应变化，使焙烧带在高度上和水平面上的温度不稳定，受到干扰，甚至破坏焙烧过程。另外，由于边缘气流沿边通过阻力小，因此中心气流较弱，竖炉中心透气性差，甚至是完全不透气的湿料柱。而且大量冷风沿边墙上升，在火道口附近与燃烧室出来的热气流发生顶撞，影响热气流的鼓入和减弱了它的穿透能力。竖炉中心设置导风墙后，正好取代"死料柱"，部分冷空气从导风墙外壁和导风墙中心上升，这样发展了中心气流。焙烧带总气流量减小，在燃烧室压力显著降低的状态下，热气流吹入量增加并且稳定，有助于提高热气流对料柱的穿透能力，温度也比较均匀稳定，从而消除了"死料柱"，强化了焙烧过程。

竖炉设置导风墙后（见图 7-19），只有少量的冷风从墙外通过，使焙烧带到导风墙下缘出现了一个 1160~1230 ℃的高温恒温区，竖炉有了明显的均热带，有利于球团 $Fe_2O_3$ 再结晶，成品球团矿的强度进一步提高。导风墙的设置改善了料柱透气性，降低了燃烧室内压力，实现了低压焙烧。助燃风机风压在 30 kPa 以下就能满足生产要求，比国外同类竖炉降低电耗 50% 以上。竖炉在采用导风墙和烘干床后，热工制度的可控性增强，再加上膨润土等黏结剂的使用，竖炉生产指标大幅度提高，生产率从过去的 40~50 t/（m² · d）增加到 100~125 t/（m² · d）。目前，竖炉多用来焙烧磁铁矿生球。

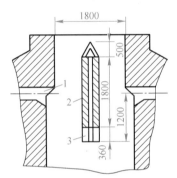

图 7-19 导风墙
1—火道；2—导风墙；3—水冷钢梁

### 7.2.2.3 竖炉热工制度

制定合理的竖炉热工制度并进行适当的控制和调节，是确保炉况正常，使竖炉优质高产的关键性环节。

**A 竖炉正常炉况的特征**

（1）下料顺利，四面下料均匀，快慢基本一致，排矿均匀。

（2）燃烧室温度稳定，压力适宜且稳定，炉内透气性好。

（3）煤气助燃风、冷却风的流量和压力稳定。

（4）烘干床气流分布均匀、稳定，生球不爆裂，干球均匀入炉。

（5）炉身各点温度稳定，竖炉同一平面两端的炉墙温度差小于 60 ℃。

（6）链板机排出的球中大块少，成品球呈瓦蓝色，排出球温度较低且稳定。

（7）成品球强度高，返矿量少，FeO 含量低且稳定。

**B 竖炉热工制度的控制和调节**

以 8 m² 竖炉为例，介绍竖炉热工制度的控制和调节。

（1）煤气量。考虑不必要的损失，设计煤气量为 7000~8000 m³/h。当竖炉产量高时，热耗低；产量低时，热耗就升高。因此，竖炉产量提高或煤气热值降低时，应增加煤气用量，反之应减少煤气用量。

（2）助燃风量。一般助燃风量为煤气流量的 1.2~1.4 倍。

（3）煤气压力与助燃风压力。在操作中，煤气压力和助燃风压力必须高于燃烧室压力，一般应高出 3000~5000 Pa。助燃风压力比煤气压力应略低一些。

（4）冷却风流量。冷却风流量应控制在 25500~34000 $m^3/h$。

（5）燃烧室的温度。燃烧室的温度由球团的焙烧温度来决定，球团的焙烧温度为 1150~1300 ℃，燃烧室温度应低于焙烧温度 100~200 ℃，可为 1050~1200 ℃。在竖炉生产正常时，燃烧室温度应基本保持恒定，温度波动范围一般应不超过±10 ℃。

（6）燃烧室压力。在竖炉生产中，燃烧室的压力是炉内料柱透气性的一面镜子，燃烧室压力升高，说明炉内料柱透气性变差，应进行调节。燃烧室压力不允许超过 18000 Pa。

### 7.2.2.4　竖炉球团的冷却、破碎和筛分

球团矿处理包括冷却、破碎和筛分。通常竖炉球团矿的冷却是在竖炉本身的下部进行的。焙烧好的球团矿从上部焙烧带逐渐下移至冷却带，冷却风从炉子下部两侧鼓入。冷风与炽热的球团矿进行热交换，把球团矿冷却下来。冷球团矿通过排料齿辊排出炉外。

焙烧固结后的球团矿粒度大都很均匀，只需筛分出返矿即可直接供给高炉冶炼。竖炉球团矿的破碎，是指在焙烧不太正常时球团矿在炉内黏连或结块，通过设在炉内下部的齿轮破碎设备将其破碎，齿辊支撑整个料柱。冷却风由齿辊标高处鼓入竖炉内。冷却风的压力和流量应能使之均衡地向上穿过整个料柱，并能使球团矿得到最佳冷却，排出炉外的球团矿温度可通过调节冷却风流量得到控制。球团矿排出竖炉后已被破碎，只需设置筛分装置筛除粉末，筛上为成品矿，筛下为返矿。返矿经细磨后造球，也可不磨直接送烧结厂使用。

### ?　问题探究

（1）影响生球干燥的因素有哪些？
（2）生球干燥过程中发生爆裂的原因有哪些？
（3）球团矿的焙烧固结机理是什么？
（4）球团矿的显微结构与矿物组成是怎样的？
（5）竖炉的结构是怎样的？
（6）导风墙的结构和作用是什么？
（7）竖炉正常炉况有何特征？
（8）竖炉热工制度包括哪些内容？

## 任务 7.3　带式焙烧机操作

### 📋　任务描述

带式焙烧机的全部热处理过程都集中在带式机上进行，并沿其长度方向依次分割为干

燥、预热、焙烧、均热和冷却五个区段。每段的长度和热工制度因原料条件的差异而各不相同。各段之间通过管道、风机、蝶阀等连成一个有机的气流循环系统。每段的温度、气流速度可借燃料用量、蝶阀开度来调节。

📑 **相关知识**

### 7.3.1　带式焙烧机球团生产的特点

带式焙烧机是球团矿生产量最大的焙烧设备,其生产工艺有如下特点:

(1) 生球料层较薄 (200~400 mm),既可避免料层压力负荷过大,又可保持料层的均匀透气性;

(2) 工艺气流以及料层透气性所发生的任何波动只影响一部分料层,随着台车水平移动,这些波动很快可消除;

(3) 风箱的分配方式以及风箱同台车可以密封,这就使得能够适当地划分成温度、气流流量和流向不同的各个工艺分段;

(4) 可以往料层上部炉罩内引入不同温度的工艺气流和大气;

(5) 可以采用各种不同的燃料和不同形式的烧嘴,因此,燃料种类的选择有很大的灵活性;

(6) 工艺参数有一定变动范围,可以在保证球团矿质量良好的前提下,针对各种各样矿石的球团提供最佳焙烧条件;

(7) 积极回流利用焙烧球团的显热,球团焙烧耗热量较低;

(8) 通过制造大型带式焙烧机,可以使单机球团产量较高。

### 7.3.2　带式焙烧机焙烧工艺

包头钢铁公司五号球团带式焙烧球团矿工艺流程如图 7-20 所示。

带式焙烧机的工艺特点是:干燥、预热、焙烧、均热和冷却等过程均在同一设备上进行,球层始终处于相对静止状态。带式焙烧机球团厂工艺环节较为简单,设备也比较少,主要设备有造球设备、布料设备、带式焙烧机、附属风机设备及传动装置等。DL 型带式焙烧机的传动装置如图 7-21 所示。

带式焙烧机的基本结构与带式烧结机相似,中部是移动台车,台车由车体底架和侧部拦板所组成。算条嵌装在底架梁上,台车与风箱之间靠密封滑板密封结合。下部是固定风箱,风箱同大烟道和台车相连接。但带式焙烧机的整个工作面被炉罩所覆盖,并沿焙烧机整个长度方向被分隔成干燥、预热、焙烧、均热和冷却等区域,各段之间设有隔墙,并通过管道、风机、蝶阀等联成一个有机的气流循环体系,工艺气流循环系统可采用鼓风式、抽风式或鼓风和抽风混合流程,DL 型带式焙烧机的分流系统如图 7-22 所示。各段的长度大致比例为:干燥带占总长度的 18%~33%,预热、焙烧和均热段共占 30%~35%,冷却段占 33%~43%;各段温度为:干燥段不高于 800 ℃,预热段不超过 1100 ℃,焙烧段为 1250 ℃左右。

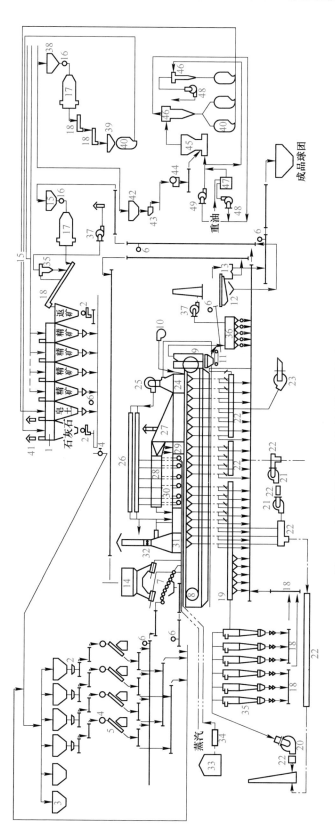

图 7-20　包头钢铁公司五号球团带式焙烧球团矿工艺流程

1—配料槽；2—定量给矿机；3—中间矿仓；4—轮式混合机；5—圆盘造球机；6—皮带秤；7—辊式布料机；8—焙烧机；9—卸矿装置；10—密封风机；11—板式给矿机；12—自动平衡振动筛；13—分料漏斗；14—边底料槽；15—返矿溜槽；16—圆盘给料机；17—双室磨料机；18—螺旋运输机；19—沉降管；20—废气风机；21—鼓风干燥风机；22—风机；23—冷却风管；24—第一冷却区风罩；25—回热风机；26—次风管道；27—第二冷却区风罩；28—一次风主管；29—均热区主管；30—焙烧区风罩；31—干燥区风罩；32—排风机；33—皂土仓；34—重油燃烧装置；35—泵房；36—旋风除尘器；37—布袋除尘器；38—石灰石矿槽；39—中间矿槽；40—输送泵；41—仓顶收尘器；42—皂土仓；43—槽式给矿机；44—槽式给矿机；45—悬辊磨粉机；46—旋风分离器；47—热风干燥炉；48—风机；49—主风机

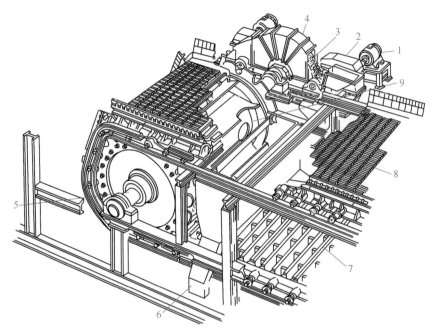

图 7-21    DL 型带式焙烧机的传动装置

1—马达；2—减速机；3—齿轮；4—齿轮罩；5—轴；6—溜槽；7—返回台车；8—上部台车；9—扭矩调节筒

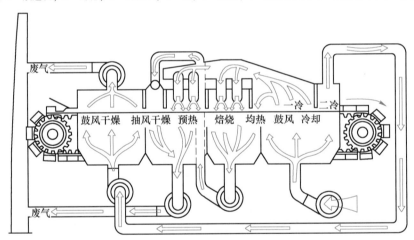

图 7-22    DL 型带式焙烧机的分流系统

### 7.3.2.1    布料

带式焙烧机布料系统由铺底料、边料和生球布料部分组成。生球的布料系统由摆动皮带、宽皮带和辊式布料器三部分组成。摆动皮带的摆动角度频率在一定范围可以调节，宽皮带运转速度较慢，每分钟运动 18 m，便于生球布料和减少生球转运时的破损。辊式布料器除了起均匀布料作用外，还起筛分作用。为了使整个料层得到充分焙烧，防止台车被高温气流烧蚀，缩短台车寿命，在生球布料之前，先铺底料和边料，此操作通过底、边溜槽及调节漏料嘴开口控制，如图 7-23 所示。带式焙烧机上球层的厚度一般为 400~550 mm。为了适应焙烧机移动速度快，焙烧时间较短的特点，生球的粒度一般为 9~16 mm。由于球层的透气性良好，故带式焙烧机所采用风机的压力比带式烧结机要小。

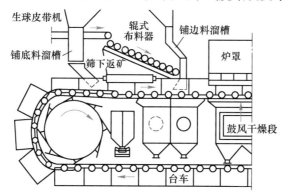

图 7-23 DL 型带式焙烧机生球、铺边料及铺底料布料系统

### 7.3.2.2 干燥、预热、焙烧、均热和冷却

图 7-24 所示为包钢使用的液体或气体燃料 162 $m^2$ 球团焙烧机。它可以全部使用液体燃料，也可以使用气体燃料。带式焙烧机上依次为鼓风干燥区、抽风干燥区、预热及焙烧区、均热、一次鼓风冷却和二次鼓风冷却区。由于焙烧温度和气氛性质比较容易控制，因此适合不同原料（如赤铁矿球团、磁铁矿球团、混合矿球团）的焙烧。

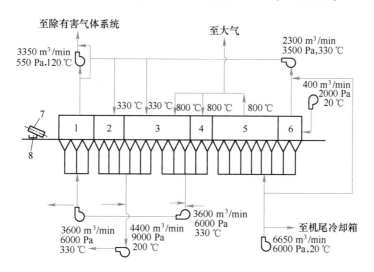

图 7-24 包钢 162 $m^2$ 球团焙烧机

1—干燥段（上抽，7.5 m）；2—干燥段（上抽，6 m）；3—预热焙烧段（700~1350 ℃，15 m）；
4—均热段（1000 ℃，4.5 m）；5—冷却一段（800 ℃，15 m）；6—冷却二段（330 ℃，6 m）；
7—带式给料机；8—铺边铺底料给料机

为了提高热能利用率，可以利用鼓风冷却热球团矿。冷空气由冷却风机送入，经过冷却段向上通过台车上的热球团料层，使 800~900 ℃热球团得到冷却，温度降至 150 ℃，冷空气同时被预热到 750~800 ℃。这部分热空气，一部分作为燃料的二次空气，一部分作为点火用的一次空气，还有一部分供均热段使用。焙烧段后半段和均热段的热废气利用抽风机送到鼓风干燥段。为了保证废气温度恒定、冷却空气一部分与冷却段热废气相混合，以保证温度符合要求。鼓风干燥段上有抽风机，以保持台车干燥段上为负压，可减轻烟气对环境的污染。预热段和焙烧段所需要的热量是由燃料燃烧供给的。由于采用了这种热废气的回流系统，所以带式焙烧机的热量利用率很高，但抽风系统需要许多耐高温（500~600 ℃）风机。台车算条采用耐热合金钢，并且采用厚度为 100 mm 的铺边、铺底料，以减少台车的烧损。焙烧机有效长度 54 m，台车宽 3 m，机速为 1.6 m/min，球层厚度 300~320 mm，设计年产量为 110 万吨。

采用鼓风焙烧法的目的是为了克服抽风焙烧的某些缺点，如焙烧球层的高度受到一定的限制（实际上不超过 500 mm）。例如，球层过高时，不管是抽风还是鼓风干燥，水分都易在下部或上部球层中发生冷凝，使生球粘连，透气性变差；球层过高，在抽风的作用下，下层球受到较大的负荷而破裂。鼓风焙烧的另一个优点是高温焙烧产物不与炉算接触，保持与上升气流同一温度，可以延长炉算寿命，可以不采用耐热合金钢作为炉算材料。但鼓风焙烧机在工艺操作、设备运转和球团矿质量等方面还存在一定的问题。

为了降低单位造价和生产费用，近年来，国内外带式焙烧机的单机能力迅速增长，现代化程度越来越高。我国目前最大的带式焙烧机为河钢乐亭钢铁有限公司年产 980 万吨球团矿的带式焙烧机。

### 7.3.3 带式焙烧机工艺参数的操作控制

国内外部分球团厂带式焙烧机工艺控制参数见表 7-2。

表 7-2 国内外部分球团厂带式焙烧机工艺控制参数

| 厂 名 | 生球特性 | | | | 各段加热温度/℃ | | | 冷却温度/℃ | |
|---|---|---|---|---|---|---|---|---|---|
| | 矿石类型 | 含水/% | 鼓风干燥/min | 抽风干燥/min | 预热 | 焙烧 | 均热 | 一冷 | 二冷 |
| 丹皮尔（澳大利亚） | 赤铁矿 | 6~7 | 177 | 350~420 | 560~960 | 1316 | 870 | 872 | 316 |
| 马尔康纳（秘鲁） | 磁铁矿 | 8.6 | 260~316 | 482~538 | 982~1204 | 1343 | 538 | 482~538 | 260 |
| 格罗夫兰（美国） | 赤、磁混合 | 9 | 426 | 540 | 980 | 1370 | 1370 | 1200（球温） | 540（球温） |
| 瓦布什（加拿大） | 镜、磁混合 | 9 | 316 | 286 | 983 | 1310 | — | — | 120 |
| 卡罗耳（加拿大） | 镜铁矿 | 8.9~9.2 | 260~325 | 288 | 900 | 1316 | — | — | 288 |
| 罗布河（澳大利亚） | 赤、褐混合 | 10 | 232 | 204~649 | 830 | 1343 | 821 | — | 232 |
| 乔谷拉（印度） | 磁铁矿 | 8~8.5 | 250 | 250 | 450~500 | 1350 | 500 | 821 | — |
| 克里沃罗格（俄罗斯） | 磁铁矿 | 10~11 | — | 350 | 1000 | 1350 | 1200 | 500 | — |
| 包钢（中国） | 磁铁矿 | 8~10 | 120 | 330 | 1000 | 1300 | 800 | — | 330 |
| 鞍钢（中国） | 磁铁矿 | 8~10 | 150 | 300 | 800 | 1300 | 800 | 800 | 常温（风温） |

### 问题探究

(1) 带式焙烧机生产的工艺特点有哪些?

(2) 带式焙烧机的炉罩为什么要分隔成若干区（段）? 这些区的主要作用是什么?

## 任务 7.4 球团矿的质量评价与改进

### 任务描述

球团矿是高炉炼铁生产的原料，因而必须满足高炉冶炼对球团矿的质量要求，包括球团矿的化学成分、粒度组成、冶金性能等。研究改进球团矿质量的方法，要考虑影响球团矿质量的因素，并采取措施减少球团矿还原过程中的异常膨胀粉化。

### 相关知识

#### 7.4.1 球团矿的质量评价

##### 7.4.1.1 高炉冶炼对球团矿的质量要求

球团矿实物图如图 7-25 所示。

图 7-25　球团矿实物图

高炉冶炼对球团矿的质量要求如下。

(1) 铁品位高，有害杂质硫、磷等含量低，成分稳定。在铁品位低的同时，球团矿 $SiO_2$ 含量往往偏高（有的高达 8%），使高炉渣量大幅度增加，大量的热能用在了化渣上，对高炉冶炼十分不利。因此，进一步提高铁矿球团的含铁量，是提高球团矿质量的重要问题。

(2) 球团矿粒度合适、均匀，常温下机械强度高。生产实践表明，粒度为 6.4 ~ 12.7 mm 的球团较为理想，故多数球团厂以生产 6 ~ 16 mm 的球团矿为目标。球团矿在进入高炉之前要经过运输、装卸和储存，因此必须具有足够的机械强度。国际公认的标准是：在海运和长途运输的情况下，球团矿的抗压强度要大于 2500 N/个；而直接用于高炉炼铁时，可适当低些，一般要求大于 2000 N/个。但从现代大型高炉的实际出发，球团矿的强度应按大于 2500 N/个为合格标准，有时甚至要求更高。另外，为了更好地体现球团矿优越的冶金性能，必须强调球团矿强度的均匀性。

（3）优良的高温冶金性能。球团矿应具有较好的还原性、较低的低温还原粉化率和低的还原膨胀率。还原膨胀率是指球团在还原过程中体积膨胀的百分比。球团矿的还原膨胀率较高时，会使高炉料柱透气性变差，煤气分布失常，炉况不顺，严重影响高炉的正常冶炼。生产中，当还原性膨胀率在 20% 以内时，为正常膨胀，对高炉冶炼过程影响不大；当还原性膨胀率为 20%~40% 时称为异常膨胀，此时球团矿占入炉含铁料的比例不得超过 65%；当还原膨胀率大于 40% 时，即使球团矿占入炉含铁料的比例小于 65%，高炉仍需减风操作。一般要求合格球团矿的膨胀率小于 20%，优质球团矿的还原膨胀率小于 12%~14%。

国内部分企业球团矿的性能指标见表 7-3。

**表 7-3　国内部分企业球团矿的性能指标**

| 企　业 | 工序能<br>（标煤）<br>/kg·t$^{-1}$ | 成品球团性能 | | | | | | |
| --- | --- | --- | --- | --- | --- | --- | --- | --- |
| | | $w(TFe)/\%$ | $w(FeO)/\%$ | $w(S)/\%$ | $w(CaO)/$<br>$w(SiO_2)$ | 抗压强度<br>/N·个$^{-1}$ | 转鼓/% | 筛分/% |
| 鞍钢烧结总厂 | 42.77 | 64.56 | 0.53 | 0.002 | 0.060 | 2426.0 | 92.97 | 3.83 |
| 包钢烧结厂 | 60.24 | 63.51 | 3.24 | | 0.107 | | 87.47 | |
| 承钢烧结厂 | 75.99 | 59.67 | 4.29 | | 0.117 | 1870.0 | 91.07 | |
| 首钢球团厂 | 33.64 | 65.18 | 0.85 | | 0.040 | 2115.0 | | 0.66 |
| 新兴铸管公司 | 64.05 | 63.48 | 2.81 | 0.012 | 0.110 | 2105.0 | | 2.98 |

### 7.4.1.2　球团矿抗压强度的测定

抗压强度是检验球团矿的抗压能力的指标，一般采用压力机测定。我国现执行的检验标准是 GB/T 14201—2018。方法是：随机选取直径 10.0~12.5 mm 成品球团矿至少 60 个，逐个在压力机上加压，压杆加压速度在 10~20 mm/min（推荐使用（15±1）mm/min），直到破裂为止。将破裂时的压力记录下来，然后求出 60 个球破裂时的平均压力值作为生球的平均抗压强度。

### 7.4.1.3　球团矿还原膨胀性能的测定

球团矿的还原膨胀性能以其相对自由还原膨胀指数（简称还原膨胀指数）表示。所谓还原膨胀指数，是指球团矿在 900 ℃ 等温还原过程中自由膨胀，还原前后体积增长的相对值，用体积分数表示。

GB/T 13240—2018 规定：通过筛分得到粒度为 10~12.5 mm 的球团矿 1 kg，从中随机取出 18 个无裂纹的球作为试样，用体积测定装置测定试样的总体积，然后烘干进行还原膨胀试验。试验装置如图 7-26 所示。球团矿分三层放置在容器中，每层 6 个，再将容器放入还原管（内径 75 mm±1 mm）内，关闭还原管顶部。将氮气按标态流量 10 L/min 通入还原管，接着将还原管放入电炉中（炉内温度不高于 200 ℃）。然后以不大于 10 ℃/min 的升温速度加热。当试样温度接近 900 ℃ 时，增大氮气的标态流量到 15 L/min。在（900±10）℃ 下恒温 15 min。然后以等流量的还原气体（成分要求与还原性测定标准相同：30% CO 和 70%$N_2$）代替氮气，连续还原 1 h。切断还原气，向还原管内通入标态流量为 5 L/min 的惰性气体，而后将还原管连同试样一起提出炉外冷却至 50 ℃ 以下。再把试样从还原管中取出，测定其总体积。用还原前后体积变化计算出还原膨胀指数 *RSI*，用体积分数表示（精确到小数点后一位）：

$$RSI = \frac{V_1 - V_0}{V_0} \times 100\%$$

式中　$V_0$——还原前试样的体积，mL；

　　　$V_1$——还原后试样的体积，mL。

球团矿理想的还原膨胀率应低于 20%，高质量的球团不大于 12%。

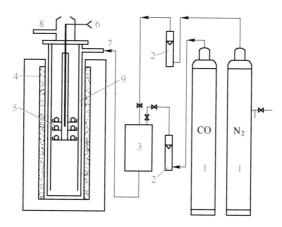

图 7-26　还原膨胀试验装置

1—气体瓶；2—流量计；3—混合器；4—还原炉；5—试样；6—热电偶；
7—煤气进口；8—煤气出口；9—试样容器

## 7.4.2　球团矿的质量改进

### 7.4.2.1　影响球团矿质量的因素

影响球团矿质量的因素主要归纳为原料特性、生球质量与尺寸、焙烧制度、冷却速度、矿物成分与显微结构等方面。

#### A　原料特性

原料特性包括铁精矿类型、铁精矿的粒度、添加物、精矿粉中的硫含量等内容。

磁铁精矿和赤铁精矿是生产球团矿所用的铁精矿粉。由于磁铁精矿粉在氧化气氛中焙烧时能发生氧化、放热和晶形转变，因此磁铁矿生球焙烧时所需的温度和热耗都较低，更易于焙烧固结，球团矿的质量也较好。而赤铁矿没有这种变化，其生球的焙烧全部靠外界供热，要求的焙烧温度高，范围窄（除熔剂性球团外，要控制在 1300~1350 ℃），故球团矿的强度不及磁铁矿球团。

铁精矿的粒度影响是比表面积的大小，它影响铁矿粉的氧化和固结。粒度细，比表面积大，有利于磁铁矿的迅速氧化，且粒度细时，表面的晶格缺陷多，活性强，对固结反应有利，如图 7-27 所示。

对于添加物石灰石、消石灰来说，由于它们都含有 CaO，在氧化气氛中焙烧时，可生成铁酸钙、硅酸钙的液相体系。这不仅有利于矿粉颗粒的黏结，而且有利于单个结晶离子的扩散，从而促进晶粒的长大，提高球团矿的强度，同时更重要的是还改善了球团矿的冶金性能，如图 7-28 所示。

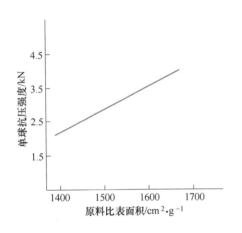

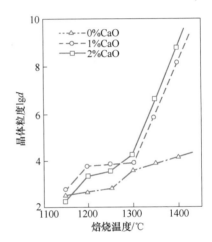

图 7-27　原料比表面积对球团矿抗压强度的影响　图 7-28　氧化钙和焙烧温度对赤铁矿晶粒长大的影响

对于添加物白云石来说，由于它含有 MgO，在高温焙烧时可与铁氧化物生成稳定的镁铁矿（$MgO \cdot Fe_2O_3$）和镁磁铁矿 $[(Mg \cdot Fe)O \cdot Fe_2O_3]$ 等含镁物质，阻碍了难还原的铁橄榄石和钙铁橄榄石的形成，促进了矿粉颗粒之间的黏结，提高了球团矿的软化温度和高温还原强度。和石灰熔剂性球团矿相比，白云石熔剂性球团矿具有较低的还原膨胀率、较高的软化熔化温度及较小的还原滞后性等优良性能。不过，添加物过多，会使矿粉颗粒互相隔离，妨碍铁氧化物的再结晶与晶粒长大；会使液相生成过多而破坏焙烧作业，降低球团矿的软化温度，影响球团矿的强度；会使焙烧后的球团矿中自由的 CaO 增多。因此，生产中应通过试验确定其用量，以获得最佳的焙烧效果。

必须强调指出，熔剂添加物的粒度对球团矿强度也有很大影响。石灰石粒度越小，焙烧时分解和矿化作用越完全，越有利于铁酸钙的形成和游离 CaO 白点的清除。这对提高球团矿的强度是有重要作用的。

精矿粉中硫含量的高低也会影响球团矿的焙烧固结。硫含量偏高时，由于氧对硫的亲和力比对铁的要大，因此硫比铁先氧化，这样就容易阻碍磁铁矿的氧化，同时氧化产生的含硫气体在向外扩散时，不仅可阻隔氧向球核的扩散，而且妨碍颗粒的固结，最终影响球团矿的强度。因此，要求精矿粉中硫含量（质量分数）一般不超过 0.5%。试验表明，当磁铁精矿含硫量（质量分数）为 0.3%时，其非熔剂性球团矿在氧化到 11 min 时，氧化度即可达到 98.4%，单球强度达到 1960 N；同样条件下，采用含硫量（质量分数）为 0.98%的磁铁精矿粉制得的球团焙烧时，直到 21 min，其氧化度才达到 93%，单球强度为 882 N。含硫球团焙烧时间与球团矿的强度、氧化度和脱硫率的关系如图 7-29 所示。

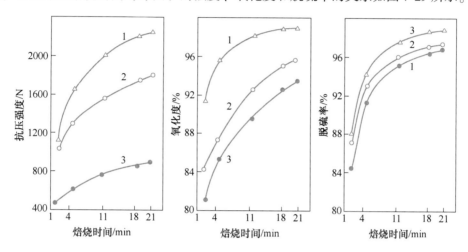

图 7-29  含硫球团焙烧时间与球团矿的抗压强度、氧化度和脱硫率的关系
（曲线 1、2、3 表示精矿中硫含量（质量分数）分别为 0.30%、0.52%、0.98%）

#### B  生球质量与尺寸

生球质量是影响焙烧固结的先决条件。生球强度高，热稳定性好，破裂温度高，可防止生球在高温焙烧时破裂，有利于改善成品球团矿的质量。而有裂纹的生球，将影响球团焙烧的作业，最终导致球团质量的降低。

生球的尺寸影响生球的氧化和固结速度。由于球团的加热时间与球团直径的 1.4 次方成正比，且球团的氧化和还原时间与球团直径的平方成正比，因此生球的粒度过大，将延长焙烧时的加热时间，并使氧气难以进入球团内部，从而导致球团的氧化和固结进行得不完全，最终降低生产率与焙烧质量。特别是生产赤铁矿球团时，全部热量均需外部提供，粒度过大的生球会因内部难以达到要求的温度而形成夹生。适宜的生球粒度一般为 6～16 mm。在满足冶炼要求的前提下，球团粒度小些，对焙烧一般是有利的。

#### C  焙烧制度

球团的焙烧制度对球团矿固结有显著影响。焙烧制度包括焙烧温度、加热速度、高温保持时间和焙烧气氛等。

##### a  焙烧温度

一般来说，焙烧温度越低，焙烧过程中发生的物理化学反应就越慢，不利于球团的焙烧固结。焙烧温度越高，磁铁矿氧化就越完全，赤铁矿与磁铁矿的再结晶与晶粒长大的速度就越快，焙烧固结的效果也越显著。球团强度与焙烧温度之间的关系如图 7-30 所示，适当提高球团的焙烧温度，可缩短焙烧时间，提高球团矿的强度和质量。

合适的焙烧温度也与原料条件有关，赤铁矿的焙烧温度比磁铁矿高，高品位精矿粉可以采用比低品位精矿粉更高的焙烧温度而不渣化。从设备条件、设备使用寿命、燃料和电力角度出发，应尽可能选择较低的焙烧温度，这是因为高温焙烧设备的投资与消耗要高得多。然而降低焙烧温度也是有限制的，焙烧的最低温度应足以在生球的各颗粒之间形成牢固的连接。

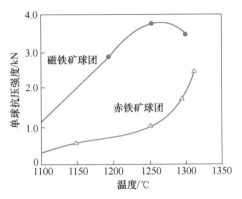

图7-30 球团强度与焙烧温度的关系

实际选择的焙烧温度，通常是综合考虑各因素的结果。在生产高品位、低 $SiO_2$ 的酸性球团矿时，焙烧温度可达 1300~1350 ℃；生产熔剂性磁铁矿球团时，焙烧温度范围是 1150~1250 ℃；生产赤铁矿球团时，焙烧温度范围是 1200~1300 ℃。

b　加热速度

球团焙烧时的加热速度可以在 57~120 ℃/min 的范围内波动，它对球团的氧化、结构、常温强度和还原后的强度均能产生重大影响。加热速度低，可以均匀加热，减少裂纹，使氧化过程更完全，但不利于提高生产率。加热速度过快时，将导致以下不良后果。

（1）快速加热时，磁铁矿生球内部的 $Fe_3O_4$ 在来不及完全氧化时就会与 $SiO_2$ 结合生成 $Fe_2SiO_4$ 液相，阻碍内部颗粒与氧接触，这样，$Fe_3O_4$ 因氧化不完全而形成层状结构。

（2）升温过快时，会使球团各层温度梯度增大，从而产生差异膨胀并引起裂纹。

由于快速加热而生成的层状结构球团，在受热冲击和断裂热应力时产生的粗大或细小裂缝，而且往往以最高温度长时间保温（24~27 min）也不能将其消除。因此，加热速度过快，球团强度变差。实验证实，当球团矿加热速度由 120 ℃/min 减小到 57~80 ℃/min 时，在球团总的焙烧时间相同的情况下，高温焙烧时间虽然缩短了 10~16 min，但单个成品球团的常温强度却由 1050 N 提高到 1330 N。在最高温度为 1200 ℃时，单球常温强度可由 862 N 增加到 2176 N；而最高焙烧温度为 1300 ℃时，单球常温强度可由 882 N 增加到 3234 N。球团矿的加热速度还在很大程度上影响还原后的球团矿强度。最适宜的加热速度应由实验确定。

c　高温保持时间

高温保持时间指的是球团矿升温到最高焙烧温度至温度开始下降这段时间范围。适当延长高温保持时间，可使氧化和再结晶过程进行得更完全，从而提高球团矿的强度。但高温保持时间过长，不仅降低产量，而且会产生过熔黏结现象。适宜的高温保持时间与焙烧温度、气流速度有关。一般来说，在较高的温度条件下，高温保持时间可短些；在较低的焙烧温度下，保持时间要长些。但焙烧温度过低时，即使任意延长保温时间，也达不到最佳焙烧温度下的强度。鞍钢磁铁精矿球团的焙烧试验表明，焙烧温度为 1150 ℃和 1200 ℃时，合适的高温保持时间分别为 10 min 和 15 min。适宜的高温保持时间要靠试验来确定。

d 焙烧气氛

焙烧气氛的性质对生球的氧化和固结程度影响很大。对于磁铁矿球团，只有在氧化气氛中焙烧，才能使 $Fe_3O_4$ 顺利氧化为 $Fe_2O_3$，并获得赤铁矿再结晶的固结方式，因而能得到良好的焙烧效果。同样在氧化气氛中焙烧熔剂性球团矿，除了赤铁矿再结晶长大固结外，还可以得到铁酸钙液相固结，这对改善球团矿强度与还原性都是有意义的。而在中性或还原性气氛中焙烧磁铁球团矿时，则主要得到磁铁矿再结晶与硅酸铁或钙铁橄榄石液相固结形式，其强度与还原性都比前者要差。

焙烧赤铁矿球团时，因不要求铁氧化物晶粒氧化，故气氛性质可以放宽，但应避免还原性气氛，以免赤铁矿被还原。

焙烧气氛的性质与燃料有关。采用高发热值的气体或液体燃料时，可根据需要调节助燃空气与燃料的配比，从而灵活方便地控制气氛性质与温度，而用固体燃料时，则不具备这一优点。

D 冷却速度

炽热的球团矿必然会造成劳动条件恶劣、运输和储存困难以及设备的先期烧损，故必须进行冷却。同时冷却也是为了满足下一步冶炼工艺的要求。

冷却速度是决定球团矿强度的重要因素之一。冷却速度过快将增大球团矿破坏的温度应力，降低球团矿质量。试验指出，经过 1000 ℃氧化和 1250 ℃焙烧的磁铁矿球团，以 5 ℃/min（随炉冷却）~100 ℃/min（用水冷却）的不同速度冷却到 200 ℃，其结果是：

（1）冷却速度为 70~80 ℃/min 时，球团矿强度最高，如图 7-31（a）所示。

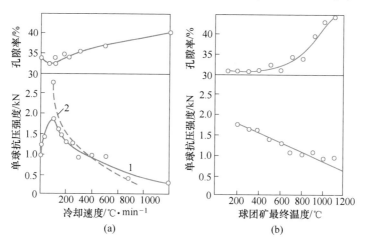

图 7-31 冷却速度和球团矿最终冷却温度对球团矿强度的影响

（a）冷却速度；（b）球团矿最终冷却速度

1—实验室试验；2—工业试验

（2）当冷却速度超过最适宜值时，由于球团结构中产生逾限应变引起焙烧球团中所形成的黏结键破坏，球团矿的抗压强度降低。

（3）当球团以 100 ℃/min 的速度冷却时，球团矿强度与冷却球团矿的最终温度成反比，如图 7-31（b）所示。

（4）用水冷却时，单个球团矿抗压强度从 2626 N 降低到 1558 N，同时粉末粒级含量增加 3 倍。

工业生产中，为了获得高强度的球团矿，带式焙烧机应以 100 ℃/min 的速度冷却到尽可能低的温度，进一步冷却应该在自然条件下进行，严禁用水或蒸汽冷却。

除上述这些固结机理之外，有学者又提出一种原子扩散和黏性流动固结的说法。这是因为在研究中发现，磁铁矿生球焙烧时（1100~1300 ℃），$Fe_2O_3$ 晶粒再结晶的晶粒长大不明显（晶粒尺寸由 13 μm 长至 16 μm），但是这时的单个球团矿的拉压强度却从 500 N 提高到 2000~3000 N。同时在（1140±10）℃ 焙烧高硅赤铁矿球团时，对固结良好的球团矿进行显微观察，发现原赤铁矿颗粒清楚可辨，颗粒之间结合紧密，有固体扩散现象，颗粒间无同化作用，没有 $Fe_2O_3$ 再结晶键的连接，颗粒之间也只有少量的硅酸盐熔体形成液态连接，故认为这是由于扩散过程和黏性流动过程引起了球团的固结。

#### E　矿物成分与显微结构

球团矿的冶金性质受其矿物组成和显微结构的制约。球团强度是球团矿的重要冶金性质之一，一般情况下，单个球团矿的常温抗压强度在 1000~3000 N 时才能满足炼铁生产的要求。

从矿物成分来看，赤铁矿、磁铁矿、铁酸一钙、铁酸二钙和铁橄榄石都具有较高的强度。从 $x=0$ 到 $x=1.0$ 的钙铁橄榄石 $[(CaO)_x \cdot (FeO)_{2-x} \cdot SiO_2]$ 与铁橄榄石具有相近的强度。$x=1.5$ 的钙铁橄榄石具有很低的强度且容易形成裂纹，这是因为它的晶格常数很接近于硅酸二钙。此外，球团矿中的玻璃体具有最低的强度。从显微结构看，球团矿的强度主要靠赤铁矿的再结晶和晶粒长大连接来保证，其次液相黏结也起相当的作用。但是与烧结矿相比，液相黏结显得次要得多。因此，通常球团矿的强度受赤铁矿的晶体形状、大小、晶体间的结合方式和液相黏结的程度来决定。

对球团矿显微结构的研究表明：

（1）当球团矿中的赤铁矿多为棱角状，且它们之间的再结晶连接比较差，硅酸盐黏结相较少，并残留有配料中未反应透的较多硅酸盐矿物和石灰团块时，此种球团矿结构强度较差；

（2）当球团矿中含有的赤铁矿虽然有粗大的晶体，并具有很好的再结晶连接，但黏结相为硅酸二钙时，球团强度最差，甚至使球团粉化，这是 α-硅酸二钙相变为 γ-硅酸二钙造成的；

（3）当球团矿中的磁铁矿全部氧化为赤铁矿并有完好再结晶的均匀显微结构时，其强度较好，而具有带状结构的球团与前者相比强度较差，尤其在还原过程中由于各带还原速度不同，产生内应力使球团分层剥离，产生粉化现象；

（4）当球团矿中原生赤铁矿呈板状形态再结晶长大或再结晶形成骨架状骸晶晶体，同时除了赤铁矿间再结晶连接外，还有部分硅酸盐和铁酸盐黏结相分布于赤铁矿晶粒间时，这种结构的球团矿具有很高的强度。

### 7.4.2.2 引起球团矿还原过程中异常膨胀的原因

球团矿还原过程中的异常膨胀粉化实际上是一种多因素的复杂过程。

（1）赤铁矿的结晶形状。熟球内赤铁矿的晶体形状对还原膨胀有明显影响。据研究资料报道，球团矿中赤铁矿以针状、板状晶体或连生体存在时，在还原过程中易产生异常膨胀和粉化。而呈细粒状和球状结晶，再加上渣键发展，则膨胀率减小。

（2）还原过程中的晶形转变与铁晶须的生长。一般认为，球团矿在还原过程中发生晶形转变是产生异常膨胀的基础。球团矿晶形转变造成的膨胀分为两步进行。第一步发生在 $Fe_2O_3$ 还原成 $Fe_3O_4$ 阶段，其膨胀率一般在 20% 以下。六方晶格的 $Fe_2O_3$ 转化为立方晶格的 $Fe_3O_4$，其晶格常数由 $5.42×10^{-10}$ m 变为 $8.38×10^{-10}$ m，使晶体结构破裂，如图 7-32 曲线 1 所示。此外，六方晶格 α-$Fe_2O_3$ 矿物的异向性（即两个相邻赤铁矿晶粒的晶轴方向不一致，还原过程中因晶格变化产生推力），将引发楔形膨胀裂纹和晶界裂纹，使膨胀率进一步增大。第二步，发生于从浮氏体（$Fe_xO$）向金属铁的转变过程中，是由铁晶须的形成引起的，这一步的膨胀率很大，如图 7-32 曲线 2 所示。所谓铁晶须，是指铁晶粒自浮氏体表面直接向外长出像瘤状一样的铁须。当 $Fe_xO$ 还原成金属铁时，如果 $Fe_xO$ 表面局部被渣相覆盖或被 CaO、$Na_2O$、$K_2O$ 等物质污染时，则还原将在未被覆盖的部分进行，$Fe_xO$ 内的铁离子迅速扩散至开始还原点所形成的铁晶核处，而长大成为铁须，如图 7-33（b）所示。此铁晶须造成很大的拉力，使球团矿的结构疏松，膨胀异常（膨胀率甚至达 100% 以上）而还原粉化。若还原过程中，在 $Fe_xO$ 表面生成均匀的金属铁壳，如图 7-33（a）所示，或者金属铁晶粒变粗，则由于金属铁的存在，球团体积收缩，就不会产生异常膨胀。

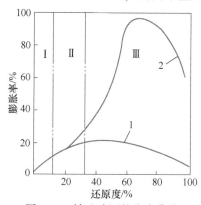

图 7-32 铁矿球团的膨胀曲线

Ⅰ—$Fe_2O_3→Fe_3O_4$；Ⅱ—$Fe_3O_4→Fe_xO$；Ⅲ—$Fe_xO→FeO$

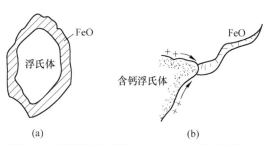

图 7-33 铁氧化物晶形转变对球团矿强度的影响

（a）正常；（b）异常

（3）化学成分的影响。除此以外，在碱金属存在的条件下，金属铁析出增强，这一部分的体积增大也将导致膨胀加剧，即发生"灾难性膨胀"。Tiegelscheld 曾用膨胀率为 60% 的高品位球团矿进行过研究，添加 1%CaO 时，球团矿膨胀率可下降到 8%，而添加 0.25% 的 NaCl 即可使球团矿膨胀率上升 110%。这是因为 $Na^+$、$K^+$ 的离子半径分别为 $0.98×10^{-10}$ m 和 $1.33×10^{-10}$ m，而 $Fe^{2+}$、$Fe^{3+}$ 的离子半径分别为 $0.74×10^{-10}$ m 和 $0.63×10^{-10}$ m，彼此相差较大，在高温下，钠、钾离子以置换或填隙的形式渗入到铁氧化物晶格中引起晶格畸变。晶格畸变本身具有较大的应力，在高温还原作用下，应力首先以局部化学反应的形式释放出来，从而使晶格受到破坏和周围区域结构紧密下降。与此相反，这部分区域的还原条件却得到改善，铁离子的迁移速度进一步加快并聚集，使得球团矿发生异常膨胀。

（4）球团连接键的形式。氧化球团内的连接键多为赤铁矿再结晶和铁酸钙及硅酸钙，后两者为渣键。从还原性来看，赤铁矿键最好，铁酸钙次之，硅酸钙最差。在还原过程中，赤铁矿键可导致异常膨胀。

（5）生球质量。综合各种资料推导，可认为球团的先天质量也在一定程度上影响其还原膨胀性能，有时甚至是最主要原因。如球团结构疏松（与生球质量有关）、球团成分不均匀（与配料混匀程度有关）、球团具有内外裂纹及不均匀结构（与加热速度、冷却速度、氧化程度和高温保持时间不足有关）、球团连接键不足（与化学成分和焙烧温度有关）等，这些都会导致还原时球团体积过分增大和强度过分降低。

上述各种原因，可以认为能涉及问题的本质。对某一异常膨胀的球团而言，可能仅是上述原因之一或一部分起主导作用。

### 7.4.2.3 球团矿异常还原膨胀的改进措施

球团矿异常还原膨胀的改进措施如下。

（1）降低铁精矿粒度。以仅粒度不同的磁铁矿精矿制成球团，当铁精矿的比表面积从 1470 $cm^2/g$ 提高到 1860 $cm^2/g$ 时，还原膨胀率即可从 32% 下降到 22%；当比表面积继续提高到 1920 $cm^2/g$，膨胀率则进一步下降到 12%。由此可见，降低铁精矿粒度在近代球团技术中，不仅可以改进生球质量，而且可以抑制还原膨胀。这种抑制膨胀的原因，可能是由于较细的粒度，其参加反应的活性较大，易生成质地坚固的熟球，其铁氧化物在球团内易均匀分布，并被连接键良好固结。球团被还原时，这种均匀分布的铁氧化物颗粒产生相变时出现的应力，受到坚固连接键限制的同时，在球团内呈分散状态，因此还原膨胀减至最小。但是当球团仍以铁氧化物键为主，并含有碱性物质时，降低铁精矿粒度就会取得相反的效果。

（2）适当提高球团矿中 $SiO_2$ 的含量。含 $SiO_2$ 较多的球团矿有利于形成较多的液相，这在一定程度上可以抑制球团的长大和铁晶须的形成。

（3）选择合适的球团矿碱度与添加剂。通过改变球团矿的碱度（即改变 CaO 与 $SiO_2$ 的相对比例）来调节焙烧球团内连接键类型和数量，是改进球团矿质量的重要措施。

荷兰艾莫伊登厂试验研究指出，球团矿碱度与还原膨胀指数的关系如图 7-34 所示；澳大利亚布罗肯希尔公司自熔性球团矿生产试验得出的碱度和还原膨胀指数的关系如图 7-35 所示。各种不同成分的球团矿都有一个还原膨胀指数最大的碱度范围，必须经过试验确定热强度最好的适宜碱度。

另外，白云石作为添加剂加到球团中也可起到减少还原膨胀的作用。这是由于 $Mg^{2+}$ 半径（$0.6×10^{-10}$ m）小于 $Fe^{2+}$ 半径和 $Ca^{2+}$ 半径（$0.99×10^{-10}$ m），不仅能自由置换磁铁矿晶格中的 $Fe^{2+}$，并均匀分布在浮氏体内，不致引起局部还原反应，而且还能减慢还原的离子的迁移速度，可起到抑制球团矿膨胀的作用；同时提高球团矿中 MgO 含量，可增加矿相中的铁酸镁（熔点 1713 ℃），在还原中不会发生 $Fe_2O_3$ 转变为 $Fe_3O_4$ 的反应，而是生成 FeO 和 MgO 的固溶体。日本的白云石熔剂性球团矿膨胀率在 10% 以下，软化温度在 1200 ℃ 以上，在高炉上使用取得了良好的冶炼效果。

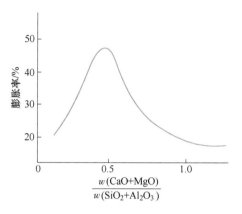

图 7-34 荷兰球团矿碱度与还原膨胀指数的关系

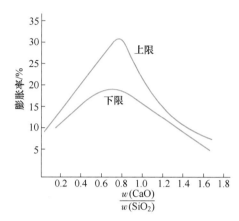

图 7-35 澳大利亚球团矿碱度与还原膨胀指数的关系

表 7-4 列出了几种典型的球团矿的性能。

表 7-4 几种典型球团矿的性能比较

| 项 目 | | 酸性球团矿 | 石灰熔剂性球团矿 | 白云石熔剂性球团矿 |
|---|---|---|---|---|
| 化学成分<br>（质量分数）<br>/% | TFe | 64.8 | 60.8 | 60.2 |
| | FeO | 0.62 | 0.26 | 0.30 |
| | MgO | 0.13 | 0.40 | 1.80 |
| | CaO | 0.38 | 4.8 | 5.41 |
| | $SiO_2$ | 3.72 | 4.00 | 4.10 |
| | $Al_2O_3$ | 2.22 | 2.00 | 1.90 |
| $w(CaO)/w(SiO_2)$ | | 0.10 | 1.20 | 1.32 |
| 单球抗压强度/N | | 2450 | 2940~3430 | 3156 |
| 转鼓强度（小于 1 mm）/% | | 4 | 1~3 | 1 |
| 空隙度/% | | 25.4 | 26.2 | 26.1 |
| 负载下的还原率/% | | 85.9 | 89.4 | 84.6 |
| 1100 ℃ 收缩率/% | | 38.0 | 35.6 | 12.6 |
| 膨胀率/% | | 14 | 8~12 | 1.07 |
| 软化温度/℃ | | 1150 | 1155 | 1230 |
| 熔化温度/℃ | | 1260 | 1380 | 1430 |
| 1250 ℃ 还原率/% | | 20.5 | 25.0 | 70 |

此外，氧化镁酸性球团矿的矿物组成以赤铁矿为主，球团矿周边的赤铁矿与铁酸镁呈不规则连晶和格子状结构，晶粒细小，一般为 0.0046~0.0098 mm，连晶间以带状晶桥连

接，间隙中有少量液相充填；球团矿核心（特别是焙烧时间稍短，焙烧温度稍低的下层球）的磁铁矿或镁磁铁矿呈圆形颗粒，有的颗粒间形成磁铁矿晶桥固结，渣相量稍多，局部区域形成渣相固结，残余石英颗粒较多，从周边向中心逐渐减少，石英边缘有熔蚀现象；由于磁铁矿氧化放热，球中心温度稍高，故中心渣相量增加，结晶较好，气孔也明显增大。高氧化镁酸性球团矿在高温还原过程中生成的含 MgO 质量分数为 3.14% ~ 3.8% 的镁浮氏体和含 MgO 质量分数为 7.2% ~ 12.3% 的铁镁橄榄石等硅酸盐渣都具有较高的熔化温度（高于 1390 ℃），因而其软熔性能和高温还原性能均优良。

（4）开发研制新型的添加剂品种。我国球团矿生产的原料粒度一般比较大，为了改善成球性，通常配入较多的膨润土，而且我国球团生产所用的膨润土大多是就地取材，质量不高，因此膨润土用量一般都在 1.5% 以上，有的甚至高达 4.5%。而国外先进的球团生产对膨润土的使用十分讲究，有不少球团厂通过长途运输使用美国怀俄明州的优质膨润土，或者是使用价格昂贵的佩利多有机黏结剂，故其膨润土用量一般不超过 1%，低的只有 0.5% ~ 0.7%。为此，一方面应改善铁精矿粉的粒度，另一方面要积极开发和推广新型的复合添加剂，有效降低膨润土的配比。

除此以外，合理焙烧制度的选择等也能抑制球团矿在还原过程中的异常膨胀。这是因为不论矿石种类和添加剂如何，凡是焙烧温度不足、初始机械强度低的球团矿，在还原过程中均产生体积膨胀。

## ？ 问题探究

（1）与烧结矿相比，球团矿具有哪些特点？
（2）高炉冶炼对球团矿有何要求？
（3）影响球团矿质量的因素有哪些？
（4）球团矿的异常膨胀对高炉冶炼有何影响，如何抑制球团矿的异常膨胀？

## 知识技能拓展

### 高炉球团使用比例提高——炼铁减排的必然趋势

目前，我国高炉炉料结构以高比例烧结矿配加少量酸性球团矿或天然块矿为主，烧结矿平均配比在 75% 左右，球团矿平均配比在 11% 左右。现有的从焦化到高炉的炼铁流程的能源消耗占钢铁流程总消耗的 60%，污染物排放占钢铁流程总排放量的 90%。其中，烧结工序的污染物排放比例最高，粉尘排放占 35.4%，二氧化硫排放占 67%，氮氧化物排放占 51.1%；而球团工序的污染物排放则远低于烧结工序，粉尘排放占 5.2%，二氧化硫排放占 20.1%，氮氧化物排放占 10.4%，分别是烧结工序的 1/7、1/3、1/5。

如今，高炉大型化已成为我国钢铁企业产能置换、产业升级的必要途径。高炉大型化也将提高对高品位入炉原料的需求。对比球团矿和烧结矿，球团矿的品位一般要比烧结矿高 8% 以上。理论上，高炉炼铁入炉品位每提高 1%，炼铁燃料比会下降 1.5%，产量提高

2.5%，排放总量也会减少 1.5%左右。因此，多用球团矿、少用烧结矿，就有增产节焦的效果，有助于实现炼铁绿色生产。同时，球团矿的粒度小而均匀，一般在 8~16 mm，这有利于改善高炉上部料层的透气性，有利于间接还原，提高煤气利用率，降低燃料消耗。此外，球团具有强度高、含粉率低（一般不超过 3%）的优点，有助于提升铁水产量、质量指标以及提高设备作业率。

2016 年以来，我国钢铁行业开始真正意义上走上了清洁、高效的高质量发展道路。国家大力治理环境污染，以蓝天保卫战为代表的环保治理表明了政府对环境保护的决心和态度。在"绿水青山就是金山银山"的要求下，环保治理的标准不断提高。作为被重点监督治理行业之一的钢铁工业，超低排放综合治理和因环保而进行限产将成为我国钢铁行业面临的常规要求。同时，欧美等大型钢厂基本上已不再使用烧结矿作为入炉料，取而代之的是球团矿的使用比例越来越高。

在此种情况下，钢铁行业可以主动"去烧结"，即用球团矿替代烧结矿来改变高炉炉料结构，从而减少烧结工序的废气排放，达到节能减排的环保目标。未来我国钢铁行业的生产方式或将与欧美等国更加类似，球团矿在我国高炉炼铁中的使用比例或将逐渐增加。球团生产将成为我国乃至全球铁矿石行业发展的重要产业。

## 安全小贴士

（1）球团作业操作属于高温操作，要穿戴好劳保用品，防止在操作现场被烧伤烫伤。

（2）现场生产设备多，要严格遵守规章制度，小心机械事故。

（3）保持通信畅通，及时传达生产中的指令。

（4）启动设备时严禁频繁点击启动按键。

# 实训项目 7　球团的焙烧

## 工作任务单

| 任务名称 | 球团焙烧操作 | | |
|---|---|---|---|
| 时　　间 | | 地　　点 | |
| 组　　员 | | | |
| 实训<br>意义 | 通过管式炉进行球团焙烧操作，并对球团矿进行强度测试，使学生进一步学习生产操作技能，完善所掌握的专业知识。 | | |
| 实训<br>目标 | (1) 了解管式焙烧炉的基本结构，并使用设备进行生球干燥、焙烧操作；<br>(2) 会用球团压力测试机进行球团抗压强度测试操作。 | | |
| 实训<br>注意事项 | (1) 严格遵守实训场所的安全操作规程和规章制度，服从带队老师和现场工作人员的指挥；<br>(2) 管式焙烧炉工作过程中温度过高，严禁直接用手进行取放坩埚操作。 | | |
| 实训<br>设备介绍 | (1) 管式焙烧炉。<br>作用：干燥、焙烧生球。<br>额定功率 5 kW；额定温度 1300 ℃；炉膛尺寸：$\phi 50$ mm×300 mm。<br><br><br><br> 管式焙烧炉 <br>(2) 自动球团压力测试机。<br>　型号：BJQY-Z500 N；作用：测试球团强度。<br>　最大实验力：10 kN；测量精度：±1%；位移分辨率：0.01 mm；位移速度控制范围：0.01 ~ 500 mm/min。 | | |

| 实训<br>设备介绍 | <br>生球抗压强度测试仪 |
|---|---|
| 实训<br>操作过程 | 生球焙烧操作如下：<br>（1）准备生球粒度 8~12 mm 的生球 4~10 颗（根据坩埚大小而定）；<br>（2）打开焙烧炉电源进行预热升温，设置升温参数 1250 ℃；<br>（3）升温到 1250 ℃时，用专用铁钩将坩埚推入焙烧炉炉膛，在炉膛口（150~300 ℃）进行干燥 5 min、在距离炉膛中心 1/4 处（950 ℃左右）预热 10 min、在炉膛中心位置（1250 ℃）进行焙烧 15 min 左右；<br>（4）结束之后，关闭电源，让炉膛自然冷却；<br>（5）当球团温度降到 100 ℃左右进行抗压强度测试。<br>球团矿强度检测操作要求：选取粒度直径为 8~12 mm 的球团 10 个，依次测试每个球团抗压强度，取其平均值。 |
| 实验<br>结果 | 焙烧参数记录表<br><br>(见下表)<br><br>球团抗压实验记录表<br><br>(见下表)<br><br>思考：影响球团矿抗压强度的因素有哪些？ |

焙烧参数记录表

| 实验<br>次数 | 焙烧生球<br>个数/个 | 干燥温度<br>/℃ | 干燥时间<br>/min | 预热温度<br>/℃ | 预热时间<br>/min | 焙烧温度<br>/℃ | 焙烧时间<br>/min |
|---|---|---|---|---|---|---|---|
| 1 | | | | | | | |
| 2 | | | | | | | |
| 3 | | | | | | | |

球团抗压实验记录表

| 球团序号 | 1 | 2 | 3 | 4 | 5 | 6 | 7 | 8 | 9 | 10 | 平均 |
|---|---|---|---|---|---|---|---|---|---|---|---|
| 粒度/mm | | | | | | | | | | | |
| 强度/N | | | | | | | | | | | |

| 考核评价 | 专业实训任务评价 | | | |
|---|---|---|---|---|
| | 评分内容 | 标准分值 | 小组评价（40%） | 教师评价（60%） |
| | 出勤、纪律（10%） | 10 | | |
| | 操作过程（20%） | 20 | | |
| | 球团焙烧参数（20%） | 20 | | |
| | 球团强度指标（20%） | 20 | | |
| | 焙烧操作过程（20%） | 20 | | |
| | 抗压强度测试（10%） | 10 | | |
| | 任务综合得分 | | | |

# 参 考 文 献

［1］肖扬，翁得明．烧结生产技术［M］．北京：冶金工业出版社，2013.

［2］王悦祥．烧结矿与球团矿生产［M］．北京：冶金工业出版社，2006.

［3］薛俊虎．烧结生产技能知识问答［M］．北京：冶金工业出版社，2011.

［4］张天启．烧结技能知识500问［M］．北京：冶金工业出版社，2012.

［5］包丽明，吕国成．炼铁原料生产与操作［M］．北京：化学工业出版社，2015.

［6］张一敏．球团矿生产技术［M］．北京：冶金工业出版社，2008.

［7］肖扬．烧结生产设备使用与维护［M］．北京：冶金工业出版社，2012.

［8］叶恒棣，范晓慧．烧结球团节能减排先进技术［M］．北京：冶金工业出版社，2020.